经典物理学中的

相对论

物质、能量与时间、力的统一

王音光 著

JINGDIAN WULIXUE ZHONG DE XIANGDUILUN

WUZHI NENGLIANG YU SHIJIAN LI DE TONGYI

郑州大学出版社

图书在版编目(CIP)数据

经典物理学中的相对论:物质、能量与时间、力的统一/王音光著. —郑州:郑州大学出版社, 2016. 11

ISBN 978 -7 -5645 -3594 -0

Ⅰ. ①经… Ⅱ. ①王… Ⅲ. ①相对论 - 研究 Ⅳ. ①0412. 1

中国版本图书馆 CIP 数据核字(2016)第 276282 号

郑州大学出版社出版发行
郑州市大学路 40 号　　邮政编码:450052
出版人:张功员　　发行电话:0371 -66966070
全国新华书店经销
河南安泰彩印有限公司印制
开本:787 mm×1 092 mm 1/16
印张:13. 75
字数:318 千字
版次:2016 年 11 月第 1 版　　印次:2016 年 11 月第 1 次印刷

书号: ISBN 978 -7 -5645 -3594 -0　　定价:36. 00 元

自 序

追求物理学的最基本真理应该是发现,而不是发明与创造,任何力图依靠个人智慧发明的物理数学模型都受到个人意志的制约,很难发现真理。真理的发现必须得到人类的公认,例如:牛顿发现了牛顿三个定律。

相对论通过实验物理现象(例如光速不变),间接证明时间与空间。通过非时钟物理量的实验间接证明“时间与空间”,物理实验哪怕微小的可忽略误差,都有可能变成以人的意志发明“时间与空间”,而不是客观存在。

一切实验都是人的器官通过物理设备的直观感觉,永远不可能达到最准确的程度,任何被允许的差之毫厘的实验定律所推出的时空概念,都将与真实时空失之千里。所以,由非时空物理量的实验,通过逻辑演绎的方法,很难得到准确的时空概念!

本人通过时钟表盘刻度值本身的物质性直接证明时间与空间应该更准确,这种公理性相对要比光速不变假设的公理性更强些,这是我的创新思想。

北京时间的报时与参照系无关,即便一百亿年以后听到这个报时,也知道一百亿年前的今天的准确时刻。当然,时刻不变不等于今天的时间与百亿年以后的时间快慢一致。

时钟的表盘或刻度与参照系无关,不以人的意志为转移,除此以外很难找到更准确的时空实验定律。

作为客观存在的时间与空间,时间与空间的概念被搞得越复杂,距离真理越远。所以,应该尽量用时钟本身的特性寻找时间与空间,时钟的时间作为标准一旦被人类确定,时间与空间的特性就应该在时钟本身的特性中直接显示出来,而不是通过间接方式表达。

以上概念可以表述为“**同一时钟表盘的时刻相对所有参照系或观察者不变**”。

如果这是真理,必然会有这样一种结果,目前发现的所有物理自然律都应该是由“同一时钟的时刻相对所有参照系或观察者不变”导出的自然律。所以,**时钟表盘与参照系无关**应该是最基本的终极自然律之一。

一个理论是否正确,应该能通过对经典实验定律的证明找出答案,因为一个错误的理论不可能准确地证明已知准确无误的实验定律,这应该是检验一个新理论的准确方法。

一切科学理论都是人们依据一定外界环境以实验定律为基础的逻辑推理。也就是说,既成的科学理论是经过实践检验的相对真理。

一个新的理论必须证明与既有理论的近似程度有多高,才能进一步逻辑推理现有近似程度极高、以实验定律为基础的、现有理论根本无法涉及的更精确的物理现象，这就是逻辑演绎的基础。

实践证明低速状态下的经典物理准确无误，本书利用“同一时钟的时刻相对所有参照系或观察者不变”，将相对时空概念引进经典物理，并通过众所熟知的经典物理证明方法重新证明相对论有关理论，寻找经典物理与相对论的交集，并力图从中发现新的问题。

这种做法的特点是容易鉴别对错，因为经典物理是最成熟的理论，由经典物理肯定一个新观点很难，但由此否定一个新观点却准确无误。

这种异想天开的想法竟然证明了经典牛顿引力、牛顿第一定律、牛顿第二定律、热力学第一律、热力学第二定律、地磁分布现象等，包括相对论有关问题以及固有光速不变、测不准原理、库仑定律以及电磁现象，证明了所有的力都是一种力。在证明过程中发现了新的问题，比如电磁波与引力波、力是时空不平衡的度量、牛顿第三定律不是普世定律等。

由“同一时钟的时刻相对所有参照系或观察者不变”证明了相对论光速不变的物理概念，但相对观察者的视向光速并不是常数，并由此证明狭义相对论并不准确，特别是证明了地球的磁场、磁场反转和地球自转变化的机制。

本人并非研究物理的专业人员，专业知识有限，仅仅是通过“时钟本身的特性”，认为时钟的表盘或刻度与参照系无关，不以人的意志为转移，实际上是另辟蹊径，换了一种研究物理的新思路。

尽管“时钟的表盘与参照系无关”作为研究物理的最基本定律可能过于简单，有人甚至觉得这是“连文盲都懂的道理”，但这个理论正是由于人们熟视无睹而被忽略了。人类在寻找自然律的过程中，更愿意发挥抽象逻辑的思维能力，而顺手可得的自然律往往容易被忽略，原因就是这种简单思维似乎称不上“逻辑思维”。事实上，真理绝不会因为简单思维或复杂思维而被按等级划分。当然，“时钟的表盘与参照系无关”能否作为基本自然律，是需要实践检验的。

本书的真正意义在于抛砖引玉，如果这部著作的出版能够引起一场学术争论，那将是一件幸事，想必会引起更多智者关注本不该被遗忘或忽略的真理。诚然，书中一定有诸多不妥和不当之处，恳请广大读者和专家批评指正。

该书由河南大学郭立俊教授和郑州大学出版社陶炳海副社长在百忙之中审读，二位专家对该书的内容进行了充分肯定，认为该书具有一定的逻辑性、系统性以及创新性，同时也对书稿的完善提出了建设性的意见；郑州大学出版社副社长、编审骆玉安也鼎力相助，并对自序进行了修改和完善；责任编辑杨飞飞、责任校对崔勇、装帧设计王四朋对本书的出版都做了大量细致工作。在此一并致谢！

王音光

2016 年 9 月 16 日

目 录

1 基础设置与实验 …… 1

2 绝对时空的质能守恒 …… 4

2.1 能量与时延系数 k …… 4

2.2 绝对时空的质能守恒 …… 6

2.3 物质势能 $\Delta\Phi_m$ 与质能守恒 …… 7

3 时延系数 $k=\sqrt{(1-\beta^2)}$ 的物理意义 …… 11

4 热二律的本质 …… 15

4.1 经典热二律的本质 …… 15

4.2 证明热二律 …… 16

4.3 实例 …… 21

5 牛顿惯性定律的本质及物质势能 …… 29

5.1 牛顿惯性定律的本质 …… 29

5.2 真实动能增量决定动钟的相对快慢 …… 32

5.3 相对动能降低动钟的加快程度 …… 33

5.4 地表常见的物质时间快慢分布实例 …… 37

6 动系的时间加快程度 k 与相对时空的质能守恒 …… 40

6.1 四维时空与三维空间的关系 …… 40

6.2 证明相对论时延系数 …… 61

6.3 相对时空的质能守恒 …… 67

6.4 势场时空旋度与磁场概念 …… 68

6.5 引力惯性物质的电荷性变换 …… 72

6.6 实例 …… 73

7 地磁产生原理与地磁翻转 …… 76

7.1 地表物质的势能分布 …… 76

7.2 行星磁场、自转速度、公转轨道偏心率之间的关系 …… 79

7.3 地表势能分布引起切向力 …… 85
7.4 地表切向力环路分布与地磁 …… 86
7.5 地磁分布 …… 87
7.6 地磁翻转机制 …… 88
7.7 地壳变形分析 …… 90
8 粒子相互之间感受力场的条件 …… 92
8.1 长程力场不感受短程力场 …… 92
8.2 反作用力定律定义域 …… 94
9 能量的本质 …… 95
9.1 能量变化就是时空畸变 …… 95
9.2 能量守恒的本质是什么? …… 95
10 系统能量与时间同步变化原理及物质产生 …… 98
10.1 原子受激辐射原理 …… 98
10.2 宇宙初始产生实物质 M_0 的原理 …… 100
10.3 宇宙膨胀与引力势 …… 103
10.4 势能与势能密度 …… 104
10.5 质能守恒在宇宙膨胀中的作用 …… 108
11 正、负电子的产生 …… 112
11.1 正电子的产生 …… 112
11.2 电子的产生 …… 114
11.3 正、负电子同时产生的物理模型 …… 115
11.4 正、负电子的短程力 …… 117
12 实物质的反粒子:虚粒子 …… 118
12.1 反粒子的时空结构反对称性 …… 118
12.2 虚粒子的产生 …… 120
12.3 真空能相平衡态 …… 122
12.4 虚粒子不是稳定粒子 …… 122
12.5 真空能物质与光子时空的伸缩性 …… 124
12.6 暗物质 …… 126
12.7 时空平衡推动黑洞吞吐物质 …… 128
13 原子内部的作用力 …… 131
13.1 粒子为什么稳定 …… 131
13.2 正、负电子的电场场强分布不对称 …… 131
13.3 地磁分布与正、负电子场强不对称分布的相互印证 …… 132
13.4 正、负电子之间的短程力关系 …… 134
13.5 原子内的粒子作用 …… 138
13.6 不存在反原子 …… 139

14 光速本质、尺缩时延、宇宙距离 …… 140
14.1 光速本质 …… 140
14.2 尺缩时延与同系光速不变 …… 141
14.3 宇宙距离 …… 143
14.4 视光速各向异性 …… 145
15 “时空介质”概念与视光速 …… 148
15.1 多普勒效应 …… 148
15.2 “透明时空介质”与动系光速 …… 150
15.3 “透明时空介质”的类型 …… 151
15.4 多普勒效应与动系的运动方向有关 …… 153
16 势场的产生与引力、库仑定律 …… 155
16.1 实粒子“负能空穴”与实物质势场势能密度 …… 155
16.2 实物质的时空均值体积 v_m …… 159
16.3 力是物质之间时空不平衡的度量 …… 160
16.4 场强 …… 160
16.5 时空不平衡 $\Delta v = v_0 - v_m$ 的反作用力意义 …… 162
16.6 无穷远势能零点的相对时间 …… 163
17 时空特性与电荷物质 …… 165
17.1 时空惯性与量子纠缠 …… 165
17.2 粒子的时空结构种类 …… 167
17.3 粒子时空变化的温度效应 …… 167
17.4 电荷守恒与质电换算 …… 168
17.5 如何用经典物理测试时空的物质性 …… 169
18 洛伦兹力、磁场 …… 172
18.1 运动物质相对场源的时空不平衡度 Δv …… 172
18.2 经典物理的洛伦兹力与磁场 …… 175
18.3 磁场的物理概念 …… 178
18.4 磁场的时空结构 …… 183
19 星体之间的相对时空膨胀度对磁场翻转的作用 …… 185
19.1 实物质转换为正、负电荷的条件 …… 185
19.2 恒星与行星势场的膨胀速度比较 …… 185
19.3 行星公转轨道大部分时间不满足机械能守恒 …… 186
19.4 产生地磁的以及磁场翻转的条件 …… 188
19.5 星系宏观能态与微观粒子能态的共性 …… 190
20 引力波与电磁辐射 …… 192
21 光力子与物质极限速度 …… 196
22 相对论时空奇点与引力红移 …… 198

22.1 相对论施瓦西解 …… 198
22.2 引力红移 γ …… 199
22.3 星系在引力势的时空畸变 …… 199
23 超导体 …… 201
24 反物质探讨 …… 203
25 强、弱粒子之间的相互作用不对称 …… 205
26 牛顿力与电磁场是同一种力 …… 207
27 宇宙的过去与未来 …… 208
28 总 结 …… 210

1　基础设置与实验

本文基本观点:两个实验定律。

(1)同一参照系的时钟必须向所有参照系显示唯一且一致的“时刻”t,通俗解释是“时钟的表盘刻度值”与参照系无关,尽管各参照系相互间的时钟快慢不同。

这条实验定律实际是时空连续性的要求,时刻流逝实际就是参照系的时间坐标,所以宇宙“不同参照系”观察“同一个”时钟表盘的时刻必须一致。

如果宇宙“不同参照系”观察“同一个”时钟表盘的时刻可以有各自不同的标准,这就等于参照系的时间坐标的“时刻坐标值”不唯一,时空不具有连续性,不同参照系各自的时间标准互不关联,无法比较时间的快慢,参照系的时间坐标也就丧失了标准的意义。

有了这一条标准,人们可以把时间相对快慢标准建立在已知的时间快慢参照系上,由这个已知的时间快慢参照系观察宇宙,不会出现偏差。

例如引力势能分布是已知的,而由相对论可知势能分布与时间快慢分布是同义词,当把参照系建立在势能零点,可以知道相对比势能零点低的动系时钟相对比势能零点的时钟慢,而相对比势能零点高的动系的时间一定相对加快,而且这种判断具有唯一性,不存在狭义相对论“动钟相对静钟慢”的逻辑链断裂概念,判断简单可靠。

实例:所有围绕地心按照不同半径达到引力平衡的圆周运动,可以把达到引力平衡失重速度的卫星从地表一直排到无穷远,由经典物理可知,卫星所在轨道的势能就是引力势在该半径的势能 Φ,所有卫星动钟时间沿半径的分布就是引力势的时间快慢分布。这种时间快慢分布具有绝对性,即宇宙所有不同参照系观察卫星的物理时钟的时间快慢都被动钟的表盘时间刻度值所表示。

例如,当地表切向运动满足引力平衡的失重卫星看到地表重物具有跌落趋势,就知道地表静止重物的势能肯定比地表切向运动满足引力平衡的失重卫星势能低,所以知道地表受重力的静钟肯定比地表切向运动达到失重卫星的动钟慢,并且这种相对失重卫星动钟的快慢关系具有绝对性,与参照系无关,因为有时钟表盘刻度所显示。

提一个问题:当地表切向运动达到失重卫星的动系,地球人怎么知道动钟快?地表人观察就是最普通在地表运动的平动动系,平动没有位势高低,根本看不到动钟失重。按照相对论的观点动钟慢,然而相对论同样证明势能越高动钟越快,达到引力平衡运动状态的动钟快肯定符合逻辑。如果再通过经典物理学先证明失重,然后再证明动钟快,相对论还有存在的意义吗?这是相对论的矛盾所在。

(2)宇宙时空膨胀作为实验基础,同一参照系观察宇宙不同时空位置的参照系具有不同的时间与空间尺度,或宇宙没有快慢统一的时间快慢。

设置这一条的目的就是没有必要假设一些物理概念去证明相对时空,而是把相对时空作为实验定律所承认,然后由经典物理直接证明时间相对快慢。这种办法的特点是证明结果以经典物理的概念表达出来,简单可靠,物理概念清晰,做到懂得经典物理就懂得相对时空,并可以直接比较相对论与经典物理的交集性与相悖性,从中直接发现错误,而不是把时空搞得"最高智慧者"的天堂。

下面就以重力实验解释以上两个实验定律。

哲学常说时间是物质的,但时间的物质性一直到今天都很难用可视的物理量直接给出。为了能简单直接说明问题,下面看众所周知的自由落体重力实验。

实验定律第二条:宇宙没有统一的时钟。由这条实验定律,重力场势能高低不同的时钟时间快慢应该不一样,例如一个动系自由落体如图1.1所示。

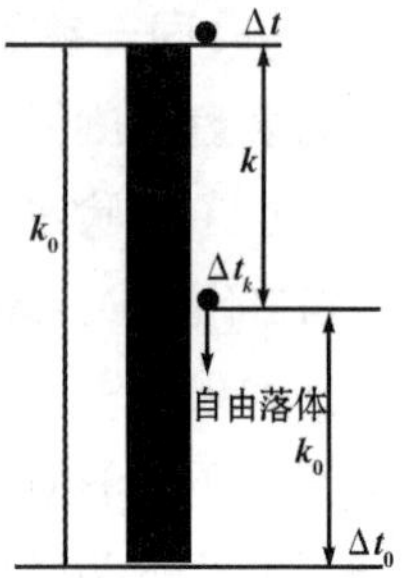

图1.1

设重力场高位势静钟相对地表静钟的时间快慢为 Δt,从最高处自由落体动系相对高位静钟的时间快慢为 Δt_k。已知地表势能零点静钟的时间快慢为 Δt_0,自由落体的动钟相对地表静钟的时间快慢为

$$\Delta t_k = \Delta t_0 \cdot k_0$$

式中,k_0 是动钟相对地表静钟时间的快慢程度或快慢比例,$\Delta t_k = t_2 - t_1$ 是动系表盘可视的时刻间隔,无论是在地表静钟还是在重力场高位势静钟观察动系表盘时刻间隔 $\Delta t_k = t_2 - t_1$ 都一样,这是由时钟表盘刻度值的物质性所决定的。

图1.1中位势最高处静钟的时间为 Δt,动系相对最高位置时钟的时间快慢为

$$\Delta t_k = \Delta t \cdot k \tag{1.1}$$

式中,k 是动系相对最高位置静钟时间的快慢程度或快慢比例。相对论称 k 是动系的时延系数,为了通俗易懂,这里称 k 为时间加快程度,$k<1$ 代表时间相对观察者减慢,反之 $k>1$ 代表时间相对观察者加快。

同理按此计算,最高处相对地表的时间快慢为

$$\Delta t = \Delta t_0 \cdot K_0 \tag{1.2}$$

将式(1.2)带入式(1.1)可得

$$\Delta t_k = \Delta t_0 \cdot K_0 \cdot k \tag{1.3}$$

由于 Δt、Δt_0 以及 Δt_k 的物质性,再将 $\Delta t_k = \Delta t_0 \cdot k_0$ 带入式(1.3)可得

$$K_0 \cdot k = k_0 \tag{1.4}$$

以上比较时间的快慢标准是选择统一的时钟表盘 Δt、Δt_0 以及 Δt_k,由此得出式(1.4)。

以上并没有证明势能高低不同的时间快慢,式(1.4)只是按照实验定律第二条宇宙没有统一的时钟得出三个高低不同位置之间的时间加快程度的关系,逻辑上既可以是绝对时空 $K_0 = k = k_0 = 1$,也可以是相对时空 $K_0 \neq k \neq k_0$,这需要有严格的数理证明,经典物理应该具有证明重力势时间快慢分布的能力。

如果是相对时空 $K_0 \neq k \neq k_0$,在与动系同高度的观察者用自己的时间 Δt_k 观察动系的

速率为

$$u_0 = \Delta H/\Delta t_k \tag{1.5}$$

式中，ΔH 是自由落体的高度 H 变化，注意按照相对论，尽管尺子按照势能不同具有不同的伸缩性，但 ΔH 同样满足尺子刻度值不变的物质性，将地表观察者的时间与动系的时间关系 $\Delta t_k = \Delta t_0 \cdot k_0$ 带入式(1.5)可得

$$u_0 = u/k_0 \tag{1.6}$$

$u = \Delta H/\Delta t_0$ 是地表静系观察者观察的动系视速度，可以看出如果是相对时空，动系自由落体同样的尺子刻度值距离 ΔH，u_0、u 二者并不一样，相对论称 $u_0 = u/k_0$ 是四维速度的空间分量，实际就是时间快慢不同引起的视速度。

由动量 $M_0 \cdot u_0 = M_0 \cdot u/k_0 = M \cdot u$ 可得

$$M = M_0/k_0 \tag{1.7}$$

M_0 是物质的静质量，M 是地表观察者观察动系的动质量。

以上就是以实验定律第二条得出的逻辑演绎结果。

第一条实验定律说明把物理时钟放在不同高度，由于表盘刻度的物质性，时钟表盘与参照系无关，时钟的快慢必须由表盘刻度值表现出来。在宇宙所有角落观察地表不同高度的时钟刻度值都是绝对的，不同高度时钟之间的时间相对快慢具有相对性，但时间快慢的相对性不能破坏时钟表盘刻度值显示时间的绝对性，这就是时钟表盘所具备的物质特性。

以上实例给出一个事实，如果相对时空是正确的，当系统的能量(例如势能)发生变化，系统的时间快慢也在发生变化。例如外界输入能量可以把系统抬到最高势能位置，系统获得能量相当于获得相对地表势能零点的最大时间加快程度 K_0，当系统释放能量产生动能，系统相对地表势能零点的时间加快程度是 k_0，系统能量与时间同步变化的关系很确定，时间的物质性似乎具有可视性，以上具有普遍性吗？

以下将给予非常明确的数理证明，证明过程将按照熟知的经典物理基本原理进行严格的逻辑演绎。

2 绝对时空的质能守恒

2.1 能量与时延系数 k

如果相对时空是正确的,式(1.1)自由落体动系的时间加快程度或时延系数 k 显然只与自由落体动系的速度或相对动能 E_k 有关,因此可以从经典动能出发寻找时延系数 k 的物理意义,经典低速相对动能

$$E_k = M_0 \cdot u_0^2/2$$

式中,M_0 是静质量,如果分子、分母上下乘以光速平方 c^2,可得相对动能

$$E_k = M_0 \cdot c^2 \cdot \beta^2/2$$

牛顿动能是低速理论,在低速情况下 $\beta = u_0/c << 1$。

既然牛顿动能是低速理论,说明牛顿动能应该是“精确动能”的低速近似式,所以逻辑上应该有比牛顿低速动能更精确的动能公式,逻辑上该精确动能公式的级数展开式的有限项就应该是牛顿低速动能。

许多物理理论都是建立在精确公式级数展开当$|x| << 1$ 的有限项,因此经典低速动能应该是“精确动能”函数的级数展开的第一项。

令 $\beta^2 = |x|$,当 $x << 1$,寻找当函数自变量 x 按级数展开第一项是 x 的函数。

由《数学用表》可以发现当$|x| << 1$,“对数函数”的级数满足

$$\ln(1+x) = x + \frac{x^2}{2} + \cdots\cdots$$

当$|x| << 1$ $\ln(1+x) \approx x$,试取 $\ln(1+x)$作为“精确动能”的函数。

令 $-\beta^2 = x << 1$, $-\beta^2 = x$ 是对数函数 $\ln(1+x)$级数展开式的第一项,所以

$$\ln(1+x) \approx x = -\beta^2$$

将牛顿相对动能公式 $E_k = M_0 \cdot c^2 \cdot \beta^2/2$ 带入 $\ln(1-\beta^2) \approx -\beta^2$,由牛顿相对动能公式可得

$$\begin{aligned} E_k &= -M_0 \cdot c^2 \cdot \ln(k) = -M_0 \cdot c^2 \cdot [\ln(1-\beta^2)]/2 \\ &= -M_0 \cdot c^2 \cdot \ln\sqrt{(1-\beta^2)} \approx M_0 \cdot c^2 \cdot \beta^2/2 \end{aligned}$$

注意以上已经应用了对数变换,$k = \sqrt{(1-\beta^2)}$ 恰恰是相对论证明的尺缩时延系数,但如果没有相对论,仍没法证明 $k = \sqrt{(1-\beta^2)}$ 的物理意义。牛顿低速理论与相对论 $k =$

$\sqrt{(1-\beta^2)}$都满足对数函数 $\ln(1+x)$。说明选择对数函数 $\ln(1+x)$作为“精确动能公式”很准确。以上是通过低速理论获得的公式，这说明 $k=\sqrt{(1-\beta^2)}$是低速效应。

以上证明很明确地证明了相对论时延系数 $k=\sqrt{(1-\beta^2)}$的存在，但物理意义仍需要用经典物理加以严格证明，以观察相对论时延系数 $k=\sqrt{(1-\beta^2)}$的物理意义。

尽管我们不知道适用于高速 $E_k=-M_0\cdot c^2\cdot\ln(k)$的尺缩时延公式 k 如何计算，但我们由此得出涵盖“高低速全域有效的精确相对动能”是

$$E_k=-M_0\cdot c^2\cdot\ln(k)$$

精确相对动能公式的结构为

$$E_k=-M_0\cdot c^2\cdot\ln(k)=M_0\cdot c^2\cdot\ln(k_0)$$

$$k_0=1/k$$

可以发现作为经典物理的逻辑演绎，$M_0\cdot c^2$ 是质能而非质量，质能 $M_0\cdot c^2$ 并非只有运动物质才具有的特性，逻辑上应该涵盖所有具有质能 $M_0\cdot c^2$ 的物质。而 k 是无量纲数，相对动能 E_k 实际是静系观察的相对动能增量 ΔE_k，对于 $k_0=1/\sqrt{(1-\beta^2)}$这种具体形式，能量 $E=M_0\cdot c^2\cdot\ln(k_0)$只代表相对动能 E_k。但如果 k_0 的形式不同，对应的能量形式不同。

动能增量 ΔE_k 在很多情况下未必是相对动能 $E_k=M_0\cdot u_0^2/2$，只有特殊情况

$$\Delta E_k=E_k=M_0\cdot u_0^2/2$$

但如果 k_0 换一种形式，能量增量 ΔE 就应该是其他不同形式的能量，所以 $\Delta E=M_0\cdot c^2\cdot\ln(k_0)$应该是能量系统的通式，$k_0$ 代表包括自然界所有能量形式的无量纲量，k_0 的物理意义应该可以在逻辑演绎中很明确的得出。

所以作为动系系统，当系统从外界获得能量，系统从外界获得能量的通式应该为

$$\Delta E_0=M_0\cdot c^2\cdot\ln(K_0) \tag{2.1}$$

获得能量 ΔE_0 的系统用 K_0 表示，系统 K_0 从外界获得能量 ΔE_0，其中部分能量转化为系统动能增量

$$\Delta E_k=-M_0\cdot c^2\cdot\ln(k) \tag{2.2}$$

剩余的能量被系统吸收为不同形式能量，例如势能 Φ、热能、电磁能等，可表述为

$$\Delta\Phi=M_0\cdot c^2\cdot\ln(k_0) \tag{2.3}$$

k_0 代表动系吸收不同于动能 k 的能量对应的无量纲数的形式，包括吸收与释放质能，例如电子释放质能辐射光子。

在第 17 章将严格证明势能 $\Delta\Phi=M_0\cdot c^2\cdot\ln(k_0)$。

如果以地表静系为势能零点观察自由落体，由经典物理能量守恒

$$E_0=E_k+\Phi$$

由能量守恒联立式(2.1)~式(2.3)可得

$$M_0\cdot c^2\cdot\ln(K_0)=-M_0\cdot c^2\cdot\ln(k)+M_0\cdot c^2\cdot\ln(k_0) \tag{2.4}$$

式(2.4)由对数运算可得

$$K_0\cdot k=k_0$$

上式与式(1.4)一致,找不到任何理由否定上式与式(1.4)不是同一物理意义,结合第1章自由落体实验,输入能量 E_0 对应最大势能,因此 $K_0 \neq k \neq k_0$,至此由经典理论证明相对时空的正确性。

由式(1.4)、式(2.4)可以看出,在地表静系势能零点观察直接影响动系的时间快慢是 k_0 而不是 k。当动系最高位势动能为零 $E_k = 0$,由 $E_0 = M_0 \cdot c^2 \cdot \ln(k_0)$ 可得动钟相对地表静钟的时间快慢 k_0 可以通过吸收能量 E_0 而改变,并获得最大的时间加快程度。如果动系将输入的能量 E_0 全部转换为相对动能 E_k,由 $\Phi = 0$ 可以推出 $k_0 = 1$,自由落体动钟的时间快慢反而没有任何变化。所以 k_0 才是动系相对地表静系真正的时延系数。地表静系与最高位势的观察者不同,动钟的相对快慢概念不同,从而证明 $k = \sqrt{(1-\beta^2)}$ 的物理意义确实代表自由落体动钟慢,并非动钟相对地表静钟慢的含义。

2.2 绝对时空的质能守恒

由式(1.7)动质量 $M = M_0/k_0$,将 $M = M_0/k_0$ 带入 $\Delta\Phi = M_0 \cdot c^2 \cdot \ln(k_0)$ 可得

$$\Delta\Phi = M_0 \cdot c^2 \cdot \ln(k_0) = M_0 \cdot c^2 \cdot \ln(M_0/M) = M_0 \cdot c^2 \cdot [\ln(M_0) - \ln(M)]$$

当动系由静止加速运动时,地表静系观察动系的质量发生变化

$$\Delta M = M - M_0$$

很显然 $\ln(M) - \ln(M_0) = \int \mathrm{d}M/M$,所以 $\Delta\Phi = M_0 \cdot c^2 \cdot [\ln(M_0) - \ln(M)]$ 应该是以下微分的定积分

$$\mathrm{d}\Phi = -M_0 \cdot c^2 \cdot \mathrm{d}M/M$$

在牛顿绝对时空,$M = M_0$,所以 $\mathrm{d}\Phi = -M_0 \cdot c^2 \cdot \mathrm{d}M/M$ 转化为

$$\mathrm{d}\Phi = -c^2 \cdot \mathrm{d}M_0$$

绝对时空势能增量

$$\Delta\Phi = -\Delta M_0 \cdot c^2 \tag{2.5}$$

由自由落体的机械能守恒 $\Delta\Phi + \Delta E_k = 0$ 可得

$$\Delta E_k = \Delta M_0 \cdot c^2 \tag{2.6}$$

式(2.6)说明能量变化是由质能转换而来的,这是牛顿绝对时空下的质能守恒。

以上计算都是以经典力学的绝对时空静质量的概念出发而得到的,感觉静质量变化的原因就是动质量 $M = M_0/k_0$ 变化了。无论相对时空还是绝对时空,只要能得到物理概念统一的正确结果,逻辑上就是正确的。

经过以上代数配方以及凑微分,由经典动能证明了质能守恒,相对论质能守恒 $E = M_0 \cdot c^2$ 实际是绝对时空的质能守恒。以上证明并不复杂,没有使用相对论概念,用经典物理证明过程完整,没有任何假设,逻辑过程很容易理解。

2.3 物质势能 $\Delta\Phi_m$ 与质能守恒

以地表静系势能零点观察在高位的自由落体动系的能量守恒

$$E_0 = E_k + \Phi$$

式中，E_k 是地表静系观察的相对动能，相对动能 E_k 并非动系真实的动能增量 ΔE_k。

在低速状态下，已知静系本身的牵连速度为 u'，例如地球自转有牵连运动 u'，动系相对静系的运动是相对运动，相对速度为 u，为使物理概念简单明了，设相对速度 u 与牵连速度 u'的方向一致，动系的绝对速度 $u'' = u' + u$，动系的绝对动能增量为

$$\Delta E_k = \frac{M_0 \cdot u''^2}{2} - \frac{M_0 \cdot u'^2}{2} = E_k + M_0 \cdot u' \cdot u \tag{2.7}$$

$E_k = \dfrac{M_0 \cdot u_0^2}{2}$是地表静系观察的相对动能，外界对动系的做功 ΔE_0 应该包含动能增量 ΔE_k 与势能增量 $\Delta\Phi$ 之和，所以

$$\Delta E_0 = \Delta E_k + \Delta\Phi$$

令 $\Delta E_0 - \Delta\Phi = -\Delta\Phi_m$，所以

$$\Delta E_k + \Delta\Phi_m = 0 \tag{2.8}$$

$\Delta E_0 - \Delta\Phi = -\Delta\Phi_m$ 的物理意义很明确，如果动系的动能增量 ΔE_k 正好等于势能增量 $\Delta\Phi$，外力做功 $\Delta E_0 = 0$，$\Delta\Phi = \Delta\Phi_m$，动系的势能 Φ_m 正好等于外界势场的势能 Φ。但动系的动能未必一定满足 $0 = \Delta E_k + \Delta\Phi$，$\Phi_m$ 的物理含义是动系的位势 Φ_m 与外界势场的位势 Φ 并非都保持一致，或者动系的时间与外界势场的固有时间未必一致。Φ_m 代表动系时间的相对快慢，势能 Φ 代表外界引力时空的时间快慢。由此可以得出当动系的时间快慢正好等于外界势场的时间快慢，这种情况被经典物理称为机械能守恒，这才是机械能守恒的物理意义。

如果外界对动系做功 ΔE_0，说明动系的势能 Φ_m 与外界势场的势能 Φ 并不一致，即动系的时间快慢不等于外界势场的时间快慢，不满足机械能守恒。在现实中动系未必满足机械能守恒，例如重力场就是因为动系的势能 Φ_m 与外界引力势的势能 Φ 不一致。

在很多情况下动系在引力势中的运动并不满足机械能守恒，例如给满足机械能守恒的卫星减速，这时卫星的速度就不满足引力平衡失重速度，卫星下跌过程达到新的引力平衡速度前，跌落过程的速度并不等于引力平衡速度。

由以上分析可以得出：无论参照系如何选择，当静系观察者只能知道相对动能将动钟减慢，根本无法根据动系的相对动能判断动钟相对静钟的快慢，动能增量必须以外界相对势能零点为参考点才具有可判断性。

例如，以地表引力势为零势能参考点，不满足机械能守恒的自由落体动系无须对动系做功就可以自行跌落，外界输入功 $M_0 \cdot c^2 \cdot \ln(K_0) = 0$，当然跌落过程动系的时间加快程度或时延系数 k_0 仍然存在，由能量守恒式(2.4)

$$0 = M_0 \cdot c^2 \cdot \ln(K_0) = \Delta E_k + \Delta \Phi_m = \Delta E_k + M_0 \cdot c^2 \cdot \ln(k_0)$$

这时的动系相对地表静系虽有动能增量 ΔE_k,但并不满足机械能守恒的引力平衡速度,因此动系的势能 Φ_m 也不可能等于外界引力势 Φ。但能量守恒式(2.4)仍然满足,因此配平动能的势能增量 $\Delta \Phi_m = M_0 \cdot c^2 \cdot [\ln(k_0)]$仍然存在,这个势能增量 $\Delta \Phi_m$ 是动系本身的物质势能增量,代表物质势能增量 $\Delta \Phi_m$ 并不等于外界引力势能增量 $\Delta \Phi$,不满足机械能守恒,但满足

$$0 = \Delta E_k + \Delta \Phi_m$$

地表静系尽管没有对自由落体的动系做功,但地球自转牵连运动带动动系的向心加速度 a 在径向做功 ΔE_0,地表静系观察动系属于相对运动,相对运动无法观察地球自转牵连运动带动动系的做功 ΔE_0,但能观察到 $0 = \Delta E_k + \Delta \Phi_m$。人们定义 Φ_m 为重力势,$0 = \Delta E_k + \Delta \Phi_m$ 就是重力场的机械能守恒。

经典理论计算地表的重力做功

$$\mathrm{d}E_0 = \mathrm{d}\Phi - \mathrm{d}\Phi_m = \mathrm{d}\Phi + \mathrm{d}E_k$$

式中,$\mathrm{d}\Phi$ 是外界引力势增量,$\mathrm{d}E_0 = a \cdot \mathrm{d}r$ 是地球自转牵连动系绕地心圆周运动的向心加速度 a 做功,$\Delta E_0 = W$ 属于牵连做功,地球人观察不到自转牵连运动的做功。$\mathrm{d}E_k$ 是动系在地球径向的动能增量,这是地球人能观察到的动能增量。由 $\mathrm{d}E_0 = \mathrm{d}\Phi - \mathrm{d}\Phi_m = \mathrm{d}\Phi + \mathrm{d}E_k$ 可得重力

$$M_0 \cdot g = \mathrm{d}\Phi_m/\mathrm{d}r = \mathrm{d}\Phi/\mathrm{d}r - \mathrm{d}E_0/\mathrm{d}r = F_0 - M_0 \cdot a$$

式中,$F_0 = \mathrm{d}\Phi/\mathrm{d}r$ 是引力势在地表的引力。

$\Delta \Phi_m$ 已经涵盖外界牵连做功 $\Delta \Phi_m = \Delta \Phi - \Delta E_0$,实际计算已经无须考虑外界牵连做功 ΔE_0,地表观察不到地球自转牵连运动做功 $\mathrm{d}E_0$,所以

$$\mathrm{d}E_0 - \mathrm{d}\Phi = -\mathrm{d}\Phi_m = \mathrm{d}E_k \tag{2.9}$$

积分式(2.9)可得 $\Delta E_k + \Delta \Phi_m = 0$,$\Delta E_k + \Delta \Phi_m = 0$ 就是重力场的机械能守恒,自由落体的物质势能 Φ_m 被称作重力势。

以上证明过程并不要求 $\Delta \Phi_m$ 一定是引力势增量 $\Delta \Phi$,即便没有引力势增量 $\Delta \Phi = 0$,$\Delta E_0 = -\Delta \Phi_m$ 同样成立。例如在地表平动 $\Delta E_0 = -\Delta \Phi_m = \Delta E_k$ 同样成立,ΔE_0 是外界牵连运动对动系做的功。所以 $0 = \Delta E_k + \Delta \Phi_m$ 具有普适性,只要动系平动有动能增量 ΔE_k,就有物质势能增量 $\Delta \Phi_m$。

由自由落体 $M_0 \cdot g = \mathrm{d}\Phi_m/\mathrm{d}r$ 可知式(2.8)无须考虑外界牵连做功 $F_0 - M_0 \cdot a$,这给计算带来很多方便。

但物质势能增量 $\Delta \Phi_m$ 并不一定必须是动能增量 ΔE_k,因为 $\Delta \Phi_m$ 实际是外力压缩或拉伸动系物质改变了系统的相对时间快慢。外力推动物质时空变形可以产生动能,但外力做功压缩或拉伸物质并不唯一产生动能增量,$\Delta \Phi_m$ 还可以其他能量形式出现,无论外力对物质做功以什么能量形式出现,$\Delta \Phi_m$ 都代表系统时间相对观察者的时间快慢 k_0。

Φ_m 是物质的真实势能,由 $\Delta E_k + \Delta \Phi_m = 0$ 可得

$$A = E_k + \Phi_m$$

式中,$\Delta \Phi_m$ 与 ΔE_k 是运动物质的真实能量增量而非相对概念,如果把初始条件设为宇宙初

始粒子的势能零点 $\Phi_m=0$，宇宙初始的物质基本粒子都是光速 $E_k=M_0\cdot c^2$，$A=E_k=M_0\cdot c^2$，由此得出

$$E_m=M_0\cdot c^2=E_k+\Phi_m \tag{2.10}$$

如果把初始条件设为引力势无穷远为势能零点，动系的初始动能为零。可得

$$0=E_k+\Phi_m \tag{2.11}$$

物质从无穷远跌落到黑洞视界的相对动能 $E_k=M_0\cdot c^2$，相对势能 $\Phi_m=-M_0\cdot c^2$。

式(2.11)就是经典物理概念。而式(2.10)$E_m=M_0\cdot c^2=$常数是质能守恒概念，地球所有的能量均来自质能。式(2.10)的 E_k 与 Φ_m 都是运动物质的绝对能量，说明今天所有的能量 ΔE_k、$\Delta\Phi_m$ 等都是质能 $M_0\cdot c^2$ 转换而来的。

在宇宙初始瞬间，设宇宙初始物质 $M_0\cdot c^2$ 所在地为绝对势能零点 $\Phi_m=0$，由 $M_0\cdot c^2=E_k$ 可以得出宇宙初始的粒子都是光速。所以绝对参照系就是产生物质 $M_0\cdot c^2$ 那一刻的参照系，实际就是宇宙初始参照系。

式(2.10)才是真正的质能守恒，所谓守恒量应该是一组变量满足守恒运算规则，例如能量守恒、机械能守恒、动量守恒等。相对论的质能守恒是两个常数的乘积 $E=M_0\cdot c^2$，常数的乘积还是常数，何来守恒概念？这不符合守恒量的概念。

同理由式(2.5)可得

$$\Delta\Phi_m=-\Delta M_0\cdot c^2 \tag{2.12}$$

当动系相对观察者有势能变化 $\Delta\Phi_m$，必有质能与势能的转换 $\Delta\Phi_m=-\Delta M_0\cdot c^2$，这就是式(2.10)$M_0\cdot c^2=E_k+\Phi_m$ 的物理含义。势能与动能是相对概念，因此质能转换也是相对概念。但质能损失不是相对概念，例如太阳辐射的光子就是以消耗质能来达到的。而人们利用能量发射卫星，卫星接受的能量转换为势能增量，属于质能转换。

在宇宙初始，粒子从外界获得的能量 ΔE_0 为

$$\Delta E_0=M_0\cdot c^2\cdot[\ln(K_0)]=M_0\cdot c^2$$

$$K_0=e$$

$M_0\cdot c^2=E_k+\Phi_m$ 与地表垂直向上发射火箭类似 $E_0=E_k+\Phi_m$，火箭获得能量 E_0，火箭可获得的最大时间加快程度是 K_0。同理 $\Phi_m=M_0\cdot c^2\cdot[\ln(k_0)]$就是粒子相对宇宙初始的势能，也是粒子相对宇宙初始的时间加快程度 k_0。而动能 $E_k=-M_0\cdot c^2\cdot\ln(k)$的 k 代表消耗粒子的最大时间加快程度 K_0 的比例。

$M_0\cdot c^2=E_k+\Phi_m$ 是能量守恒概念，逻辑上 E_k、Φ_m 与 $M_0\cdot c^2$ 只要求满足能量守恒配平关系，不要求 Φ_m 必须是外界势场的势能 Φ，更多的时候动系的动能并不满足外界势场引力平衡的动能。

以上逻辑演绎建立在经典物理基础之上，但证明结果与近代物理一致。

$M_0\cdot c^2=E_k+\Phi_m$ 是站在宇宙初始向今天观察，很抽象，特别是 Φ_m 代表粒子的势能而非外界引力势 Φ，让人不可理解，以至于相对论与经典物理都没有这个公式，但由公式证明过程可知，准确无误，并且符合能量守恒基本原理。

但 $\Delta E_k+\Delta\Phi_m=0$ 的意义没那么抽象，ΔE_k 可以被今天的观察者所观察，因为动能增

量 ΔE_k 真实可视，任何观察者都可以根据能够观察动能增量 ΔE_k 的参照系计算出 $\Delta\Phi_m$，未必一定要站在宇宙初始观察。

式(2.10) $M_0 \cdot c^2 = E_k + \Phi_m$ 给出了 $\Delta E_k + \Delta\Phi_m = 0$ 的适用范围是动系必须满足质能守恒 $M_0 \cdot c^2 =$ 常数，不能把质能转换与质能增量混为一谈，如果动系在运动过程质能有变化，由式(2.10)可以得出

$$\Delta E_m = \Delta E_k + \Delta\Phi_m \tag{2.13}$$

$E_m = M_0 \cdot c^2$ 是动系的质能，ΔE_m 代表动系的质能增量，而 $\Delta\Phi_m = -\Delta M_0 \cdot c^2$ 代表质能转换，质能转换并不等于动系的质能多少的变化。

例如光子的吸收与辐射属于质能增量，所以物质即便没有宏观动能的变化 ΔE_k，同样可以有势能 $\Delta\Phi_m$ 的变化，例如物体的温度变化代表质能的变化，可以改变物体的势能 Φ_m。

3 时延系数 $k = \sqrt{(1-\beta^2)}$ 的物理意义

通常动能增量 ΔE_k 有两个概念：一是代表相对动能 $E_k = M_0 \cdot u_0^2/2 > 0$，是相对观察者的动能，不同参照系观察动系可以有不同的相对动能，是相对概念；二是代表绝对动能增量 ΔE_k，ΔE_k 可正可负，与参照系无关，不同参照系观察动系的能量变化都一致，属于绝对概念。

$k = \sqrt{(1-\beta^2)}$ 只与相对动能 E_k 有关，以此为标准的势能增量 $\Delta \Phi$ 也是相对势能 Φ 的概念，以下以相对动能 E_k 概念讨论 $k = \sqrt{(1-\beta^2)}$ 的物理意义，由能量守恒 $E_0 = E_k + \Phi$ 以及式(2.4)得

$$M_0 \cdot c^2 \cdot \ln(K_0) = -M_0 \cdot c^2 \cdot \ln(k) + M_0 \cdot c^2 \cdot \ln(k_0)$$

上式由对数运算可得

$$K_0 \cdot k = k_0$$

$K_0 \cdot k = k_0$ 与能量守恒 $E_0 = E_k + \Phi$ 正好对应，以上证明并没有特指重力自由落体，而是更一般的相对能量概念。而 K_0、k、k_0 分别代表系统相对观察者的时间快慢比例，并与能量 E_0、E_k、Φ 分别对应，这证明第 1 章提出系统能量与时间同步变化是正确的，也是找到 $k = \sqrt{(1-\beta^2)}$ 物理意义的关键所在。

系统 K_0 从外界获得能量 E_0，E_k、Φ 都是相对系统 K_0 的外界而言，所以观察者是外界，一般设外界是地表静系势能零点的观察者。

自由落体动系时延系数 $k = \sqrt{(1-\beta^2)}$ 的物理意义

$$\Delta t_k = \Delta t \cdot k$$

上式就是 $k = \sqrt{(1-\beta^2)}$ 的物理意义，Δt 代表动系可能获得的最大相对时间快慢。

当上抛物体而非自由落体时，观察者就是地表重力势能零点，地表势能零点的时间为 Δt_0，动系的时间 $\Delta t_k = \Delta t_0 \cdot k_0$。而 $\Delta t_k = \Delta t \cdot k$ 同样适用，$\Delta t_k = \Delta t \cdot k$ 与物体是否上抛与自由落体无关。

$k = \sqrt{(1-\beta^2)}$ 的物理意义是动系以动能增量消耗从外界获得最大加快程度 K_0 的比例，使系统的时间加快程度由 K_0 降为 $K_0 \cdot k = k_0$，动系原本可加快的最大时间 Δt 被减慢为 Δt_k，只有当物体达到最高位置速度为零，$k = \sqrt{(1-\beta^2)} = 1$，给系统输入能量使得系统时间加快程度达到最大 K_0，使系统的时间 Δt 达到最快。

当系统将输入能量全部转换为自由落体的相对动能，$\Delta\Phi = M_0 \cdot c^2 \cdot \ln(k_0) = 0$，所以 $k_0 = 1$，这时动系的时间 Δt_k 与地表失重静系观察者的时间 Δt_0 快慢一致

$$\Delta t_k = \Delta t \cdot k = \Delta t_0 \cdot k_0 = \Delta t_0$$

在地表观察一般都是相对动能 $E_k = M_0 \cdot u^2/2$，由式(2.2)可得相对动能

$$E_k = M_0 \cdot u^2/2 = -M_0 \cdot c^2 \cdot \ln(k)$$

令 $x = \beta^2/2$，所以

$$k = e^{-x} \tag{3.1}$$

动系在地表平动没有势能变化，由式(2.4) $E_0 = M_0 \cdot c^2 \cdot \ln(K_0) = -M_0 \cdot c^2 \cdot \ln(k) + M_0 \cdot c^2 \cdot \ln(k_0)$，由式(3.1) $k = e^{-x}$联立动系位移 $\mathrm{d}L = u \cdot \mathrm{d}t$ 可得

$$\mathrm{d}k/\mathrm{d}L = -k \cdot a/c^2$$

a 是动系的加速度，所以

$$\mathrm{d}E_0/\mathrm{d}L = -M_0 \cdot c^2 \cdot (\mathrm{d}k/\mathrm{d}L)/k = M_0 \cdot a$$

外力做功 $\mathrm{d}E_0 = M_0 \cdot c^2 \cdot \mathrm{d}K_0/K_0 = F \cdot \mathrm{d}L$ 给动系即时输入的时间加快程度 $\mathrm{d}K_0/K_0 > 0$ 正好被动系的 $\mathrm{d}k/k < 0$ 或加速度 a 即时消耗掉，动系的时间没有变化，这就是牛顿第二定律的意义。

以上证明逻辑严密，没有假设与主观设定，推理源于经过实验证明正确的经典物理，相对论认为 $k = \sqrt{(1-\beta^2)}$ 的物理意义是动钟互相观察动钟慢的物理意义属于大错特错，$k = \sqrt{(1-\beta^2)}$ 的物理概念确实是减慢动钟的时间，但不是减慢动钟相对观察者的时间，而是减慢输入能量对应的最快时间。

$K_0 \cdot k = k_0$ 另一个物理意义，当垂直抛射重物达到最高位势，这时失重动系相对地表虽然静止但仍保持失重状态，重物的势能 $\Phi_m = M_0 \cdot c^2 \cdot \ln(k_0)$ 就是重力势，并且势能越高 $k_0 > 1$ 越大，高位相对低位的时间越快。

至此由经典物理证明重力势能越高的静钟相对地表静钟越快。

所谓机械能守恒实际就是动系相对时间快慢 $\Delta t_k = \Delta t_0 \cdot k_0$ 与重力势 Φ_m 的时间快慢一致，如果动系的时间与所在高度的重力势的时间不一致，动系必然受力。

实际上引力势与重力势雷同，满足机械能守恒或引力平衡失重动系的时间快慢等于引力势 Φ 的固有时间快慢，并且势能越高时间相对越快。

无论重力势还是引力势包括正电荷电势，势能 Φ 不同代表时间快慢不同，这与参照系无关，无论在哪个参照系观察都一样，具有普世意义。

只有以势能的时间为标准观察动系的运动，才能得到真实的动能增量 ΔE_k，也只有选准了势能标准参照系，动能增量等于相对动能 $\Delta E_k = E_k$ 不影响动能计算的正确性，例如在重力势高位势观察自由落体满足 $0 = E_k + \Phi_m$。

只要给系统输入能量但不产生动能，系统的时钟一定加快。

对于没有势能变化 $\Delta\Phi = 0$ 的运动，例如在地表赤道有地球自转牵连速度 u_0 以及牵连动能

$$E_k' = M_0 \cdot \frac{u_0^2}{2} = -M_0 \cdot c^2 \cdot \ln(k')$$

动系相对地表赤道静系有相对速度 u,设 u 与 u_0 同向,地表静系本身已经具有自转动能,所以赤道动系的绝对动能为

$$M_0 \cdot c^2 \cdot \ln(K_0) = M_0 \cdot \frac{(u_0+u)^2}{2}$$

$$= \frac{M_0 \cdot u_0^2}{2} + \frac{M_0 \cdot u^2}{2} + M_0 \cdot u_0 \cdot u$$

$$= E_k' + \Delta E_k = -M_0 \cdot c^2 \cdot \ln(k') + \Delta E_k$$

$$\Delta E_k = \frac{M_0 \cdot u^2}{2} + M_0 \cdot u_0 \cdot u$$

ΔE_k 是动系的动能增量,所以

$$M_0 \cdot c^2 \cdot \ln(K_0 \cdot k') = \Delta E_k$$

当地球没有自转的地表绝对静系向动系输入能量或时间最大加快程度为 K_0,动系从绝对静止到绝对速度 u_0+u 所获得的时间最大加快程度 K_0 是相对没有自转的地表绝对静系而言的。地球自转牵连带动地表赤道位置的静系相对地表绝对静系的相对动能为 E_k',地表绝对静系实际给动系的加快程度已经被地表绝对静系相对动能 E_k'所消耗而降低为 $K_0 \cdot k' = k$。

在经典物理认为 u 与 u_0 同向 $\Delta E_k > 0$,动系相对地心的圆周速度增加,重力降低或惯性离心力增加,但惯性离心力增加代表动系飞离地球的趋势增加,根据位势越高时间相对越快的原理,逻辑上动钟的时间相对比地表静钟加快而不是越慢,所以 $K_0 \cdot k' = k > 1$。

但按照 $\Delta E_k = -M_0 \cdot c^2 \cdot \ln(k)$,经典物理认为动系 $\Delta E_k > 0$ 与相对时空 $k<1$ 同义,显然矛盾。经典物理与相对时空相矛盾,发生矛盾的原因是经典物理是绝对时空,所以参照系的选择具有绝对时空的平权性。如果把相对时空融入到经典物理,必须考虑参照系本身的相对时间快慢,才能得出真实的动能增量,即真实动能增量只与动系的时间快慢程度 k 有关,而经典物理没有得出 k 的物理概念。

地表静系能根据动系真实动能增量 ΔE_k 计算出动系的时间相对加快程度 k,从而可以求出动系相对地表绝对静系可获得的最大时间加快程度 K_0

$$K_0 = k/k' \tag{3.2}$$

当动系相对地表静系静止 $k=1$ 可得地表静系 $K_0 = 1/k' > 1$,由此可得地表静系相对比没有自转的地表静系时间更快,或势能 Φ_m 相对比地表绝对静止的势能 Φ_0 更高。动系有相对动能反而时间加快,这是相对论或经典物理无法解释的,原因就是人们对参照系的选择有错误,人们没有根据已知的时间快慢参照系确定动系的动能增量,人们已经设定相对动能一定是动能增加。由经典物理可知,没有自转的地表丧失离心力,具有更强的重力或跌势,代表没有自转的地表绝对静系的势能 Φ_0 更低或时间相对更慢。

式(3.2)代表当有相对运动的两个参照系观察同一动系,例如地表静系与地表绝对静系观察同一动系,有相对运动的两个参照系观察同一动系的时间相对加快程度之间的换算关系。

式(3.2)同样满足动系速度 u 方向与静系牵连速度 u_0 方向垂直状态,因为动系在静

止状态就有牵连动能，由经典物理的速度叠加可得动系动能

$$M_0 \cdot c^2 \cdot \ln(K_0) = \frac{M_0 \cdot u_0^2}{2} + \frac{M_0 \cdot u^2}{2} = -M_0 \cdot c^2 \cdot \ln(k') + E_k$$

地表静系牵连运动在任何情况下对动系做功都满足 $K_0 \cdot k' = k$。

以上情况在计算动系的时延系数 k 经常用到，例如 18.1 节的磁场计算中将用到这个概念。

在静系观察任何势场对动系的相对做功所引起的时间加快程度 k_0 都要将静系本身的牵连运动引起的时间减慢程度 k_0 考虑在内，否则计算就会发生误差。而相对论恰恰没有这个概念，所以相对论得出总是动钟慢的结论。

当垂直抛射运动，外界给系统 K_0 输入很小的能量 E_0 就可以让物体向上运动，而水平运动无论输入多大的能量都不能让系统向上运动，例如电加热等，这是为什么呢？

这就是时延系数 $k = \sqrt{(1-\beta^2)}$ 发挥的作用。给系统输入能量 E_0，如果系统没有动能，系统将把所有能量吸收为势能，系统时钟被加快到 $\Delta t = \Delta t_0 \cdot K_0$，逻辑上系统会自动爬高。但是系统把能量全部转换为动能，动能正好吃掉外界输入能量，动钟对应的时钟加快程度的概念 k 是 $\Delta t_k = \Delta t \cdot k = \Delta t_0$。

外界输入能量是外力与位移的乘积 $F \cdot \Delta L$。系统的相对动能是加速度与位移的乘积 $M_0 \cdot a \cdot \Delta L$，所以

$$F = M_0 \cdot a$$

牛顿第二定律的真实含义就是相对动能把外界输入系统能量对应加快的时间全部消耗掉，使得系统的时钟快慢不变。

所以当我们给系统输入能量加速物体，根本不可能把系统抬起来。

同理给系统电加热，分子获得能量，但同时分子将获得的能量全部转换为动能，结果系统的时间仍保持静钟状态。

实际上在很多情况下输入能量并不能简单用相对动能 E_k 计算，在地表静系观察平动的相对动能 E_k 根本无法确定动系的真实动能增量，因为人们无法确定动系平动方向的势能增量 $\Delta\Phi_m$，实际就是无法确定动系时间的相对快慢。

因此动系平动由 $\Delta t_k = \Delta t_0 \cdot k$ 计算动系的时间 Δt_k 不可能准确，有时动系可以比静系时间快，有时可以比静系时间慢，例如向东运动的动系很容易飞起来，代表动系的势能肯定提高 $\Delta\Phi_m > 0$，说明向东运动的动钟肯定比静钟快。

4　热二律的本质

4.1　热二律的本质

为什么卫星只要减速或卫星动钟比满足引力平衡的失重动钟慢就跌落？为什么卫星只要加速或卫星动钟比满足引力平衡的失重时钟快就飞得更高？而且不满足失重速度的卫星会调整轨道自发朝着引力平衡状态的轨道方向发展？

根据热二律:孤立系统将自发朝着平衡态发展。

如果把卫星与地球看成孤立系统,以上不满足机械能守恒的卫星自发调整轨道行为的本质是什么？

地球引力势轨道高度不同,每一个轨道都有确定的时间快慢,所以地球引力势是时钟场,时钟的快慢不同对应确定不同半径的引力势,地球引力势时钟场与具体的物理时钟没有关系,是引力势的固有时空特性,这个固有时间快慢特性被人类定义为势能,所以势能高低与引力势时钟的快慢是同义词。

而卫星的物理时钟是具体的可视时钟,卫星时钟的快慢并不依赖于引力势时钟场,可以通过调整卫星速度来调整卫星时钟的快慢。虽然卫星的时钟快慢是独立的,但是当卫星的时钟快慢一旦被确定,卫星的轨道高低就不能随意,卫星会根据自身时钟快慢把卫星轨道自发调整到与引力势时钟场对应半径轨道的固有时间快慢一致,使得卫星可视的物理时钟快慢与引力势轨道半径的固有时钟快慢一致,从而达成时间快慢平衡,表观就是引力平衡,也称机械能守恒。

引力势半径越小,引力势固有时间越慢,所以动系的跌势越大或重力越大,代表动系的时间相对比外界引力势的固有时间越慢。当动钟比地表引力势固有的时间慢,动钟力图与引力势固有时钟的快慢达成一致,所以有向地心跌落的趋势,这与卫星跌落雷同,人称重力,时钟的时间越慢跌落趋势越大,重力越大。

热二律的本质是什么？宇宙只有时间与空间,没有其他,人类定义的所谓热二律都是人类定义的各种物理名词之一,物质的万有引力场就是物质的固有时钟场,卫星轨道本质是动系与外界势场之间力图保持时钟快慢一致。

所以热二律的本质是物质之间力图自发向保持时钟快慢一致的方向发展,导致孤立系统自发朝着平衡态发展。

自然界碰到的一切自发朝平衡态方向发展的最终目的就是力图达成物质间的时钟快

慢一致,为了这个目的从而产生了热二律。

4.2 证明热二律

热二律是经典物理最引人注目的实验定律,本人经过严密的推理,将其论证,并发现热二律的本质。

选取地球引力势无穷远为势能零点,如果动系初始动能 $E_k \neq 0$,满足机械能守恒的方程为

$$A = \Delta E_k' + \Phi$$

式中 A = 常数 =0 是动系在无穷远的初始条件,$\Delta E_k'$ 代表动系相对初始动能的动能增量。一般取动系在无穷远势能零点的动能 $E_k = 0$,$\Delta E_k = E_k$,所以 $A = E_0$ = 常数 =0

$$E_k + \Phi = 0$$

实际上物质从无穷远点开始跌落过程 $E_0 = A \neq$ 常数,所以

$$E_0 = E_k + \Phi$$

对上式求增量就可以看出

$$\Delta E_0 = W_0 = \Delta E_k + \Delta\Phi$$

$\Delta E_0 = W_0 = F \cdot \Delta r$ 代表在自发状态下外界对系统的做功,当动能增量与势能增量之和不等于零,外界对系统做功 W_0。如果 $\Delta E_k + \Delta\Phi = 0$,代表动系的时间与引力势的时间快慢一样,也只有这种状态才满足 $\Delta E_0 = 0$,所以外力做功 W_0 实际就是系统与外界势场的时间不平衡度 E_0 的增量。

因为动系的动能增量 $\Delta E_k = -\Delta\Phi_m$,所以 $E_0 = E_k + \Phi = -\Phi_m + \Phi$,动系的势能 Φ_m 与引力势的势能 Φ 不一致,或者动系的时间与动系所在引力势轨道的固有时间不一致,动系的运动过程一定不满足机械能守恒,这实际就是重力产生的原因。

由 $E_0 - \Phi = E_k$ 可得

$$(E_0 - \Phi)/E_k = \frac{E_0}{E_k} - \frac{\Phi}{E_k}$$

$$= -S + P = 1$$

令 E_0 与动系动能 E_k 的比值

$$S = -E_0/E_k$$

同理可得

$$P = -\Phi/E_k'$$

如果初始动能 $E_k \neq 0$,则

$$S = -E_0/\Delta E_k'$$

在初始动能 $A = 0$ 且动系失重状态下,满足时空平衡态,动能增量与势能增量满足机械能守恒,$S = 0$

$$P = -\Phi/E_k = 1$$

只有当 $S \neq 0$,外界才有可能从系统获取或输出功量 $\Delta E_0 = F \cdot \Delta r$,所以 S 与系统的做功能力有关。

定义功函数

$$S = -E_0/E_k$$

S 为系统功函数或做功能力，E_0 实际是系统与外界的时空不平衡度。

由功函数 $S = -E_0/E_k$ 可得

$$\begin{aligned}\Delta S &= E_0 \cdot \Delta E_k/E_k^{\ 2} - \Delta E_0/E_k \\ &= -\frac{\Delta E_0}{E_k} - S \cdot \frac{\Delta E_k}{E_k} \\ &= -(\Delta E_0 + S \cdot \Delta E_k)/E_k\end{aligned}$$

如果初始动能不为零 $E_k \neq 0$，通过简单计算可得

$$\Delta S = -(\Delta E_0 + S \cdot (\Delta E_k))/\Delta E'_k$$

在实际应用中，设为初始势能零点的初始动能不为零的情况很常见。

S 代表系统与外界的时空不平衡度，ΔE_k 是动系动能增量。举个特例看功函数 S 以及 ΔS 的物理意义，设弹性球从高处自由落体到地面，当把地表重力势能设为势能零点 $\Phi = 0$，显然初始动能不为零，弹性球撞击地面瞬间停止，可以认为弹性球没有势能变化 $\Phi = 0$，所以

$$S = -E_0/\Delta E'_k = -\Delta E'_k + \Phi/\Delta E'_k = -1$$

$S = -E_0/\Delta E'_k = -1$ 是什么意义？$\Delta E_0 = E_0 - E'_0$，E'_0 是弹性球撞击地面前 $\Delta E'_k = 0$ 瞬间的初始条件，通常 $E_0' = 0$，所以 $E_0 = \Delta E_0$。

将 $E_0 = \Delta E_0$ 代入 $S = -E_0/\Delta E'_k = -\Delta E_0/\Delta E'_k = -1$ 可得

$$\Delta E_0 = \Delta E'_k$$

在弹性球从高处自由落体到地面并设地表为重力势能零点 $\Phi = 0$ 的条件下，$\Delta E'_k = \Delta E_k$，所以 $\Delta E_0 = \Delta E_k$。弹性球撞击地面 $\Delta E_k < 0$，所以弹性球受力与运动方向相反，代表外力对弹性球做负功 $\Delta E_0 < 0$，而外力对弹性球的负功大小正好是动能增量，这恰恰是弹性球满足机械能守恒的特点，只不过弹性球并不在失重状态而始终受力，所以受力状态的机械能守恒满足 $S = -1$，例如重块弹簧系统。

将 $S = -1$ 带入弹性球系统 $\Delta S = -(\Delta E_0 + S \cdot \Delta E_k)/\Delta E'_k$ 可得

$$\Delta S = -(\Delta E_0 - \Delta E_k)/\Delta E'_k = 0$$

因此 $S \cdot \Delta E_k = W'$ 代表动系动能增量转化与外界交换的功量，这是大家最熟悉的一种状态。

又比如重力做功，动系始终受力 $\Delta E_0 = mg \cdot h$，受力状态满足机械能守恒 $S = -1$，所以

$$\Delta E_0 + S \cdot \Delta E_h = mg \cdot h - \Delta E_k = 0$$

再看一个实例，外界给动系做功 $\Delta E_0 = W_0$，动系可获得的最大加快程度 K_0，动系由 K_0 可获得的最大势能增量 $\Delta \Phi_{max} = W_0$。如果动系将部分能量转化为相对动能增量 ΔE_k，动系的势能必将被相对动能增量抵消一部分，所以动系的势能增量 $\Delta \Phi_m = W_0 + W'$ 由两部分组成，W' 是相对动能 E_k 变化 $\Delta E'_k$ 给动系最大加快程度 K_0 带来的抵消程度 $k_0 = K_0 \cdot k$，实际就是式(1.4)。

当然相对动能变化 ΔE_k 未必将全部动能变化转化为对动系的做功 W'，通常用 S 表示将相对动能变化 ΔE_k 的百分比份额转化为给动系的做功 $W' = S \cdot \Delta E_k$，所以 $W_0 + S \cdot \Delta E_k$

是动系的势能增量为

$$\Delta\Phi_m = W_0 + S \cdot \Delta E_k$$

例如动系在地表平动 $\Phi=0$ 可得 $S=-1$，所以

$$\Delta\Phi_m = W_0 + S \cdot \Delta E_k = W_0 - \Delta E_k = \Delta\Phi_{max} + \Delta\Phi'_m$$

$\Delta\Phi'_m = -\Delta E_k$ 是相对动能增量 ΔE_k 带来的相对势能增量，如果相对动能增量 $\Delta E_k = E_k > 0$，相对动能 $-E_k = \Delta\Phi'_m$ 显然是抵消外界给动系的最大加快程度 K_0。

所以功函数 S 的物理含义是动系获得单位动能增量 ΔE_k 与外界交换的功量 $S = W'/\Delta E_k$，满足机械能守恒有两种状态，当动能增量全部转化为外力对动系的做功 $\Delta E_0 = \Delta E_k$，$S=-1$，在引力势场中满足机械能守恒 $S=0$。

$\Delta E_0 = W_0$ 代表自发状态外界与动系的做功份额，W_0 使动系获得动能增量 ΔE_k。自发状态外界对系统的做功是什么？

例如雨点或重力场中动系做阻尼匀速运动 $\Delta E_k = 0$，动系自发状态匀速下降，重力势能降低，动系重力与外界施加的外力达成平衡。但动系与外界的阻力摩擦力总是与运动方向相反，不仅平衡了重力，阻力摩擦力做负功 $\Delta E_0 = W_0 < 0$，或动系获得负功，所以动系势能降低。

即 $\Delta E_0 = W_0$ 是动系自发状态从外界获得的能量，并且 W_0 使得系统的做功能力降低，表现在动系在重力落体过程丧失本该得到的动能增量 ΔE_k，并使动系的势能降低。

动系自发状态下 $S \cdot \Delta E_k = W'$ 是什么概念？例如在重力场中动系自由落体满足机械能守恒 $\Delta E_k + \Delta\Phi = 0$，重块满足失重状态。当动系重块落在弹簧上，弹性势能仍用 Φ 表示，重块与弹簧系统同样满足 $\Delta E_k + \Delta\Phi = 0$，所以重块与弹簧系统满足机械能守恒。当重块以重力获得的动能压缩弹簧，重块受到弹簧向上的反力，由于动系有加速度，动系受到的合力不为零，所以外力对重块做功

$$\Delta E_0 = W_0 < 0$$

当重块落体速度为零，重块受到的反力最大，动系受力方向从此开始与动系运动方向一致，外力对动系做功满足

$$\Delta E_0 = W_0 > 0$$

所有动能增量全部存储在弹性势能中，当弹性势能全部释放，重块获得的动能正好等于接触弹簧初始获得的动能，这个动能正好把重块又送回到最高重力势能位置。在以上可逆过程中动系对外界做功 $\Delta E_0 = W_0 < 0$ 与外界对动系做功 $\Delta E_0 = W_0 > 0$ 正好大小相等，所以动系与外界交换的做功总和为零。

但是弹簧在被压缩过程中，弹簧本身的刚体会发生弹性压缩与扭曲变形，因此弹簧物质本身会在分子级别产生内能增量与摩擦功，内能增量与摩擦功的概念就是热效应，而这部分功是对外界放热而流失，因此内能增量与摩擦功是重块与弹簧系统对外界做功或系统做负功。很显然这部分功与弹簧存储与释放的弹性能成正比，而弹簧存储与释放的弹性能显然与动系的动能增量成正比，所以弹簧的耗散功 $W' = S \cdot \Delta E_k$。

所以 $S \cdot \Delta E_k = W'$ 代表动系因动能增量与外界交换的功量，而弹簧的耗散功 W' 代表重块与弹簧系统不满足可逆状态或机械能守恒，所以 S 本身代表系统偏离可逆状态的指标。

动系与外界功交换总和为 $\Delta E_0 + S \cdot \Delta E_k$，所以功函数增量

$$\Delta S = -(\Delta E_0 + S \cdot \Delta E_k)/E_k = -(W_0 + W')/E_k$$

动系相对重力势能零点的相对动能 $E_k = -\Phi_m$，所以

$$\Delta S = (W_0 + W')/\Phi_m = W/\Phi_m \tag{4.1}$$

$$W = \Delta\Phi_m = \Delta\Phi_{\max} + \Delta\Phi'_m \qquad W' = \Delta\Phi'_m = S \cdot \Delta E_k$$

$W = W_0 + W'$是动系与外界交换功的总和。Φ_m 是动系相对势能零点的势能，Φ_m 是比较物质之间时间快慢或势能高低的基本自然量。

当动系获得获得能量 W，动系的势能增加 $W = \Delta\Phi_m > 0$，$\Delta\Phi'_m = S \cdot \Delta E_k$ 是相对动能增量带来的势能增量，在许多情况下直接用动系的势能增量 $\Delta\Phi_m$ 更方便。

如果初始动能不为零，并以外界势能零点设物质初始势能 $\Phi_m = 0$，通过简单计算同样可得功函数增量形式 $\Delta S = W/\Phi_m$ 不变。

动系与外界交换功，必然动系与外界都有各自的功函数增量。为区别动系与外界的功函数增量，设动系的势能为 Φ'_m，动系的功函数为 S'，动系功函数增量为

$$\Delta S' = W/\Phi'_m$$

可以看出当动系相对外界有时空不平衡 $S' \neq 0$，系统功函数增量为

$$\Delta S' = W/\Phi'_m \neq 0$$

系统与外界进行功交换，外界同样有功函数增量

$$\Delta S'' = W''/\Phi''_m \neq 0$$

动系与外界的交换功满足 $W'' = -W$。

仍以动系自由落体落在弹簧上为例，忽略弹簧的质量，重块与弹簧系统的质量就是重块的质量，所以重块的势能 Φ'_m 与弹簧的势能 Φ''_m 一致，注意这里的势能 Φ_m 不是指弹性势能，而是代表时间快慢的位势。

设重块与弹簧系统满足机械能守恒，当外力对重块做功 $W_0 = W < 0$，同时重块与弹簧系统的弹性势能 $W''_0 = -W_0$ 增加，所以重块与弹簧系统对外界交换的功量

$$W = W''_0 + W_0 = 0$$

动系从自由落体一直到落在弹簧上，与外界交换的功 $W = 0$，说明自发状态下系统与外界达成平衡状态满足 $W = 0$，所以重块与弹簧系统的功函数增量

$$\Delta S' = W/\Phi'_m = 0$$

另一方面重块与弹簧是统一的系统，有共同的势能 Φ_m，弹簧对重块的反力与重块对弹簧的压缩是统一系统表现出来的两个不能分离的同一过程，重块受力做功 W_0 与重块受力压缩弹簧做功 W''_0 是同一过程，重块受力的功函数增量为

$$\Delta S' = W/\Phi_m$$

重块压缩弹簧的势能 $\Phi''_m = \Phi_m$，重块受力压缩弹簧的功函数

$$\Delta S'' = W''_0/\Phi''_m = -W/\Phi_m$$

所以系统功函数增量

$$\Delta S = \Delta S' + \Delta S'' = \frac{W}{\Phi_m} - \frac{W}{\Phi_m} = 0$$

系统与外界互为相对关系,系统与外界的交换功量 W 大小相等,流向相反。例如重块与弹簧互为相对关系,把弹簧看成重块的外界,弹簧获得的功量 W_0' 与重块获得的功量 W 满足 $W_0'=-W$,满足机械能守恒的重块与弹簧的功函数增量 $\Delta S=\Delta S'+\Delta S''=0$。

重块与弹簧系统的功函数 $\Delta S=0$,证明 $S=$ 常数,证明重块与弹簧系统与外界没有功交换,反证重块与弹簧系统满足机械能守恒。

所以系统与外界保持平衡状态的充要条件是

$$\Delta S=\Delta S''+\Delta S'=0$$

$\Delta S=\Delta S''+\Delta S'$是系统与外界构成孤立系统的功函数增量,当系统与外界构成的孤立系统的功函数增量为零,代表孤立系统没有做功能力。

当系统与外界在自发过程不可能保持时空平衡,必然 $\Delta S=\Delta S''+\Delta S'\neq 0$,系统的势能为 Φ_m',外界的势能为 Φ_m'',热力学规定系统获得功量为正功,系统失去功量为负功,自发状态下总是势能高的系统向势能低的系统输出能量。

假设动系获得正功 $\Phi_m''>\Phi_m'$,动系与外界构成孤立系统的功函数满足

$$\Delta S=\Delta S''+\Delta S'=W\left(\frac{1}{\Phi_m'}-\frac{1}{\Phi_m''}\right)>0$$

结合孤立系统 $\Delta S=\Delta S''+\Delta S'=0$ 可得

$$\Delta S=\Delta S''+\Delta S'=W\left(\frac{1}{\Phi_m'}-\frac{1}{\Phi_m''}\right)\geqslant 0 \tag{4.2}$$

即孤立系统的功函数总是自发达到最大值,上式恰恰是热二律的物理意义,所以系统的功函数 S 就是系统的熵。

举一个众所周知的实例,地表动系在自发状态下将会自动向静止方向发展,设动系的动能为 E_k,动系的势能为 Φ_m,外界静系的势能为 Φ_0,所以动系的势能增量 $\Delta\Phi_m=\Phi_0-\Phi_m=-\Delta E_k$。

动系获得的功 $W=|\Delta E_k|$,因为 $\Delta E_k<0$,所以动系的熵增 $\Delta S''=-W/\Phi_m$。同理地表静系获得的功 $W=|\Delta E_k|$,所以外界静系的熵增 $\Delta S'=W/\Phi_0$。由式(4.2)可得

$$\Delta S=W\left(\frac{1}{\Phi_0}-\frac{1}{\Phi_m}\right)=W(\Phi_m-\Phi_0)/(\Phi_0\cdot\Phi_m)\geqslant 0$$

很显然 $\Phi_m-\Phi_0\geqslant 0$,即动系的势能 Φ_m 必须高于静系的势能 Φ_0,即自发状态下功流方向总是从高势能向低势能方向流动,这是动系自发状态向外界做功的充要条件,这其实是常识,例如夯块打夯过程。

满足平衡态的条件是 $\Phi_0=\Phi_m$,即动系与静系的时间快慢一致。

由 $\Delta\Phi_m=\Phi_0-\Phi_m=-\Delta E_k$ 可得 $\Phi_m-\Phi_0=\Delta E_k\geqslant 0$,这显然不满足动系 $\Delta E_k<0$ 的条件,出现这种原因是人们根本就无法确定动系的真实动能与势能,原因见本章例6。

以上证明把热二律推到定理的地位,并得到热二律真正的物理含义。

4.3 实例

例1 时空膨胀机制、势能梯度、力程与场强。

热二律的本质是物质之间力图自发向保持时钟快慢一致的方向发展，导致孤立系统自发朝着平衡态发展。

引力势时空是由势能 Φ 不同的球壳层层连续衔接的球形时空场，相邻壳层之间势能 Φ 不同代表相邻壳层之间的固有时间快慢不同，由热二律物质之间力图自发向保持时钟快慢一致的方向发展，引力势时空同样应该具有自发朝着时间快慢一致的方向发展的趋势。

设 Φ'、Φ''分别是不同壳层的势能，由热二律式(4.2)可得

$\Delta S = W(1/\Phi' - 1/\Phi'') = W[(\Phi'' - \Phi')/(\Phi' \cdot \Phi'')] = W[\Delta\Phi/(\Phi' \cdot \Phi'')] \geqslant 0$

可以看出不同壳层之间 $\Delta\Phi = \Phi'' - \Phi' \geqslant 0$，引力势半径越小势能 Φ 越低，这符合热二律的要求。

W 是时空膨胀的做功，代表时空膨胀力度，而 W 来自相邻壳层之间势能差 $\Delta\Phi$，很显然相邻壳层之间势能差 $\Delta\Phi$ 越大膨胀力度 W 越大，所以引力势内层壳层的膨胀大于外层壳层的膨胀，势能梯度 $\mathrm{d}\Phi/\mathrm{d}r$ 越大膨胀力度越大，这只有一种可能，势能梯度 $\mathrm{d}\Phi/\mathrm{d}r$ 随着半径增大越来越小。

而引力 $F_0 = \mathrm{d}\Phi/\mathrm{d}r$，引力的大小代表膨胀力度的大小，所以半径越大引力越小代表半径越大膨胀力度越弱，这是热二律的自然结论。

由 $\Delta\Phi = \Phi'' - \Phi' \geqslant 0$ 可得随着时空膨胀，相邻壳层之间势能差 $\Delta\Phi$ 越来越小，这意味着引力势的势能梯度或引力 $F_0 = \mathrm{d}\Phi/\mathrm{d}r$ 将逐步降低，由此证明地球的重力也将越来越小，早期的重力比今天大得多。

可以看出，引力势外层空间膨胀力度弱，内层膨胀力度大，势必造成引力势时空越来越"平坦"，势能梯度或引力趋于零。而力程却越来越大，势场外层时空膨胀弱代表无穷远的势能变化很小，内层膨胀强代表引力势中心的势能变化大。

时空"平坦"含义是牛顿绝对时空，势能与时间相对快慢是同义词，所以时空"平坦"含义相当于引力势中心的势能与无穷远的势能一样，引力势时空越来越"平坦"的含义是引力势中心的时间快慢越来越接近无穷远的时间快慢。

综合以上就是时空膨胀相对较大的势场属于长程力粒子，而势场膨胀相对较低的势场属于短程力粒子，长程力粒子的时间相对比短程力粒子的时间快，长程力粒子的场强相对比短程力粒子的场强弱，所以长程力粒子都是弱作用粒子，而短程力粒子都是强作用粒子。以上都是热二律的必然结果。

由长程力粒子是弱作用粒子，短程力粒子是强作用粒子，以及引力越强时空膨胀度越大的结论，宇宙早期的时间加快程度 k 要比今天小得多，k 值越小代表星系的势场时空收缩度越大，引力越强，宇宙早期的时空相对今天是高度收缩的，当时的物质的引力要比今

天大得多,因此宇宙早期的星系形成速度要比今天高得多,而 k 代表引力增强的概念,逻辑上也代表时间快慢比例。

所以可以大致根据 k 值算出宇宙早期星系形成速度,以今天的 $k=1$ 为标准,把今天的星系形成时间定为 $k=1$,将今天的星系形成的时间 $k=1$ 放入宇宙初始,并设宇宙初始星系收缩在极限状态,可得宇宙早期星系形成的时间 k 值为 $k_{\min}=1/e$,所以早期星系的形成时间约为今天星系形成时间的 30%,也就是宇宙早期星系形成速度是今天星系形成速度的 3 倍左右。

而且由于引力越强时空梯度越大,膨胀度越大,这代表早期星系的引力变化很大,必然造成星系的轨道极不稳定,所以宇宙早期的星系特点是形成速度极高,但星系极不稳定,星系坍缩或分解速度很大。

今天的星系黑洞附近同样也具有时空膨胀度较大的特点,星系变轨速度较大,所以黑洞附近同样是星系轨道不稳定区域,这是造成黑洞不断吞噬星系主要原因之一。由于同样的原因,也会有大量的星系逃离黑洞。

结论:

(1)长程力弱作用粒子时间相对比短程力强作用粒子时间快,时间代表势能,所以长程力弱作用粒子势能相对比短程力强作用粒子势能高,表现在强作用粒子更愿意参与弱作用粒子相互作用,而弱作用粒子几乎不参与强作用,这符合热二律,因为自发状态下总是势能高的粒子给势能低的粒子做功,但绝不会发生势能低的粒子给势能高的粒子做功,第 8 章将对这一问题专门证明。

(2)引力场强越大膨胀力度越大,直接效果就是星系之间的膨胀力度不同,例如黑洞的膨胀力度较强,黑洞膨胀代表场强降低,黑洞势场的势能 Φ 相对升高。而围绕黑洞旋转的星系原本满足引力平衡的公转轨道的势能 $\Phi_m=\Phi$,但由于星系相对膨胀力度较弱,星系的势能 Φ_m 很难及时跟上外界势场势能 Φ 的变化,使得星系公转轨道的势能 $\Phi_m<\Phi$,当黑洞膨胀力度较大,星系将受到极大的"重力",并且越近黑洞中心,这种现象越严重,将造成星系的跌落。

物质势场半径越小,场强越大,膨胀力度越大,无穷远的场强近乎为零,所以引力势无穷远的膨胀力度近乎为零,这将为引力物质以及宇宙背景时空带来非常奇特的形象,详见第 16 章。

例 2 星体跌落吸积盘与星体公转轨道的方向。

如果星体势能 Φ_m 低于外界引力势能 Φ,或者说星体的时间比外界势场的时间慢,星体自发向黑洞跌落。由热二律 $\Delta S=W(\frac{1}{\Phi_m}-\frac{1}{\Phi})\geqslant 0$,极限状态星体的势能 Φ_m 将自发与外界势场的势能 Φ 保持一致,满足机械能守恒 $\Phi_m=\Phi$,由此可以得出星体在自发向黑洞跌落过程中将使星体相对外界的势能差 $E_0=\Phi-\Phi_m$ 越来越小。

为了保证星体势能 Φ_m 越来越接近外界势能 Φ,星体在自发跌落过程中的动能增量 ΔE_k 赶不上外界的势能增量 $\Delta\Phi$,由于 $\Delta E_k=-\Delta\Phi_m$,星体的动能变化 ΔE_k 小意味着星体势能跌幅 $\Delta\Phi_m$ 小,因此形成外界的势能跌幅 $\Delta\Phi$ 大于星体的势能跌幅 $\Delta\Phi_m$,外界势场势

能 $\Delta\Phi$ 跌得多,星体势能 $\Delta\Phi_m$ 跌得少,必然造成势能差 $E_0=\Phi-\Phi_m$ 越来越小。用经典物理表示 $\Delta E_0=W_0=\Delta\Phi-\Delta\Phi_m=\Delta\Phi+\Delta E_k$,$W_0$ 是外力 F 做功,这意味着星体在自发向黑洞跌落过程中外力 F 越来越小,极限状态星体自发达到失重状态满足机械能守恒的圆周运动。

所以当星体自发向黑洞跌落过程接近黑洞视界,星体被撕裂的碎片逐步形成圆周运动,这就是星体跌落过程形成的吸积盘。

以上实际是惯性定律起作用,星体跌落过程必将带来星体时间快慢的变化,星体为了保持原有的时空状态,必然满足动能的变化赶不上外界势能的变化,形成吸积盘是力图阻止星体的跌落。

实验发现吸积盘的圆周运动方向是统一的,都是沿着主星系黑洞自转的方向形成吸积盘,这说明星体沿着外界势场中心主星系自转方向的公转轨道能阻止跌落。

以上现象的本质是星体在跌落过程时间相对减慢,因惯性定律作用而降低时间减慢的速度,星体自发跌落过程将自发选择运动方向,这个运动方向将使时间相对加快。因此尽管星体跌落运动方向使时间减慢,但选择圆周的运动方向力图使时间加快,两种运动叠加的结果使得星体跌落同样的 Δr,星体的时间减慢程度或势能降低 $\Delta\Phi_m$ 低于外界势场的减慢程度或势能降低 $\Delta\Phi$。

宇宙时空在膨胀,膨胀的过程使得外界势场中心主星系势场的时间分布相对加快,所有星体原本在引力平衡的公转轨道,由于外界势场的时间相对加快或势能升高,围绕主星系公转的星系相对外界势场的势能差 $E_0=\Phi-\Phi_m>0$,正常情况下所有星体都应该向势场低轨道跌落重新达到引力平衡的公转轨道。

如果这样,在引力时空不断连续的膨胀过程中,所有星体相对外界势场的时间减慢或势能差 $E_0=\Phi-\Phi_m>0$ 总是成立,这与星体自发向势场中心主星系黑洞跌落一样,所有星体最终都将跌落。但如果由于星体选择的公转运动方向不同,动系的时延系数 k 与动系的公转运动方向有关,公转运动方向 $k>1$ 的星体将可能得以生存,当然黑洞附近场强极高,黑洞的膨胀力度相对也极高,造成的势能差 $E_0=\Phi-\Phi_m>0$ 也大,而公转方向引起的 k 值增大也被较大的 $E_0=\Phi-\Phi_m$ 抵消了,所以即便星系公转方向与黑洞自转一致也将跌落。

而公转运动方向 $k<1$ 的星体将向低轨道寻求引力平衡公转轨道,最终在连续不断的引力时空膨胀中逐步向外界势场中心主星系靠近,最终被外界势场中心主星系吞噬。

所以星体公转轨道圆周运动方向与外界势场中心主星系自转方向相反的星体并不稳定,最终将跌落。

这说明不排除有反向公转的恒星或行星,但它们一般都应该是正在跌落的低轨道。

例 3 重力。

当动系的动能与外界引力势不满足机械能守恒,外界就是引力势能 $\Phi_m''=\Phi$,动系势能为 Φ_m,如果动系的动能增量 $\Delta E_k>0$,外界势能增量输出功 $W''=-W$,动系获得功 W,由 $\Delta S=\Delta S''+\Delta S'\geqslant 0$ 可得

$$\Delta S=\Delta S''+\Delta S'=W\left(\frac{1}{\Phi_m}-\frac{1}{\Phi}\right)\geqslant 0 \tag{4.3}$$

所以 $\Phi_m \leqslant \Phi$，$\Phi_m \leqslant \Phi$ 代表动系的时间比动系所在位置引力势能 Φ 的时间慢，所以跌落，并最终满足 $\Delta S = \Delta S'' + \Delta S' = 0$。$\Phi_m = \Phi$ 代表动系的时间与轨道的时间快慢一致，这就是卫星能自动调整轨道高度达到引力平衡的原因。

以上也是重力产生的原因，由 $\Delta S = \Delta S'' + \Delta S' \geqslant 0$ 可知，将来重力越来越弱，因此地球早期的重力比今天大得多。重力与磁场有关，所以地磁也必将越来越弱，早期的地磁比今天强得多。

地球质量没变，重力会越来越弱？这只能带来一个结果，引力常数不是常数，早期的引力常数比今天的大得多，未来将会继续降低，并且半径越大引力常数越低，所以宇宙早期的星系形成能力要比今天大得多。

例：在重力势中，在地表势能零点有一个速度为零的失重物体以及一个受重力的静止物体，如何比较两个物体的时钟快慢？

速度为零的失重物体如果让其成为受重力的物体，失重物体将因为地表给物体支撑力继续保持速度为零，只有外界对失重物体做正功才免于跌落，这个向上的支撑力在数值上就是重力，所以在自发状态下让速度为零的失重物体转化为受重力的物体，外界对物体做功就是外界做负功 $-W$，物体接受外界做功 W，所以

$$\Delta S = \Delta S'' + \Delta S' = W\left(\frac{1}{\Phi_m} - \frac{1}{\Phi}\right) \geqslant 0$$

Φ 是同一高度的重力势，实际就是速度为零的失重物体的势能，所以

$$\Phi_m \leqslant \Phi$$

受重力物体的势能 $\Phi_m \leqslant \Phi$，说明速度为零的失重物体比受重力的静止物体的时间快，实际代表受外力而机械变形的物体的时间相对有快慢变化，一般物体密度增加会使物体时钟减慢。

按照经典物理，同一高度的失重物体，无论速度高低重力加速度都一样，用时间快慢解释就是同一高度失重物体的重力势能 Φ 都一样。但按照热二律，在自发状态下孤立系统将朝着平衡态发展，而且这个自发过程时间越长，孤立系统越接近平衡态。重物从高处自由落体属于自发过程，因此重物自由落体过程将会自动降低重物与外界引力势的时空不平衡度，重物是因为动钟相对比同一高度引力势 Φ 的时间慢而受重力，时间相对越慢重力越大。重物自由落体过程将会自动缩小动钟相对比同一高度引力势 Φ 的时间快慢差，从而降低动系与外界的时空不平衡度。为了降低动系与外界的时空不平衡度，物质的惯性定律将发挥作用，惯性定律要求物质力图保持原有的时空状态，自由落体的动钟随着速度提高，时间将相对减慢，惯性定律将抑制自由落体动钟的相对减慢程度，物理过程是自由落体的势能增量满足

$$|\Delta\Phi_m| \leqslant |\Delta\Phi|$$

上式的物理含义是自由落体的势能降低幅度 $|\Delta\Phi_m|$ 小于外界势能的降低幅度 $|\Delta\Phi|$，所以自由落体的速度变化率或重力加速度低于重力势能变化速度，动能变化速度降低代表时间减慢程度降低。而且自由落体过程的时间越长，动钟相对比同一高度引力势 Φ 的时间快慢差越小，所以同一高度自由落体的失重物体的速度越高，动钟时间相对

静钟越快，或者失重物体的速度越高，自由落体物质的势能 Φ_m 相对比静止物质的势能越高，只不过这个误差很小罢了。

例4 星系的跌落与被弹出。

星系跌落动能增加从外界获得功量 W，由热二律式(4.3)可得星系与外界引力势的熵增 $\Delta S=\Delta S''+\Delta S'=W(1/\Phi_m-1/\Phi)\geqslant 0$，所以 $\Phi_m<\Phi$。只有星系势能 Φ_m 低于外界的引力势能 Φ 星系才有可能跌落。并且跌落过程星系的势能 Φ_m 与引力势能 Φ 的误差越来越小或 $|\Delta\Phi_m|<|\Delta\Phi|$，即星系在跌落过程的时间减慢幅度低于跌落过程外界引力势 Φ 的时间减慢幅度。

星系跌落过程的势能 Φ_m 与外界势场的势能 Φ 越来越接近，即 $|\Delta\Phi_m|$ 越来越接近 $|\Delta\Phi|$，并力图满足 $\Delta E_k=\Delta\Phi$，这是星系跌落过程满足热二律时的自发趋势。

所以星系跌落过程的动能增量低于引力势的势能降低量 $\Delta E_k<|\Delta\Phi|$，跌落过程星系的势能 Φ_m 与引力势 Φ 的误差将越来越小。

当星系在无穷远势能零点因 $\Phi_m<\Phi$ 向黑洞跌落，由热二律可知星系自发过程可能达到的极限状态 $\Delta E_k=-\Delta\Phi_m=\Delta\Phi$，注意逻辑上达到 $\Delta E_k=\Delta\Phi$ 并不代表 $\Phi_m=\Phi$，即便星系 $\Phi_m<\Phi$，星系跌落过程只要满足 $\Delta E_k=\Delta\Phi$，星系就满足机械能守恒。

这种状态就是式(4.1)当 $S=-1$ 以及 $W'=S\cdot\Delta E_k=-\Delta E_k$ 的熵增

$$\Delta S=(W_0+W')/\Phi_m=(W_0-\Delta E_k)/\Phi_m=0$$

动能变化正好与外力做功 W_0 互相抵消 $W_0=\Delta E_k$，比较形象的解释就是重力场中自由落体动系受重力，重力做功正好等于动能增量 $mg\cdot h=\Delta E_k$，这种状态称作失重。但重力场实际是地球人观察的相对概念，只要地表物体受力，在引力场观察就不属于失重，而是受重力，不满足机械能守恒。

而式(4.1)当 $S=-1$ 的熵增 $\Delta S(W_0-\Delta E_k)/\Phi_m=0$ 证明，当星系在外界势场跌落满足热二律可能达到的极限状态是 $W_0-\Delta E_k=0$。所谓可能达到的极限状态就是无限接近 $\Delta S=0$。这说明星系在自发跌落过程总是受力，就像重力。

这种始终受力的自发趋势使得星系的动能增量 ΔE_k 不断变化并力图达成 $\Delta E_k=\Delta\Phi$，而动能增量 ΔE_k 不断增大的最终极限状态就是光速，所以星系从无穷远向黑洞跌落的最大速度是光速，所以星系向黑洞跌落的速度如能达到光速，就是满足 $\Delta S=0$ 的极限状态。

即如果星系跌落如能达到光速，如果行星在这种圆周运动尽管还受力，跌落过程将满足 $W_0-\Delta E_k=0$，就像重力场一样。

但经典物理 $W_0=\Delta E_k+\Delta\Phi$ 证明这种状态肯定是 $\Delta\Phi=0$，即星系不会跌落，不会出现满足 $W_0-\Delta E_k=0$ 的情况，而是维持在光速圆周运动的轨道上，这种理论极限状态实际就是引力平衡状态。这只有一种可能，星系跌落最终达到机械能守恒状态，一定会沿着星系黑洞附近吸积盘的切向方向完成圆周运动，星系围绕黑洞达到光速的引力平衡的半径

$$R_0=GM/c^2$$

式中，R_0 就是黑洞视界。

综合以上逻辑推理，星系初始状态满足 $\Phi'_m<\Phi$ 并因此而跌落，星系跌落过程始终自发满足 $\Phi'_m<\Phi_m\leqslant\Phi$，并且星系跌落过程满足热二律的极限状态是跌落速度必须达到光

速，不达到光速的星系将继续跌落，所以一旦星系进入跌落状态往往很难逃脱。

同理，星系的时间相对比外界引力势的时间快，一定会被外界引力势踢出而远离外界引力势的主星体。

当黑洞之间相互吸引跌落时，由于黑洞的惯性很大，惯性越大说明跌落过程黑洞的势能 Φ_m 与外界引力势 Φ 的误差将会更小，相对要比星系跌落过程势能 Φ_m 与外界引力势能 Φ 的误差小得多，更容易达到引力平衡。而黑洞的势能梯度很大，黑洞势场的膨胀力度越大，且越接近黑洞中心，势场的膨胀力度越大，外界势场时空的膨胀代表外界势场在向势能升高的方向转化，黑洞的惯性与外界势场的动态变化，所以当两个黑洞在向对方跌落中完全有可能达成引力平衡。

特别是宇宙早期黑洞的势能梯度要比今天得多，势场膨胀动态效应更强，黑洞之间相互跌落更容易达成引力平衡，所以很容易达成双黑洞现象。

当黑洞惯性很大，甚至不排除黑洞之间的跌落过程有弹出现象。

例 5 传热。

当给物体加温时，微观粒子有动能增量，逻辑上微观粒子的动能与宏观粒子一样，没有本质区别，区别仅在于给动系输入能量没有宏观速度，但一定有分子速度的改变。所以物质的微观分子之间的势能 Φ' 与分子的平均"热动能"有关，而分子级别的势能与热动能统称为内能范畴。而经典物理的内能或平均热动能直接与温度成正比，所以当输入能量直接以热量的方式提高系统的时间相对加快程度，在能量传输过程没有宏观动能的变化，系统的势能 Φ_m 必然只与物质的温度有关。如果以绝对温度为标准，经典物理学证明分子的"平均热动能"或内能与物质的绝对温度 T 成正比。所以系统的势能 Φ_m 与系统的绝对温度 T 成正比，因此系统的势能参考点 $\Phi_m = k \cdot T$ 也是以绝对零度为相对势能零点，k 是常数。

恒温热源系统功函数增量为

$$\Delta S = W/\Phi_m = W/(k \cdot T)$$

将常数 k 合并到 $\Delta s = k \cdot \Delta S$ 中，所以恒温热源系统功函数增量为

$$\Delta S(T) = W/T$$

传热功 W 很简单就是热量 ΔQ，所以物质传热的熵增为

$$\Delta S(T) = \Delta Q/T$$

吸收热量为正，高温系统温度为 T_g，低温系统温度为 T_d，可得高低温热源两个系统互为热量的传递与接受者，所以

$$\begin{aligned}\Delta S &= \frac{\Delta Q}{T_d} - \frac{\Delta Q}{T_g} \\ &= \Delta Q\left(\frac{1}{T_d} - \frac{1}{T_g}\right) > 0 \end{aligned} \tag{4.4}$$

式(4.4)就是最闻名遐迩的热二律。

例 6 相对论时延系数 k 的热二律矛盾。

相对论的时延系数 $k = \sqrt{(1-\beta^2)} < 1$，按照相对论的结论动钟的时间慢，代表动系的

势能 Φ_m 比静止物质的势能 Φ 低。

地表运动物体自发状态下由于地表摩擦力最终将停下来，所以动系的动能增量 $\Delta E_k < 0$，地表对动系的摩擦力 F 与动系的运动方向相反，代表动系对外界做功 $W = -\Delta E_k$，外界接受功，地表作为外界与动系构成孤立系统。Φ 是外界静止物质的势能，Φ_m 是动系的势能，$\Delta\Phi_m = \Phi - \Phi_m$ 正好是动系的势能增量，因此 $-\Delta E_k = \Delta\Phi_m$，由热二律式(4.2)可得

$$\begin{aligned}\Delta S &= W(1/\Phi - 1/\Phi_m) = W[(\Phi_m - \Phi)/(\Phi_m \cdot \Phi)] \\ &= W[-\Delta\Phi_m/(\Phi_m \cdot \Phi)] = W[\Delta E_k/(\Phi_m \cdot \Phi)] \geqslant 0 \end{aligned} \tag{4.5}$$

由 $\Delta E_k \geqslant 0$，这看似与事实不符，这是矛盾之一。

$\Phi_m - \Phi > 0$ 证明动系的势能 Φ_m 大于外界的势能 Φ，或动钟相对静钟快，这是矛盾之二。

出现这种矛盾的重要原因是根本无法判断动系的真实势能增量 $\Delta\Phi_m$。

引力势是宇宙统一的时钟场，由地表引力势参照系观察地表动系的势能 Φ_m 高低准确无误，如果把参照系选在地表引力势作为势能零点，以上矛盾迎刃而解。

如何选择地表引力势参照系？地表向东运动达到引力平衡速度的失重参照系的势能 Φ_m 就是地表引力势的势能 Φ，只要把静系选在地表达到引力平衡的失重参照系，由此观察地表动系，可得到动系真实的相对势能 Φ_m 高低。

地表失重参照系相对地表向东运动，反过来在地表失重参照系观察地表实际是相对向西运动，在地表失重参照系观察相对地表静系向东运动的动系仍是向西运动，区别仅仅是西向的速率不同。由于地表失重参照系观察地表动系相对向西运动受到下沉的跌势或重力，所以地表向东运动的失重参照系知道相对向西的动系时钟减慢或势能降低。动系向西的速度越低，势能相对越高或时间相对越快，所以地表静系向东运动的动系的势能 Φ_m 是升高而非降低。如果地表静系用两个静钟统一教表对时，然后让其中一个经过统一对时的静钟向东运动一段时间后再静止，动钟静止后再与原来统一教表对时的静钟进行比较，会发现向东运动一段时间后再静止的静钟快了。

地表向东运动的动系对地表的摩擦力 F 向东，而地球自转带动地表牵连运动也是向东运动，地表受力 F 与地表位移一致，所以地表静系作为外界接受动系对地表的做功 $W > 0$，动系显然输出功，符合热二律孤立系统自发状态高势能向低势能输出功的原则，地表作为外界与动系构成孤立系统，由热二律式(4.2)可得

$$\Delta S = W\left(\frac{1}{\Phi} - \frac{1}{\Phi_m}\right) = W[(\Phi_m - \Phi)/(\Phi_m \cdot \Phi)] \geqslant 0$$

所以 $\Phi_m - \Phi \geqslant 0$，向东运动的动系的势能 Φ_m 必须大于静止物质的势能 Φ 才满足热二律，自发状态动系最终 $\Phi_m - \Phi = 0$，在地表静系观察当动系的势能 $\Phi_m = \Phi$，动系相对静系静止。

当动系自发状态由向东运动的高势能 Φ_m 降为低势能 Φ，动系的势能增量

$$\Delta\Phi_m = \Phi - \Phi_m < 0$$

$\Delta\Phi_m < 0$ 代表动系由动到静的真实绝对势能降低，在任何参照系观察都不可能改变 $\Delta\Phi_m < 0$。所以动系的绝对动能增量 $\Delta E_k = -\Delta\Phi_m > 0$，只要动系的时间比原来减慢，动系的绝对动能肯定增加。因为在地表向东运动的失重参照系观察向东运动的动系，动系自

发状态因摩擦相对地表静系的减速实际是相对向西加速运动，这是公式 $\Delta E_k = -\Delta \Phi_m$ 最大的优点，热二律即可满足相对运动的观点，又满足绝对运动的观点。

所以式(4.5)正好是动系向东的热二律计算，但如果动系向西运动怎么计算？结果正好相反，动系势能升高，动能降低，证略。

可以看出式(4.1)应用很不方便，由式(4.1) $W = \Delta\Phi_m = \Delta\Phi_{max} + \Delta\Phi'_m$，动系在地表平动 $\Delta\Phi'_m = -\Delta E_k$ 只与相对动能增量 ΔE_k 有关，带入式(4.5)可得

$$\Delta S = \Delta\Phi_{max} \cdot \left(\frac{1}{\Phi} - \frac{1}{\Phi_m}\right) + \Delta\Phi'_m \cdot \left(\frac{1}{\Phi} - \frac{1}{\Phi_m}\right)$$

自发状态 $\left(\frac{1}{\Phi} - \frac{1}{\Phi_m}\right) > 0$，动系自发状态减速 $\Delta\Phi'_m = -\Delta E_k > 0$，所以

$$\Delta S' = \Delta\Phi'_m \cdot \left(\frac{1}{\Phi} - \frac{1}{\Phi_m}\right) \geqslant 0 \tag{4.6}$$

$\Delta S'$ 是相对动能增量 ΔE_k 带来的熵增份额，式(4.6)地表动系自发状态平动相对动能变化 ΔE_k 的熵增，式(4.6)与方向无关，当动系速度为零 $\Delta\Phi'_m = 0$，达到平衡态。

式(4.6)说明相对动能增量改变动系的势能增量，速度降低必然 $\Delta\Phi'_m > 0$，但不能由此得出静钟的时间比动钟快，而是相对动能降低可使动钟相对得到加快份额 $\Delta\Phi'_m$，但这个份额能否使静钟比动钟快要看动钟获得最大加快程度 $\Delta\Phi_{max}$。

并且也不能由此得出低势能向高势能输出功，因为相对观点 $\Delta\Phi'_m \geqslant 0$ 无法判断动系相对静系的真实势能高低，但相对观点认为功流总是向低势能方向流动，所以动系势能 Φ_m 比静系势能 Φ 高，满足自发状态 $\left(\frac{1}{\Phi} - \frac{1}{\Phi_m}\right) > 0$，只要逻辑合理就满足自然界同一律性，至于物质的真实势能高低原本就不是相对观点的概念，就好像无须知道无穷远势能零点的真实势能一样。

以上证明并不复杂，逻辑严密，没有假设与个人主观，主要思想有两条。

(1) $\Delta S = \Delta S'' + \Delta S' \geqslant 0$ 建立在时空不平衡 $E_0 = E_k + \Phi$ 基础上，即动系的动能并不等于引力平衡速度或不满足机械能守恒，本质是动系的时间与引力势的固有时间不一致，卫星最终能自发完成引力平衡本质是卫星系统与外界的时间快慢最终趋于一致。正因为如此，首先选择引力公式 $E_0 = E_k + \Phi$ 以及 $\Delta E_0 = \Delta E_k + \Delta\Phi$ 作为突破口。

(2) 由 $E_k = -\Phi_m$ 以及 $\Delta E_k = -\Delta\Phi_m$ 置换公式中的动能 $\Delta S = -(W_0 + W')/E_k$，并由此得出源于引力公式的更具有一般普世的热二律熵增公式 $\Delta S = W/\Phi_m$。如果没有 $E_k = -\Phi_m$ 以及 $\Delta E_k = -\Delta\Phi_m$ 想把热二律推到定理的位置是很难的。

例如当两种颜色不均匀的物质放在一起，颜色不均匀代表物质种类不一样，不同种类分子的时间快慢不一样，有时间快慢差别，尽管这个误差很小，宏观可以忽略不计，最终会扩散的混合均匀，这时溶剂与溶质均匀，大范围的宏观时间快慢差别被消除了。

这种大范围的宏观时间快慢差别被消除不等于微观不同种类的分子之间的时间快慢差被消除，微观不同种类的分子之间的时间快慢差是靠时间漫长的原子级别的自发衰变来完成的，所以不同时期根据外界势场的固有时间快慢，必有一种与外界势场固有时间快慢最接近的元素最稳定，其他元素都将自发的向现阶段最稳定的元素衰变。

5　牛顿惯性定律的本质及物质势能

5.1　牛顿惯性定律的本质

经典物理的惯性定律“物质保持原有运动状态的性质称作惯性”。

牛顿第二定律代表牛顿第一定律惯性定律的具体数学表述形式，牛顿第二定律与 $k=\sqrt{(1-\beta^2)}$ 有关，代表惯性定律与动系的时钟状态有关。

地表动系从外界输入功 W 而加速运动，地表的外界势能没有变化 $\Delta\Phi=0$，由式(2.1)～式(2.4)可得

$$
\begin{aligned}
W &= M_0 \cdot c^2 \cdot [\ln(K_0)] = -M_0 \cdot c^2 \cdot [\ln(k)] \\
\mathrm{d}W &= F \cdot \mathrm{d}L = M_0 \cdot c^2 \cdot \mathrm{d}K_0/K_0 = -M_0 \cdot c^2 \cdot \mathrm{d}k/k \\
F &= -M_0 \cdot c^2 \cdot (\mathrm{d}k/\mathrm{d}L)/k = M_0 \cdot a
\end{aligned}
\tag{5.1}
$$

式(5.1)经过换算可得以下两个方程

$$
F = -M_0 \cdot c^2 \cdot (\mathrm{d}k/\mathrm{d}L)/k = M_0 \cdot a
$$

$$
a = -c^2 \cdot (\mathrm{d}k/\mathrm{d}L)/k
$$

式中，F 是外力，$\mathrm{d}L$ 是动系位移，a 是动系的加速度。

外界输入功 $\mathrm{d}W>0$ 说明 $\mathrm{d}K_0>0$，K_0 是系统时钟由外界输入能量可能得到的相对时间最大加快程度，如果从外界接受能量的系统不产生动能，系统的时间相对加快，比如给系统加温、充电、充磁等都可以使系统的时间相对加快。

但如果系统将能量全部转换为动能，由 $a=-c^2\cdot(\mathrm{d}k/\mathrm{d}L)/k>0$ 可知 $\mathrm{d}k/\mathrm{d}L<0$，$\mathrm{d}K_0>0$ 让动系的时间相对加快，$\mathrm{d}k<0$ 让动系的时间相对减慢，正好相互抵消，动系的时间快慢相对不变，相对论动钟相对静钟慢的概念根本不存在。

经典理论由 $a=\mathrm{d}u/\mathrm{d}t$ 得出惯性定律是“物质保持原有运动状态的性质称作惯性”，而 k 代表动系抵御时间的相对加快程度，所以由 $a=-c^2\cdot(\mathrm{d}k/\mathrm{d}L)/k$ 得出“物质保持原有时钟状态的性质称作惯性”，本质是动系加速的目的就是消耗外界给动系做功的时间加快程度 K_0，力图使动系的时间快慢保持不变。

惯性定律的本质是“物质保持原有时钟状态的性质叫惯性”。

落实在外在表现就是外界给动系做功必须有加速度，由于加速度是即时的，所以加速度消耗外界给系统输入功来加快动钟也是即时的，维持系统的时间快慢不变。

由“物质保持原有运动状态的性质称作惯性”进化到“物质保持原有时钟状态的性质叫惯性”，这是一个质的飞跃，它能使许多约定俗成的公理转化为定理。例如，物质势能 Φ_m 代表物质的相对时间快慢状态，所以惯性定律还可以表述为“物质保持原有势能 Φ_m 状态的性质叫惯性”。

例如，当利用外力改变物质的势能 Φ_m 状态，在自发状态下物质内部的粒子会通过某种方式抵御改变物质的势能 Φ_m 状态的外力，例如陶瓷压电与电磁感应。

当给金属施加交变磁场，实际就是改变电荷的势能状态，自发状态下电荷会自发产生运动抵御外磁场的变化，电学称“电流的变化反对磁场的变化”。

例：牛顿第二定律。

设动系的固有速度为 u_0，观察者与动系并不是同一参照系，由式(1.6) $u_0=u/k_0$ 可得 $\beta=u_0/c=u/(k_0\cdot c)$，将式(3.1) $k=e^{-x}$ 以及 $x=\beta^2/2$、$\mathrm{d}L=u\cdot\mathrm{d}t$ 带入式(5.1) $F\cdot\mathrm{d}L=-M_0\cdot c^2\cdot\mathrm{d}k/k$ 可得

$$F=M_0\cdot c^2\cdot\beta\cdot\mathrm{d}\beta/\mathrm{d}L=M_0\cdot a/k_0^2$$

$a=\mathrm{d}u/\mathrm{d}t$ 是动系相对观察者的视加速度，由式(1.7) $M=M_0/k_0$ 可得

$$F=M_0\cdot c^2\cdot\beta\cdot\mathrm{d}\beta/\mathrm{d}L=M_0\cdot a/k_0^2=M\cdot a/k_0$$

M_0/k_0 称作动质量，在相对论中 a/k_0 称作四维加速度的空间分量。

相对论认为动系相对静系的时延系数 $k=\sqrt{(1-\beta^2)}$，但在很多情况下，静系观察动系的时间相对加快程度并不是 k 而是 k_0，只有在高位势能零点观察动系跌落才满足 $k=k_0$，如果忽略相对论这个错误，相对论有许多观点与经典物理一致。

物理学实际是方法论，同一种物理现象可以用不同的方法解释，在经典物理如何解释 $F=M_0\cdot a/k_0^2$？

为了简单扼要，设动系从相对速度 $u_0=0$ 开始匀加速运动，与动系同一参照系的时间为 τ，由静系与动系时间快慢比例关系满足 $\tau=\Delta t\cdot k_0$ 以及式(1.6) $u_0=u/k_0$，可得动系真实加速度

$$a_0=u_0/\tau=u_0/(\Delta t\cdot k_0)=u/(\Delta t\cdot k_0^2)=a/k_0^2$$

$a=u/\Delta t$ 是静系观察动系的视加速度，所以 $a_0=a/k_0^2$ 是动系的真实加速度 a_0 与静系观察动系的视加速度 a 之间的换算关系。

例如，地表静系观察动系的真实加速度为 a_0，其他星系以自己的时钟观察地表动系的视加速度 a，须根据 $a_0=a/k_0^2$ 计算动系的真实加速度，才能得到正确的动力计算，所以用经典物理解释

$$F=M_0\cdot a/k_0^2=M_0\cdot a_0 \tag{5.2}$$

其实直接用 $k=\sqrt{(1-\beta^2)}$ 同样可以证明式(5.2)，因为 $\mathrm{d}k=-\beta\cdot\mathrm{d}\beta/k$，而在相对论中 $\beta=u/c$ 而非 $\beta=u/(k_0\cdot c)$，所以由式(5.1) $F\cdot\mathrm{d}L=-M_0\cdot c^2\cdot\mathrm{d}k/k$ 可得

$$F=-M_0\cdot c^2\cdot\mathrm{d}k/(k\cdot\mathrm{d}L)=M_0\cdot a/k^2$$

相对论认为 k 是动系相对静系的时延系数，尽管方法不同，$a_0=a/k^2$ 概念实际与 $a_0=a/k_0^2$ 一样，但用经典物理解释真实加速度与视加速度的概念要比相对论更易于理解，物理

概念更清晰简单。

如果仔细讨论公式 $E_k = M_0 \cdot u_0^2/2 = -M_0 \cdot c^2 \cdot [\ln(k)]$，动系的动能 $M_0 \cdot u_0^2/2$ 应该是与参照系无关的物理量，因为不同参照系观察同一动系可以有不同的视速度 u，但不同参照系不可能改变外界推动动系运动必须消耗的能量，而外界消耗的能量不因不同参照系而变，否则将打破能量守恒。

所以动系速度应该是真实固有速度 u_0 而非因参照系而不同的视速度 u，但由于固有速度 u_0 本身就是与动系同一参照系的静系观察的结果，这又违背了动系相对静系必须不是同一参照系的概念。实际上与动系是同一参照系的静系的概念根本不存在，所以将速度简单视作影响动系时间快慢的概念并不准确。只有动系能量的变化才能决定动系相对时间的快慢变化。所以相对动能 $E_k = M_0 \cdot u_0^2/2$ 不仅代表了动系时间的相对变化，还代表了能量不随参照系而变的自然律。

另一方面相对动能公式 $E_k = -M_0 \cdot c^2 \cdot [\ln(k)]$ 是动系相对动能的准确公式，E_k 的精确表达式与牛顿低速动能 $M_0 \cdot u_0^2/2$ 并非一致，但牛顿低速动能 $M_0 \cdot u_0^2/2$ 是经典物理低速动能近似式。因此 $\beta^2/2 = -[\ln(k)]$，而经典物理低速动能近似式的基础是 $k = \sqrt{(1-\beta^2)}$。根据马克劳林级数展开的第一项，所以 $\beta = u_0/c = u/(k_0 \cdot c)$ 而非 $\beta = u/c$，因此式(5.2)逻辑更准确。

而将 $\beta = u/c$ 带入 $k = \sqrt{(1-\beta^2)}$ 将使得牛顿低速动能为 $M_0 \cdot u^2/2$ 而非 $M_0 \cdot u_0^2/2$，这将造成动能因参照系而变，所以 $\beta = u/c$ 是错误的。

实际式(1.4)$K_0 \cdot k = k_0$ 已经解决以上这些问题，例如在地表重力势从高位自由落体运动，自由落体的动系相对高位的尺缩时延系数为 k，代表动系的能量来源与高位重力势，所以动系相对动能的 k 值是相对给动系输入能量的高位参照系，而不能是其他参照系。如果是其他参照系观察动系，还要把其他参照系相对高位参照系的尺缩时延系数 K_0 考虑进去。例如动系相对地表静系的尺缩时延系数为式(1.4)$K_0 \cdot k = k_0$ 而非 k。而 K_0 又可以代表地表静系给动系的输入能量，代表地表静系给动系的真实的最大时间相对加快程度，这必然涉及参照系之间的真实的时间相对快慢比例关系，这显然与动系的真实动能增量有关而非相对动能，所以通常情况下不能用相对动能简单计算动系相对静系的尺缩时延系数。

例如，自由落体在高位由静止跌落瞬间的速度为零，即 $u_0 = 0$，但地表静系观察自由落体在高位重力视加速度 $g \neq 0$，而高位参照系观察动系自由落体的固有重力加速度 $g_0 = g/K_0^2$，所以地表静系与高位参照系观察动系自由落体在高位速度为零的瞬间的重力均为 $F = M_0 \cdot g_0 = M_0 \cdot g/K_0^2$。所以相对论动质量 $M = M_0/k_0$ 的加速度 $g_0 = g/k_0$ 概念显然不如经典物理推出的 $g_0 = g/K_0^2$ 物理概念更清晰。

5.2 真实动能增量决定动钟的相对快慢

在以上讨论中不断出现式(1.6)$u_0 = u/k_0$ 以及式(5.2) $a_0 = \frac{a}{k_0^2}$,含义是动系与静系的时钟快慢不一致,这势必影响到如何选择参照系才能真实反映相对动能的概念。经典物理选择没有加速度的参照系才能作为惯性系,在惯性系之间互相观察对方具有相对速度的对称性,即惯性系之间互相观察对方的相对动能对称相等,所以惯性系之间是对等平权的。

惯性系的基本概念是什么?实际就是惯性系之间互相观察对方的相对速度与相对加速度都必须相等一致,这只有一种可能,惯性系之间互相观察满足 $k_0 = 1$,即在相对时空观察惯性系之间必须是同一个时间坐标,即绝对时空参照系。

由式(1.4)$K_0 \cdot k = k_0 = 1$ 可知,当动系的相对动能 E_k 把外界给动系的输入能量 E_0 全部消耗掉,实际就是动系的相对动能 k 把外界给动钟的加快程度 K_0 全部消耗掉,$k_0 = 1$ 代表动钟与静钟快慢永远一致,这就是绝对时空概念。即相对动能 E_k 是牛顿绝对时空的理论基础,这与实践一致,这并不等于说动系相对动能的 k 值没有变化,而是动系的 k 值随时都在变化,相对动能公式 $E_k = -M_0 \cdot c^2 \cdot \ln(k)$ 始终有效,只是 k 值正好抵消了外界给动系的加快程度 K_0,所以地表静系观察不到动系相对动能的 k 值变化,即便动系达到光速同样满足这个概念。由式(5.1)可知相对动能之所以能抵消外界给动系的加快程度 K_0,是因为动系在加速过程即时的消耗外界给动系的加快程度 K_0,所以绝对时空涵盖加速系,因此绝对时空涵盖惯性系与加速运动的非惯性系两种,绝对时空的概念是所有参照系使用同一时间坐标或 $k_0 = 1$ 的空间,在四维时空属于同一时间轴的参照系,简称同系。

动系受力被加速的目的都是为了抹平动系相对外界的时间"不平度",力图使动系与外界环境保持在绝对时空或同系状态。在地表的外界环境就是同一高度的静系,动系在地表同一高度的平动,无论是自发还是非自发状态,相对动能 E_k 的变化或相对加速度都是力图使动系与同一高度的静系保持在绝对时空或同系状态,正是相对加速度或相对动能的变化力图使动系与静系保持在绝对时空或同系状态奠定了经典物理惯性系存在的基础。

所以惯性系满足式 $k_0 = 1$,惯性系之间互相观察相对速度式(1.6)$u_0 = u/k_0 = u$,相对加速度式(5.2) $a_0 = a/k_0^2 = a$,惯性系之间相对运动的平权对称性得到满足。

但是系统吸收能量或释放能量与系统的时间快慢或物质势能 Φ_m 高低是同义词,真实动能增量满足 $\Delta E_k = -\Delta\Phi_m$,显然惯性系或同系概念不满足能量与时间快慢同义的概念,只不过大多数情况下由能量变化引起的时间快慢变化被相对动能的变化相互抵消作用使得动系的时间快慢变化可以忽略不计罢了,所以惯性系概念是近似理论,原因是绝对时空根本不存在。

但物理应该用精确理论来表述近似理论,并说明近似理论的准确程度或适用范围,这恰恰是相对时空研究的方向。

动系相对地表静系的相对运动以及相对动能概念,不考虑地球自转牵连运动做功,因此牛顿第二定律是建立在相对运动的概念,由此推出的一切定理都是相对概念。但由于时钟表盘的刻度值与参照系无关,时钟快慢概念是相对的,但也是绝对真实的,这就涉及绝对运动,因此要考虑牵连运动。

如果只考虑相对运动以及相对做功,动能正好消耗外界给动系做功的时间加快程度 K_0,维持动系的时间相对快慢不变。

如果考虑绝对运动,就必须把牵连参照系考虑在内。而绝对运动的动能增量 $\Delta E_k = -\Delta\Phi_m$,由于物质势能增量 $\Delta\Phi_m$ 代表运动物质时间相对观察者时间的快慢,观察者势能参考点不同,观察动钟的快慢肯定不同,但绝对运动 $\Delta E_k = -\Delta\Phi_m$ 不会因参照系不同而改变。

将 $\Delta\Phi_m = M_0 \cdot c^2 \cdot \ln(k_0)$ 以及 $\Delta E_k = -M_0 \cdot c^2 \cdot \ln(k)$ 带入绝对增量形式 $\Delta\Phi_m = -\Delta E_k$ 可得

$$k_0 = k$$

$k_0 = k$ 是动能增量 ΔE_k 引起动钟相对静系的时延系数或时间相对加快程度,只有真实动能增量 ΔE_k 才能保证动钟相对静系的时延系数 k 的准确性。

由 $k_0 = k$ 可得动系相对观察者的时间快慢

$$\Delta t_k = \Delta t_0 \cdot k$$

动系的动能增量 ΔE_k 对应 $k_0 = k$ 才是动系真正相对静系观察者的时延系数,相对动能的时延系数 k 不能作为动钟相对静系的快慢结论,当动系物质势能增量 $\Delta\Phi_m = -\Delta E_k < 0$ 或动能增量 $\Delta E_k > 0$,必有 $k < 1$,动系相对观察者钟慢。但动能增量 ΔE_k 可正可负,所以动钟相对观察者即可快也可慢。

只有在特殊情况,相对动能 $E_k = \Delta E_k$ 才代表动系相对观察者的时延系数,例如没有外力的势能变化,以上逻辑演绎中彻底否定了相对论的动钟慢的推理。

剩下的问题是如何计算真实动能,这是保证 $k_0 = k$ 的前提。

5.3 相对动能降低动钟的加快程度

地表静系势能零点观察自由落体的势能增量 $\Delta\Phi$ 就是相对势能 Φ,将式(2.7)$\Delta E_k = E_k + M_0 \cdot u' \cdot u$ 带入 $\Delta E_0 = \Delta E_k + \Delta\Phi$ 可得

$$W = \Delta E_0 - M_0 \cdot u' \cdot u = E_k + \Delta\Phi = E_k + \Phi \tag{5.3}$$

$M_0 \cdot u' \cdot u$ 是牵连运动的做功,外界对动系做功 ΔE_0 将牵连做功 $M_0 \cdot u' \cdot u$ 去掉正好是地表静系观察外界对动系的做功 W,地表静系观察不到地球自转的牵连做功,所以地表静系观察外界对动系的做功 $W = E_k + \Phi$。

重力场自由落体,地表的牵连速度就是地表圆周速度 u',自由落体速度 u 与地表的牵连速度 u'互相垂直,所以 $M_0 \cdot u' \cdot u = 0$,在这种情况下 $W = \Delta E_0 = E_0$,所以

$$E_0 = E_k + \Phi$$

自由落体满足 $\Delta E_k + \Delta\Phi = 0$ 或 $k_0 = k$，在地表静系观察满足 $k_0 = k$，至于静系选在高位势能零点静系还是低位势能零点静系并不重要，这是寻找参照系的可靠标准，地表没有高度变化 $\Delta\Phi = 0$ 的平动的动系如何计算动系的势能 Φ_m？

为了计算动系的时间快慢或动系的势能增量 $\Delta\Phi_m$，令静止物质的势能为相对势能零点 $\Phi_m = 0$，$\Phi_m = 0$ 实际是地表重力势能零点，将式 $\Delta E_0 - \Delta\Phi = -\Delta\Phi_m$ 代入式(5.3)可得

$$W_0 = -M_0 \cdot u' \cdot u = E_k + \Delta\Phi - \Delta E_0 = E_k + \Delta\Phi_m = E_k + \Phi_m$$

$W_0 = -M_0 \cdot u' \cdot u$ 是牵连运动对动系的做功，由上式可以计算动系的物质势能 $\Phi_m = M_0 \cdot c^2 \cdot \ln(k_0)$ 或动钟相对地表静系的时间加快程度 $k_0 = k$。

动系在地表运动没有外界引力势变化 $\Delta\Phi = 0$，但不等于动系没有势能变化 $\Delta\Phi_m$，能找到动系的势能变化 $\Delta\Phi_m$ 就可以找到动钟相对静钟的快慢。

寻找势能增量 $\Delta\Phi_m = -\Delta E_k$ 的原理很简单，常用的办法是引力势无穷远点作为零势能参考点，原因是任何引力势的势能 Φ 都有引力势固有的相对时间快慢，而时钟的表盘刻度与参照系无关。全宇宙不同参照系观察引力势固有时钟的表盘“刻度值”都是统一的，由所选势能参考点位置观察动系时钟相对势能参考点的时间快慢变化或势能增量 $\Delta\Phi_m = -\Delta E_k$ 一定是真实的，宇宙所有参照系观察动系相对所选势能零点位置的势能增量 $\Delta\Phi_m = -\Delta E_k$ 都一样。

地表静系物质不满足地表引力势 Φ 所具备的失重速度，地表静系观察的平动相对动能 E_k 肯定不是动系的真实动能增量，不满足 $\Delta\Phi_m = -\Delta E_k$ 关系，地表静系无法判断地表物质真实的动能变化，也就无法判断动系相对静系的时间快慢，这是相对论无法解决动钟相对静钟时间快慢的主要原因。

以上逻辑演绎要求选择的参照系必须真实的反映动系真实的动能增量 ΔE_k，而不是相对动能 E_k 概念，这种参照系只有引力势的势能 Φ 作为参考点才具有准确性，通常选取无穷远点为势能零点，但选地表引力势为势能零点计算地表动系的势能增量 $\Delta\Phi_m$ 最方便。

公式 $\Delta E_k + \Delta\Phi_m = 0$ 一定要注意使用范围，例如地球有绝对运动与相对太阳的公转以及自转，但地球的绝对运动带动地球引力势整体运动，地球整体作为独立粒子的时间一定会随着地球的绝对动能增量发生变化。但地球上的物质相对之间的动能与势能没有任何变化，所以不能把地球本身相对宇宙初始的绝对运动作为牵连运动，但地球自转以及公转可以作为牵连运动，因此计算 $\Delta E_k + \Delta\Phi_m = 0$ 的过程一定选准参照系。

但是地球相对太阳是椭圆公转运动，地球相对太阳引力势运动，太阳的引力势影响地球，地球相对太阳的径向运动作为牵连运动，由 $W_0 = E_k + \Phi_m$ 可知，W_0 是地球相对太阳的牵连运动对地表质点的做功，一定影响地表的物质势能 Φ_m，当然影响到物质的时间快慢。即便物质之间相对静止，站在太阳观察，以太阳势场为标准，地球各点相对太阳都有不同的绝对动能增量 ΔE_k，$\Delta E_k + \Delta\Phi_m = 0$ 成立，所以在一年中地球各质点 Φ_m 有年周期的变化。而物质的时间快慢代表重力的大小，所以地表各点的重力有日周期与年周期的变化。实际上月亮也在影响地球，重力还有月周期的变化，但这些变化都太小了，基本可以忽略不计。

公式 $E_0=\Phi+E_k$ 的行为很经典，例如垂直向上抛射手榴弹，手榴弹获得能量 E_0。手榴弹爆炸后弹片的重力势能 Φ 变化与相对运动 E_k 都满足 $E_0=\Phi+E_k$。弹片垂直向下与弹片垂直向上不一样，垂直向上的相对动能 $E_k=E_0-\Phi$ 就低，垂直向上的弹片相对手榴弹质心的相对速度相对要比垂直向下的弹片相对手榴弹质心的相对速度低得多。

在宇宙星系运动中，大部分牵连运动做功都可以忽略不计，但有些情况不能忽略不计，例如星体坍缩与超新星爆炸，这时星体相对所在星系引力势中心快速运动，当这个运动很大时，就会发现星系爆炸物质飞散并不是相对爆炸星体对称，而是爆炸物质集中偏向一侧，原因就是手榴弹原理，本质就是 $E_k=E_0-\Phi$。

例如，地表静系观察地表赤道切向向东运动的失重速率 u' 就是引力平衡速度，在赤道向东的引力平衡失重速率 u' 动系的势能就是地表引力势 Φ，将地表引力势 Φ 设为势能零点就是将失重速率 u' 动系设为势能零点或参照系。

地表静系观察在赤道切向引力平衡失重速率 u' 向东，在失重速率 u' 的动系观察地表静系赤道相对向西运动，在相对向东运动失重速率 u' 的动系上观察地表静止物质受到下沉的重力，这与卫星失速向下跌落一样，说明地表静钟的时间相对失重系的动钟时间更慢。所以失重系观察地表静系相对向西的动能增量就是相对动能 $\Delta E_k=M_0\cdot u'^2/2>0$ 或 $k'<1$，$k'<1$ 代表地表静钟肯定比失重动钟慢。

动系相对地表赤道静系向东运动速率为 u，而失重系观察地表静系向西的速度 u' 是牵连运动，动系 u 是相对运动，所以在失重系观察动系仍为向西的绝对速率 $u''=u'-u<u'$，所以动系相对地表静系的真实动能增量为

$$\Delta E_k=\frac{M_0\cdot u''^2}{2}-\frac{M_0\cdot u'^2}{2}=\frac{M_0\cdot u^2}{2}-M_0\cdot u'\cdot u<0$$

动系相对真实动能增量 ΔE_k 与参照系无关，在宇宙所有引力势能零点参照系观察地表动系的真实动能增量 ΔE_k 都统一，引力势能零点之所以选在地表仅仅是因为观察更方便。

动系相对地表静系的静止物质势能增量 $\Delta\Phi_m=-\Delta E_k>0$，$\Delta\Phi_m=-\Delta E_k$ 与参照系无关的概念源于 $\Delta\Phi_m$ 代表动系相对观察者的时间快慢，而时钟的表盘与参照系无关。$\Delta\Phi_m>0$ 代表向东运动的动钟相对比地表静钟加快或势能升高。

达到引力平衡速率 u' 的失重系其实也是地表动系的最高势能位置，这与外界给动系输入能量 $E_0=M_0\cdot c^2\cdot[\ln(K_0)]$ 代表动系的最高重力势能位置一样，只不过外界输入地表静系的能量 $E_0=M_0\cdot u'^2/2$。以上方法与在地表静系观察动系在重力场自由落体满足 $\Delta\Phi_m=-\Delta E_k$ 或 $k_0=k$ 是同一概念，区别仅在于重力场自由落体 ΔE_k 没有牵连运动项。

由 $\Delta\Phi_m=-\Delta E_k>0$ 得到向东的动钟比静钟快，由势能的相对性，如果以地表静系的物质势能为参考点 $\Phi_m=0$，将 $\Delta\Phi_m=-\Delta E_k$ 带入上式 $\Delta E_k=M_0\cdot u^2/2-M_0\cdot u'\cdot u$ 可得动系的物质势能

$$\Phi_m=M_0\cdot u'\cdot u-E_k=W_0-E_k$$

$W_0=M_0\cdot u'\cdot u$ 是地表牵连运动对动系的做功，E_k 是动系相对地表静系的相对动能，E_k 相对观察者永远是正功，W_0-E_k 代表相对动能 E_k 永远是降低动系的物质势能 Φ_m，或

相对动能 E_k 减慢外界给动系输入能量 W_0 的时间加快程度。

由 $\Phi_m = M_0 \cdot u' \cdot u - E_k = W_0 - E_k$ 可得地表自转牵连运动做功 $W_0 > 0$ 推动动系的能量

$$W_0 = E_k + \Phi_m \tag{5.4}$$

或 $K_0 \cdot k = k_0$ $\qquad k = \sqrt{(1-\beta^2)} < 1$

注意式(5.4)的 K_0 对应牵连运动对动系做功 $W_0 = M_0 \cdot u' \cdot u$, k 是相对动能 E_k 对应的时延系数,而在地表势能零点静系观察动系真实的动能增量

$$\Delta E_k = -M_0 \cdot c^2 \cdot [\ln(K_0 \cdot k)] = -\Delta\Phi_m = -\Phi_m = -M_0 \cdot c^2 \cdot \ln(k_0)$$

上式说明真实动能增量 $\Delta E_k = -M_0 \cdot c^2 \cdot [\ln(K_0 \cdot k)]$ 是把 $K_0 \cdot k = k_0$ 作为动系动能增量的真实时延系数,所以可以把真实动能增量 ΔE_k 直接作为动系的势能增量。

式(5.4)的物理含义是地球自转向东牵连做功 $W_0 = M_0 \cdot u' \cdot u$ 推动动系向东加速做正功,相当于给动系的输入功。式(5.4)与式(2.4)的区别是外界输入的能量就是地表牵连运动对动系的做功,相对动能消耗输入能量。

东向运动的动系与地表上抛重物的概念一样,外界牵连运动对动系做功 $W_0 = M_0 \cdot u' \cdot u > 0$ 一部分转化为动系的物质势能 Φ_m,一部分转化为动系的相对动能 E_k,相对动能 E_k 降低了动系的物质势能 Φ_m 或降低了外界给动系的时间加快程度 K_0。

当地表静系做功 W 推动动系相对向西运动,地球利用自转牵连运动做功 $W_0 < 0$,由 $W_0 = \Phi_m + E_k$ 可知动系的时间相对减慢或 $\Phi_m < 0$,赤道动系向东 $\Phi_m = M_0 \cdot c^2 \cdot \ln(k_0) > 0$,动系向西 $\Phi_m = M_0 \cdot c^2 \cdot \ln(k_0) < 0$,同样的相对动能 E_k,向东运动的动系相对静钟的时间加快且重量降低且很容易飞起来。而赤道向西的动钟相对静钟的时间减慢且重量增大飞起来困难。经典力学解释这种现象是动系向东借助地球自转方向的离心力更大,更不易跌落,而动系向西运动离心力肯定更低,更容易跌落。

所以地表观察向东或向西运动的两个动钟互相观察对方必定有一个是时间加快而另一个是时间减慢,所以 k 必定与运动方向有关。

例如动系东向的相对速度达到失重速度 $u = u'$, u' 是地表参照系观察动系的相对速度,这时动系的相对物质势能提高到 Φ', Φ' 是地表静系观察失重系的相对势能。

地心或两极观察者观察地球赤道向东的自转牵连速率为 u_0,向东切向运动达到失重的动系绝对速度 $U = u' + u_0$,而绝对速度 U 是地球没有自转的动系引力平衡失重圆周速度,按照经典物理,如果以地球没有自转的地表物质为势能零点,动系在地表达到引力平衡失重的势能为

$$\Phi = \Phi' + \Delta\Phi_0$$

Φ' 是有自转的地表静系观察失重系的相对势能, $\Delta\Phi_0 > 0$ 由地球自转带动的地表静系相对没有自转的地表的势能增量。

在失重系观察没有自转的地表赤道静系的速度 $u_0 + u'$,而 u' 是失重系观察有自转的地表静系的相对速度,所以地表赤道物质相对没有自转物质的势能增量

$$\Delta\Phi_0 = -\Delta E_k = -\left[\frac{M_0 \cdot u'^2}{2} - \frac{M_0 \cdot (u_0 + u')^2}{2}\right] = M_0 \cdot u_0 \cdot u' + \frac{M_0 \cdot u_0^2}{2} > 0$$

所以赤道向东自转牵连速率为 u_0 的地表静系的时间肯定比没有自转的地表静系的时间快，这恰恰是与相对论动钟慢相悖的，原因是地表原本就有引力势势能标准，地表物质的运动状态都是引力势在地表时间标准的衍生物，所以这个标准确定了地表动系的时钟状态。

失重动系相对地球没有自转的绝对静系的绝对动能

$$E_k = M_0 \cdot U^2/2 = \Phi = \Phi' + \Delta\Phi_0$$

将 $\Phi' = M_0 \cdot u'^2/2$ 以及 $\Delta\Phi_0 = M_0 \cdot u_0 \cdot u' + \dfrac{M_0 \cdot u_0^2}{2}$ 代入 $\Phi = \Phi' + \Delta\Phi_0$ 可得

$$\Phi = M_0 \cdot U^2/2$$

上式就是经典物理的势能概念，物质从速度为零的引力势无穷远势能零点跌落到地表的速度为 U，动系的势能降低满足 $\Delta\Phi = -\Phi = -M_0 \cdot U^2/2$。反过来地表失重系如果获得能量 $M_0 \cdot U^2/2$ 正好把动系势能提高到无穷远势能零点。

没有自转的地表物质从静止到失重速度也是 U，动系由绝对静止到失重的势能提高 $\Delta\Phi_m = M_0 \cdot U^2/2 = \Phi$，这同样与经典物理吻合一致。

凡是没有自转的星体地表的物质势能 Φ_m 都比地表引力势 Φ 低 $M_0 \cdot U^2/2$。

为了观察地表动系的势能高低，应该以地表引力势为势能零点观察动系，实际就是以失重系观察地表赤道静系的物质势能，由 $u' = U - u_0$ 可得

$$\Phi_0 = -M_0 \cdot u'^2/2 = -M_0 \cdot (U - u_0)^2/2$$

Φ_0 是以失重系观察地表赤道静系的物质势能。

上式与经典力学是一致的，$u' = U - u_0$ 是地表赤道静止物质相对失重系向西的速度，当地表动系的东向速度达到 u，失重系观察动系的势能为

$$\Phi_m = -M_0 \cdot [U - (u + u_0)]^2/2 \tag{5.5}$$

将 $u' = U - u_0$ 以及 $\Phi_0 = -M_0 \cdot (U - u_0)^2/2$ 代入式(5.5)可得

$$\Delta\Phi_m = \Phi_m - \Phi_0 = M_0 \cdot u' \cdot u - E_k$$

上式就是式(5.4)，只不过式(5.4)规定地表静系为势能零点。当动系向东 $u = u'$，$U = u' + u_0$，$\Phi_m = 0$，相对势能 $\Phi_m = 0$ 正好是失重系，这与经典物理赤道沿地球自转方向计算动系失重的绝对速度 $U = u' + u_0$ 一样。

尽管式(5.5)与经典物理概念一致，但物理概念完全不同，Φ_m 已经包含动系相对失重系的时间快慢概念，不能混为一谈。

5.4　地表常见的物质时间快慢分布实例

式(5.4) $W_0 = E_k + \Phi_m$ 是计算动系的时间快慢的方法，W_0 是外界输入的实际功，E_k 是可视地表的相对动能，由此可直接计算地表常见的物质时间快慢分布。

5.4.1　转盘时间分布与陀螺仪

以转盘中心为势能零点，由式(2.8)可得 $dE_k + d\Phi_m = 0$，逻辑上动能 E_k 涵盖转动能，

所以

$$E_0 - E_k = \Phi_m$$

E_0 是积分常数,代表外界给转盘的输入能量,转盘的转动能 E_k 不可能大于给转盘的输入能量 $E_0 - E_k > 0$,所以转盘整体的相对势能 $\Phi_m > 0$,即转盘整体的平均时间相对地表静系加快。

由式(5.4) $W_0 = E_k + \Phi_m$ 可得转盘的时延系数分布,旋转转盘各质点的相对动能就是动能分布 $E_k = M_0 \cdot (\omega \cdot r)^2/2$ 或转盘质点势能 Φ_m 分布,W_0 是外界给转盘输入能量 E_0 沿转盘半径的分布,以转盘中心为势能零点可得

$$W_0 - E_k = \Phi_m = M_0 \cdot c^2 \cdot \ln(k) = E_m \cdot \ln(k)$$

$E_m = M_0 \cdot c^2$ 是质点的质能,转盘质点获得的动能 E_k 不可能比外界输入给质点的能量 W_0 更大,所以 $W_0 - E_k > 0$,转盘不同半径质点的时间相对加快程度

$$k = e^{\frac{(W_0 - E_k)}{E_m}} > 1$$

如果忽略外界牵连运动的影响,$W_0 - E_k$ 沿半径对称分布,转盘半径越大时间相对越快。但由于外界牵连运动或势场速度梯度的影响,W_0 沿转盘半径的分布并不对称分布,但转盘的平均时间一定是相对加快。

转盘是弹性物质,当外界输入能量时,外界做功一部分转化为相对转动能 E_k,剩余部分转化为物质的拉伸弹性能 Φ_m,这部分弹性能实际就是分子间势能 Φ_m,所以转盘时间均值相对静钟是加快的,并且转盘半径越大弹性形变能越大,分子间势能 Φ_m 越高,时间相对越快。

用玻璃做一个圆柱轴转盘,当转盘高速旋转时,可将光线射入玻璃转盘,光线由于玻璃转盘不同半径的时间快慢不一样,折射率肯定不同,光线进入玻璃转盘肯定是曲线而非直线。但按照相对论半径越大时间越慢与按照本题介绍半径越大时间越快,光线在玻璃转盘内的曲率将会不同,这是证明本文论点与相对论的最可靠实验。

由于转盘轴线方向无论怎么放,转盘质点运动方向不同,转盘同一半径各点的时间不一样。例如同一半径向东的质点时间相对更快,而向西的质点时间相对最慢,所以转盘即便同一半径的时间快慢也不一样,从而形成各质点的重力不同,造成转盘受到力矩,由此产生转轴进动。

在宇宙时空,动系时间与运动方向有关很普及,所有星系只要有自转,就会有转轴进动。

如果在太空放一个高速自转的陀螺仪,即便这个陀螺仪在失重状态,这个陀螺仪的自转轴一定会发生缓慢的进动。

5.4.2 旋转水桶的液体

当旋转水桶时,水桶液体也跟着旋转,外界输入功一部分转化为转动能,还有一部分转化为液体间的层流摩擦热 Φ_m,这部分热量实际转化为液体分子间的势能 Φ_m,并且半径越大摩擦热越大,所以旋转水桶内的液体也是半径越大时间相对越快。

5.4.3 地球两极

由于地球有自转,即便地球是等直径圆球,相对来说,地球两极的物质势能相对比赤

道的物质势能 Φ_m 低，两极时间相对比赤道更慢。

综上所述，地表物质向东运动时间加快，两极向赤道运动时间加快，反而则反之。北半球发射卫星向东偏转并略向南偏转时间加快程度最高，最省能源。

5.4.4　电磁场

当给电容器系统充电，输入能量并没有动能部分，所以充电能使电容器的时间相对加快，重量相对减轻。

5.4.5　地表静系的相对能量关系无法判断动系的时间关系

地表静系观察者观察不到地球自转牵连运动，只能看到动系的相对动能 $W_0 - \Phi_m = E_k$，如果再叠加上地表势场相对势能 Φ 对系统的做功，就是地表静系观察者对动系的做功 W，所以

$$W = W_0 - \Phi_m + \Phi = E_k + \Phi$$

地表参照系势能变化方向垂直于地球自转牵连运动 $W_0 = 0$，所以

$$W = E_k + \Phi$$

上式就是经典物理地表静系观察动系相对动能 E_k 的作用，当 $\Phi = 0$ 在地表系观察能量关系 $W = E_k$，在地表根据相对动能 E_k 无法判断物质势能 Φ_m 的变化，原因是地表平行动系 Φ_m 没有可视位势高低的变化，无法判断动能增量与相对动能的一致性，而相对论根据光速不变假设推理的动钟慢显然是错误的。

5.4.6　牛顿万有引力

惯性的本质是“物质保持原有时钟状态的性质叫惯性”，$\Delta\Phi_m$ 代表动系时间变化程度，星体的速度变化代表时钟快慢的变化，自然代表行星轨道的变化，星系惯性越大，速度越不容易变化，变轨越难，轨道越稳定。

为什么总是质量小的星体围绕质量大的星体旋转？原因就是惯性大的星体的速度变化相对更不容易。

长期以来质量小的星体围绕质量大的星体旋转是作为一种公理，源于牛顿万有引力。

卫星的变轨实际就是卫星的动钟与轨道固有时钟的快慢保持一致的过程。

当地球围绕太阳公转，地球的轨道是椭圆，这意味着地球的时钟快慢在变化，所以地球引力势的时钟场分布也是随着地球的公转轨道变化的。

月亮围绕地球公转轨道的变轨是不断修正月亮的时钟快慢尽量与地球时钟场的快慢保持一致，从而达到引力平衡，月亮的公转轨道也是在变化的。星体惯性越小越容易变轨，越容易与主星体引力场达到机械能守恒，这就是质量小星体围绕质量大的星体旋转的原因。

尽管以上计算与经典物理毫无二致，人人皆懂，但已经发生质的变化，可以明确动钟的相对快慢与运动方向有关，并能精确计算动钟的加快程度 k，而无须像相对论那样把时间搞的复杂不堪。

6　动系的时间加快程度 k 与相对时空的质能守恒

6.1　四维时空与三维空间的关系

6.1.1　四维复空间

由上一章动系的动能增量 ΔE_k 对应 $k_0 = k$ 才是动系真正相对观察者的时延系数，当动系物质势能增量 $\Delta \Phi_m = -\Delta E_k < 0$ 或动能增量 $\Delta E_k > 0$，必有 $k < 1$，动系相对观察者钟慢。但动能增量 ΔE_k 可正可负，所以动钟相对观察者既可快也可慢。只有某些特殊情况，相对动能 $E_k = \Delta E_k$ 才代表动系相对观察者的时延系数，以上逻辑演绎中彻底否定了相对论的动钟慢的推理。

如何才能找到正确的时延系数 k?

三维空间与四维时空位移矢量叠加要满足同一律性!

众所周知三维空间的位移矢量叠加原理：

绝对位移 = 相对位移 + 牵连位移

例如，静系观察动系的绝对位移矢量 $\Delta \boldsymbol{X}$，动系的相对速度矢量为 $\boldsymbol{u}$，所以

$$|\Delta \boldsymbol{X}| = u \cdot \Delta t$$

上式并不适用于动系，因为动系观察者观察自己的位移为零，如何把动系观察与静系观察统一起来？如果动系能把自己本身的位移考虑进来，实际就是把牵连运动考虑进来，从而解决 $k_0 = k$ 的问题。

由 $|\Delta X|^2 = \Delta X^2$ 可得

$$(u \cdot \Delta t)^2 = \Delta X^2$$

所以

$$0 = (u \cdot \Delta t)^2 - \Delta X^2$$

以矢量的概念考虑上式，上式是矢量 $\Delta \boldsymbol{S}$ 的自身点积 $\Delta \boldsymbol{S} \cdot \Delta \boldsymbol{S} = (u \cdot \Delta t)^2 - \Delta X^2$，因此平方项 $(u \cdot \Delta t)^2$、$-\Delta X^2$ 可以看成矢量 $\Delta \boldsymbol{S}$ 的分矢量的点积自乘。

令 $\Delta X_4 = \Delta X$，$\Delta X_1 = u \cdot \Delta t$ 可得

$$\Delta \boldsymbol{S} = \boldsymbol{I} \Delta X_4 + \boldsymbol{j} \Delta X_1$$

$\boldsymbol{I} = \boldsymbol{i} \cdot (-1)^{1/2}$ 是虚数基矢量，$|\boldsymbol{i}| = 1$，$\Delta X_4 = \Delta X$ 是虚轴空间分量，代表静系观察动系的绝对位移 ΔX。$\boldsymbol{j}$ 是实空间基矢量，ΔX_1 是实空间分量。

$\boldsymbol{I}$ 与 $\boldsymbol{j}$ 互相垂直,矢量 $\Delta\boldsymbol{S}$ 的点积

$$\Delta\boldsymbol{S}\cdot\Delta\boldsymbol{S}=(u\cdot\Delta t)^2-\Delta X^2=0$$

动系的位移矢量 $\Delta\boldsymbol{S}$ 有实际意义,但 $|\Delta\boldsymbol{S}|=0$,这实际是动系观察动点相对动系的位移 $|\Delta\boldsymbol{S}|=0$,在三维空间静系观察动系的位移 $\Delta X=u\cdot\Delta t$,所以矢量 $\Delta\boldsymbol{S}$ 把动系、静系观察的结果统一起来。

由于 ΔX_1 是实空间,逻辑上包括所有三维空间,而 ΔX_4 是虚轴空间,多出一维空间,因此 $\Delta\boldsymbol{S}$ 是四维空间矢量。虚数基矢量 $\boldsymbol{I}=\boldsymbol{i}\cdot(-1)^{1/2}$ 是基矢量而非复数的虚数概念,在四维时空具有方向性,不能根据四维时空矢量的垂直关系推出三维时空也是垂直关系。

由于四维空间轴 $\boldsymbol{I}$、$\boldsymbol{j}$ 的方向互相垂直,四维矢量 $\Delta\boldsymbol{S}$ 在四维空间轴的投影分量分别为 ΔX_1、ΔX_4。

如果动点在动系 u 的基础上再叠加一个相对速度 v,$\Delta X'=v\cdot\tau$ 是动系观察的相对位移。由于 $v\cdot\tau$ 是动系观察动点绝对位移的结果,根据同样原理可得静系观察动点的相对位移 $\Delta\boldsymbol{S}$ 的虚基矢量 $\boldsymbol{I}'=\boldsymbol{i}'\cdot(-1)^{1/2}$,$\boldsymbol{I}'$是静系观察的矢量和的虚基矢量

$$\Delta\boldsymbol{S}=\boldsymbol{I}'\Delta X'=\boldsymbol{I}\Delta X_4+\boldsymbol{j}\Delta X_1$$

$\boldsymbol{I}'=\boldsymbol{i}'\cdot(-1)^{1/2}$,$\Delta X'=v\cdot\tau$ 是动点相对动系的相对位移,τ 是动系时钟的时间。

如果动系是低速,动系时钟的时间 $\tau=\Delta t$,ΔX_1 是动系牵连位移,$\Delta X'=v\cdot\Delta t$ 是动点相对位移,ΔX_4 是静系观察动点的绝对位移。在四维时空相对位移 $\Delta X'$成了牵连位移 ΔX_1 与绝对位移 ΔX_4 的矢量和,且这三者之间不是牛顿叠加关系。

所以四维时空矢量 $\Delta\boldsymbol{S}$ 在静系四维空间的投影分量分别是 $|\Delta X'|\cdot\xi_4=\Delta X_4$、$|\Delta X'|\cdot\xi_1=\Delta X_1$,$\xi_4$、$\xi_1$ 分别是四维空间矢量 $\Delta\boldsymbol{S}$ 在四维时空轴投影的"四维方向余弦",ΔX_4、ΔX_1 在四维空间相互垂直,所以四维矢量 $\Delta\boldsymbol{S}$ 的自身点积

$$\begin{aligned}\Delta\boldsymbol{S}\cdot\Delta\boldsymbol{S}&=-\boldsymbol{i}'^2\cdot\Delta X'^2=-|\Delta X'|^2\cdot\xi_4^2+|\Delta X'|^2\cdot\xi_1^2\\&=|\Delta X'|^2(\xi_1^2-\xi_4^2)=\Delta X'^2(\xi_1^2-\xi_4^2)\\&=\Delta X'^2\cdot\xi^2=\Delta X_1^2-\Delta X_4^2\end{aligned}\tag{6.1}$$

$\xi^2=\xi_1^2-\xi_4^2$ 是四维矢量 $\Delta\boldsymbol{S}$ 投影到四维时空轴方向余弦的平方和,由 $\boldsymbol{I}'=\boldsymbol{i}'\cdot(-1)^{1/2}$ 可得

$$-\boldsymbol{i}'^2=\xi_1^2-\xi_4^2=\xi^2$$

在静系观察四维空间矢量和 $I\Delta X_4+\boldsymbol{j}\Delta X_1$ 的方向基矢量 $\boldsymbol{i}'$的长度值

$$|\boldsymbol{i}'|=|\xi|\neq 1$$

$|\boldsymbol{i}'|=|\xi|$是静系观察动点的四维空间矢量叠加后的基矢量长度值,代表静系观察动点相对动系的基矢量长度 $|\xi|$ 是变量,所以

$$\Delta\boldsymbol{S}\cdot\Delta\boldsymbol{S}\neq-\Delta X'^2$$

即在四维时空观察尽管动点的位移 $\Delta X'=v\cdot\Delta t$,但矢量 $\Delta\boldsymbol{S}$ 的基矢量 $\boldsymbol{i}'$的长度值未必等于 1,后面将证明动系在低速时满足 $|\xi|=1$。可以设想如果 $|\xi|=0$,静系观察动点相对动系的位移矢量为零,静系观察动点的位移只能与动系的位移一样,静系还能观察到动点相对动系的速度变化吗?

只有当四维时空方向余弦的平方和满足 $\xi_4^2+\xi_1^2=\pm 1$ 时,在三维时空观察动点绝对位

移，动点相对位移、动系牵连位移满足位移矢量直角三角形，例如当 $\xi^2=-1$ 代入 $\Delta\boldsymbol{S}\cdot\Delta\boldsymbol{S}=\Delta X'^2\cdot\xi^2=\Delta X_1^2-\Delta X^2$ 可得

$$\Delta X_1^2+\Delta X'^2=\Delta X^2$$

上式恰恰是三维时空观察的速度矢量直角形，又比如 $\xi^2=1$ 可得

$$\Delta X^2+\Delta X'^2=\Delta X_1^2$$

所以四维时空矢量式 $\Delta\boldsymbol{S}=\boldsymbol{I}'\Delta X'=\boldsymbol{I}\Delta X_4+\boldsymbol{j}\Delta X_1$ 的含义是三维空间的相对运动 $I'\Delta X'$ 在四维时空坐标轴的投影分别是三维时空的牵连运动 $\boldsymbol{j}\Delta X_1$ 与绝对运动 $I\Delta X_4$。

更一般地，已知 $v=u\cdot K$，当动系速率 u 一定，任意矢量关系为

$$\begin{aligned}\Delta X^2&=(u\cdot\Delta t)^2-\xi^2(v\cdot\Delta t)^2\\&=(u\cdot\Delta t)^2-\xi^2\cdot K^2(u\cdot\Delta t)^2\\&=(1-\xi^2\cdot K^2)(u\cdot\Delta t)^2\\\Delta X&=(1-\xi^2\cdot K^2)^{1/2}\cdot(u\cdot\Delta t)\end{aligned}$$

如果速度关系满足垂直叠加关系 $\xi^2=-1$

$$\Delta X=(1+K^2)^{1/2}\cdot(u\cdot\Delta t)$$

当 u、v 同向共线且 $v=u,K=1,\xi^2=-3$，代入 $1-\xi^2\cdot K^2$ 可得动点的绝对位移

$$\Delta X=2u\cdot\Delta t$$

当 u、v 相向共线且 $v=-u,K=-1,\xi^2=1$，代入 $\xi^2(v\cdot\Delta t)^2=(u\cdot\Delta t)^2-\Delta X^2$ 可得动点的绝对位移

$$\Delta X=0$$

当 $K=0$ 时，
$$\Delta X=u\cdot\Delta t$$

以上恰恰是我们最熟悉的三维矢量叠加方法。

更一般的 $\xi^2\neq\pm1$，尽管在四维时空观察 ΔX_4、ΔX_1 互相垂直，并且四维时空也满足垂直矢量叠加的平方和关系，但投影到三维时空观察 ΔX_4、ΔX_1 并不互相垂直，所以在三维空间观察四维矢量 $\Delta\boldsymbol{S}$、$\boldsymbol{I}\Delta X_4$、$\boldsymbol{j}\Delta X$ 相互之间并非直角三角形。

所以不能由四维矢量 $\Delta\boldsymbol{S}$ 简单得出

$$\Delta X_1^2+\Delta\boldsymbol{S}^2=\Delta X_4^2$$

如果把四维空间矢量 $\Delta\boldsymbol{S}$ 投影到三维空间，无须考虑 ξ，因此 $|\Delta\boldsymbol{S}|=\Delta X'$，可直接按照矢量长度以及方向把 $\Delta\boldsymbol{X}'$、$\boldsymbol{u}\cdot\Delta t$、$\Delta\boldsymbol{X}$ 矢量首尾相接按照三维空间计算

$$\Delta\boldsymbol{X}'+\Delta\boldsymbol{X}_1=\Delta\boldsymbol{X}$$

上式就是牛顿位移矢量叠加，逻辑上三维空间矢量同样可以由四维时空矢量表示，只要知道 ξ^2 的数值就可以计算三维空间的矢量关系，只不过用四维空间计算三维空间的矢量不方便罢了。

只要不嫌麻烦，用四维时空计算三维空间逻辑上一样，相对论四维时空应该满足以上同一律而非与此相悖。

可以看出四维时空的虚基矢量 $\boldsymbol{I}'=\boldsymbol{i}'\cdot(-1)^{1/2}$ 的方向 $\boldsymbol{i}'$ 不具有确定性，完全由三维空间的观察者来确定。

6.1.2 光速下的相对运动的基矢量 $|\xi|$

四维时空数学逻辑包括动点相对动系是光速 c，静系观察动点的绝对位移同样是视光速 c' 的概念。在静系观察光子的四维空间的虚基矢量 $\boldsymbol{I}' = \boldsymbol{i}' \cdot (-1)^{1/2}$ 的方向矢量 i' 的矢量点积，设动系时间 $\tau = \Delta t \cdot k$，静系观察动系发射光子的视光速为 c'，由式(6.1) $\Delta \boldsymbol{X}'^2 \cdot \xi^2 = \Delta \boldsymbol{X}_1^2 - \Delta \boldsymbol{X}^2$ 可得

$$-\boldsymbol{i}'^2 \cdot k^2 = k^2 \cdot \xi^2 = \boldsymbol{u}^2/c^2 - \mu^2 = \beta^2 - \mu^2$$

$$\mu = c'/c$$

$$-\xi^2 \cdot k^2 = \mu^2 - \beta^2 \tag{6.2}$$

式(6.2)的含义是特指当动点是光速 c 时，动系 k 值应该满足的条件。由式(1.6) $c' = c \cdot k$ 可得 $k = \mu$，以动系在外界势场势能零点向低位势方向跌落过程为例讨论式(6.2)的物理意义。

当 $\xi^2 < 0$, $-\xi^2 > 0$, $(-\xi^2)^{1/2} = |\xi|$，将 $k = \mu$ 代入式(6.2)可得

$$|\xi| = (1 - \beta^2/k^2)^{1/2} \tag{6.3}$$

随着 β 的提高，动系 k 是变量始终在降低，所以 $|\xi| = (1 - \beta^2/k^2)^{1/2}$ 越来越小，动系的速度最终会使 $|\xi| = (1 - \beta^2/k^2)^{1/2} = 0$。注意这时动系相对观察者的时延系数已经是 k，只有一种可能让 $(1 - \beta^2/k^2)^{1/2} = 0$，就是动系的固有速度达到光速 c，由式(1.6) $c' = c \cdot k$ 静系观察动系的视速度 $u = c \cdot k$，所以 $\beta = u/c = k$。

但注意动系的 k 值满足 $(1 - \beta^2/k^2)^{\frac{1}{2}} = 0$，而不是动系的 $k = 0$。式(6.3)的正确性符合逻辑与实践，因为动系跌落到 k 不变的界面就是黑洞视界。

$\xi^2 = 0$ 的物理概念是什么？就是静系观察四维时空矢量和 ΔS 的基矢量的长度 $|\xi| = 0$。

光子在介质中的视速度正好是视光速 $u = c' = c \cdot k$，可以把在介质中运动的光子看成动系，光子在介质中已经达到光速 c，只不过静系观察介质中是视光速 $c' = c \cdot k$，等效为动系达到光速，静系观察动系的视速度 $u = c \cdot k$。假设光子在介质中也可以发射光子，等效为动系发射光子，介质外的静系能观察到光子在介质中发射光子的速度变化吗？

如果静系观察动系的四维时空的基矢量的长度为零 $|\xi| \neq 0$，动系发射光子相对动系的相对速度就是光速，在经典物理学 $|\xi| = 1$，静系观察光子相对动系的相对速度矢量长度是 $c \cdot |\xi| = c$。当动系同向或反向发射光子，静系观察光子与动系的速度叠加后 $u + c \cdot |\xi| \neq u$ 或高于光速，或低于光速。但当动系达到光速，静系观察动系的四维时空的基矢量的长度为零 $|\xi| = 0$，静系观察动系同向发射光子的速度 $u + c \cdot |\xi| = u$，静系只能观察到同向同速运动的两个光子。而动系反向发射的光子也没减速，这时静系观察动系发射光子的速度就是动系本身的速度，根本观察不到光子相对动系运动的矢量长度 $|\xi| = 0$。

这就证明相对论一个观点，两个同向运动的光子，光子之间互相观察仍是光速，但不能由此证明静系观察动系发射的光子也是光速，可能是视光速。

静系观察动系四维时空的基矢量的长度为零 $|\xi| = 0$ 正好是所谓“时空奇点”的概

念，但并不是相对论的“时空奇点”，这时动系的时间并没有停滞，而是动系的相对时间快慢维持在 k 值不变，静系观察动系发射光子速度相对动系的基矢量长度为零。

至此由经典物理证明了相对论“时空奇点”，并证明光子之间互相观察也是光速，但不能由此证明动系的时间停滞，更不能证明光速不变。

动系四维时空的基矢量的长度 $|\xi|$ 不可能是负值，即不能让达到光速的动系发射光子的速度比动系的速度还慢，所以当动点相对动系是光速 c，静系观察动系四维时空的基矢量的长度 $|\xi|$ 满足

$$1 \geq |\xi| \geq 0$$

或

$$0 \geq \xi^2 \geq -1$$

当动系的速度 $u=0$ 或低速时 $\xi^2=-1$，当动系达到光速时，$\xi^2=0$。

$\xi^2=0$ 证明自然界的物质的最大极限速度是光速，不可能超过光速。

将 $-\xi^2>0$ 以及 $k=\mu$ 代入式(6.2)可得

$k=(k^2-\beta^2)^{1/2}/|\xi|=[(k/|\xi|)^2-(\beta/|\xi|)^2]^{1/2}$

代入相对动能公式 $E_k=-M_0\cdot c^2\cdot\ln(k)$ 可得经典物理相相对动能的精确公式为

$$E_k=-M_0\cdot c^2\cdot\ln(k)=-M_0\cdot c^2\cdot\ln[(k/|\xi|)^2-(\beta/|\xi|)^2]^{1/2}$$

当动系 $\beta=0$ 时，$k/|\xi|=1$，当动系低速时 $k/|\xi|\approx 1$，将 $k/|\xi|\approx 1$ 代入上式可得相对动能

$$E_k=-M_0\cdot c^2\cdot\ln[1-(\beta/|\xi|)^2]^{1/2}=M_0\cdot(u/|\xi|)^2/2$$

当 $\beta\neq 0$ 时，$1>|\xi|$，并且动系速度越高 $|\xi|$ 越低，上式说明动系相对动能

$$E_k=-M_0\cdot c^2\cdot\ln(k)\geq M_0\cdot u^2/2$$

上式与实践吻合，当动系无限接近光速时，$|\xi|\to 0$ 时，$(k^2-\beta^2)^{1/2}\to 0$，由以上分析此刻动系相对静系的 k 值是确定值，令这个极限 k 值为 k_0，所以

$$k_0=\lim_{|\xi|\to 0}(k^2-\beta^2)^{1/2}/|\xi|$$

将 k_0 代入动能公式 $E_k=-M_0\cdot c^2\cdot\ln(k)$ 就是相对动能的极限值，显然 $k_0=1/e$。

至此将经典物理的相对动能概念证明完毕。如果由本章作为第1章，可以完整的把牛顿惯性定律以及第二定律推到定理的位置上。

当动系的时间 τ 相对静系的时间 Δt 满足 $\tau=\Delta t\cdot k$，静系观察动系的速度一定是满足式(1.6)的视速度 $u=u_0\cdot k$，将 $u=u_0\cdot k$ 以及 $\beta_0=u_0/c$ 代入式(6.3)可得

$$|\xi|=(1-\beta_0^2)^{1/2}$$

但不要指望静系观察在静系达到光速的动系的时延系数，因为以上证明没有从能量的概念解释时间的快慢，属于经典物理概念。

在没有任何假设的前提下由 $\xi^2=0$ 证明在静系观察物质存在最大极限速度，这个速度就应该是光速。由 $|\xi|=0$ 可知，在静系观察达到固有光速 c 的动系向任何方向发射光子的速度都是固有光速 c。

如何从经典物理学解释光速不变？如果动系达不到光速，静系观察动系发射光子的绝对速度应该如何计算？在经典物理范畴人们无法知道静系观察动系发射光子的速度是光

速,只能通过逻辑演绎证明这一点。

忽略地表静系牵连运动的影响,逻辑上在低速状态动系相对动能的 k 值正好把外界给动系的加快程度 K_0 全部消耗,所以式(1.4) $K_0 \cdot k = k_0 = 1$, $k_0 = 1$ 代表动静系的时钟快慢一样,实际就是牛顿绝对时空。这并不等于说动系相对动能的 k 值没有变化,而是动系的 k 值随时在变化,相对动能公式 $E_k = -M_0 \cdot c^2 \cdot ln(k)$ 始终有效,只是 k 值正好抵消了外界给动系的加快程度 K_0,所以地表静系观察不到动系相对动能的 k 值变化。

由式(2.10) $E_m = M_0 \cdot c^2 = E_k + \Phi_m$ 以及质能守恒可知 $\Delta E_k + \Delta\Phi_m = 0$,设地表静系的物质势能零点为 $\Phi_0 = 0$,动系初始相对动能 $E_k = 0$,当外界给动系输入能量 $\Delta E_0 = |\Delta\Phi_m| > 0$,在没有相对动能变化 $\Delta E_k = 0$ 的情况下,物质的势能应该为

$$\Phi_m = \Phi_0 + |\Delta\Phi_m| = \Delta E_0$$

但动系的相对动能增量相应为 $\Delta E_k + \Delta\Phi_m = 0$,所以动系最终将势能 Φ_m 全部转化为动系相对动能增量 $\Delta E_k = -\Delta\Phi_m = \Delta E_0$,实际就是外界输入给动系的能量 ΔE_0 全部转换为动能增量 ΔE_k,所以动系在相对动能的势能为

$$\Phi_m = \Delta E_0 + \Delta\Phi_m = \Phi_0 = 0$$

这时动系与静系都满足 $k_0 = 1$,这就是同系或绝对时空的概念。

如果外界给动系不间断的输入能量,外界能给动系输入的最大极限能量值是多少?这与把势能零点选在地表观察动系在重力势满足 $M_0 \cdot g \cdot H = E_k + \Phi_m$ 物理意义一样,外界给动系输入的能量最大为 $M_0 \cdot g \cdot H$。同理式(2.10) $M_0 \cdot c^2 = E_k + \Phi_m$ 满足宇宙初始物质获得能量为质能 $M_0 \cdot c^2$ 的一切动系,例如把势能零点选在黑洞视界观察星系向黑洞跌落,动系获得的最大能量不可能超过 $M_0 \cdot c^2$。

所以动系最终可接受势能的最大极限值由式(2.10) $M_0 \cdot c^2 = E_k + \Phi_m$ 可知为

$$\Delta E_0 = M_0 \cdot c^2 = |\Delta\Phi_m|$$

由于动系的初始相对动能 $E_k = 0$,动系的相对动能增量就是相对动能 $\Delta E_k = E_k$,动系获得能量 ΔE_0 转化为相对动能,最终将动系可能的势能增量 $\Delta E_0 = |\Delta\Phi_m|$ 全部消耗掉,将 $\Phi_m = \Phi_0 = 0$ 以及相对动能 E_k 代入式(2.10)可得

$$M_0 \cdot c^2 = E_k + \Phi_m = E_k$$

这就从经典物理学证明动系的极限速度是光速,并且动系的势能与静系的势能 $\Phi_m = \Phi_0 = 0$,满足同系光速不变。

然后利用 $|\xi| = 0$ 证明静系观察动系发射光子的速度同样是光速。

更一般的普世逻辑,只要给物质的初始能量等于质能,所有质能粒子都有类似于式(2.10) $M_0 \cdot c^2 = E_k + \Phi_m$ 的公式,光子也不例外。光子的质能为 $m \cdot c^2$,光子获得的初始能量 $m \cdot c^2$,光子的质能守恒同样满足 $m \cdot c^2 = E_k + \Phi_m$。把光子看成没有静质量 M_0 但质能 $m \cdot c^2$ 不为零的动系,利用以上证明动系可接受的最大极限能量 ΔE_0 是动系质能,并且由此得出最大相对动能是质能 $\Delta E_k = \Delta E_0 = M_0 \cdot c^2$ 的观点,可以得出静系观察动系发射光子的相对动能是 $m \cdot c^2 = E_k$。但有一个前提,光子无论在宇宙何处,光子的势能 Φ_m 始终与当地外界环境的势能保持一致 $\Phi_m = \Phi_0 = 0$,所以光子同样满足同系光速不变。

证明了静系发射光子与动系发射光子在同系满足光速不变，再从经典物理学的概念出发，波速只与传播媒介的密度有关，例如声速只与空气密度有关，借用经典物理的概念，同系实际就是传播媒介密度或光密媒质一致的参照系。动系与静系属同一光密媒质，相对动能将动系与静系保持为同系，所以在同系观察动系无论向任何方向发射光子，光子仍然满足波与传播媒介的概念，称同系光速不变。这就证明了经典物理按照波的概念解释同系光速不变的同义性，至此在没有任何假设的前提下以经典物理学的概念完整的证明了同系光速不变。

第 14 章将证明只有同系或绝对时空才满足光速不变，凡达到光速的动系与外界背景环境一定是同系。

在同系或绝对时空状态下静系观察动系的视速度 u 实际代表动系真实速度 u_0，在地表静系观察 $k_0=1$ 的动系 $\beta=\beta_0$，所以

$$|\xi|=(1-\beta^2)^{1/2}$$

可以看出在低速 $\beta=0$ 时，$|\xi|=1$，动系与静系重合，这时静系发射光子就是光速 c，这就是经典物理三维空间坐标基矢量的长度等于 1 的原因。但动系速度越高，动点相对动系的基矢量长度 $|\xi|$ 越来越小，静系观察动系达到光速，动系观察动系发射光子的相对速度虽然是光速，但静系观察动系发射光子的相对速度的基矢量长度 $|\xi|=0$ 准确无疑。

在三维空间的静系观察速度为 u 的动系发射光子用位移矢量表示式（6.3）为

$$c\cdot\Delta t=u\cdot\Delta t+|\xi|\cdot c\cdot\Delta t$$

如图 6.1 所示，c 是斜边，u 与 $|\xi|\cdot c$ 相互垂直。

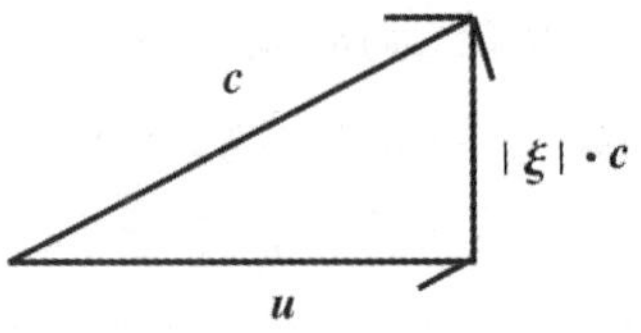

图 6.1

相对论的观点是 $\tau=\Delta t\cdot k$，动系发射光子的固有距离 $\Delta X'=L$

$$\Delta X'=L=c\cdot\tau=c\cdot\Delta t\cdot k$$

因此相对论认为 $|\xi|=k$，但动点相对动系的位移 $\Delta X'=c\cdot\tau$ 实际是四维时空矢量式（6.1）ΔX_1 与 ΔX_4 的“斜边”，根据同一律性，“斜边”与两个“直边” ΔX_1、ΔX_4 之间满足投影关系，因此四维时空同样应该有方向余弦平方和关系，但相对论直接引用了三维空间的直角平方和关系，这是相对论在引用经典运动学的重大失误。

在三维空间方向余弦平方和的关系是绝对时空概念，属于同系概念，同系与绝对时空相互对应，而 k 是相对概念，所以 $|\xi|$ 与动系的 k 值没有任何关系，这是同一律性所要求的，所以同系光速不变满足同一律性，这实际上否定了光速不变假设。

动系观察动系发射光子的相对速度是光速，在同系中静系观察动系发射光子的绝对速度是光速，而静系本身发射光子还是光速，以上由经典物理运动学的逻辑演绎得到实验的支持，所以相对论假设光速不变，但相对论把同系光速不变推广到相对时空中。

但静系观察动系发射的光子的光速受到动系所在时空相对静系 k_0 值的影响，例如介质中的视光速。但介质一定是低于光速的物质。由同系光速不变可知达不到光速的动系，动系与静系肯定不是同系 $k_0\neq1$，借用介质内的光子视光速概念，静系观察低于光速的动系发射光子肯定不是光速，而是视光速概念，或高于光速，或低于光速。

作为逻辑演绎由式(1.6) $c'=c\cdot k_0$ 证明不同系之间可以是视光速,例如动系向低势能方向跌落达到光速时可承担的最低时延系数是 $k_0=1/e$,又例如透明介质中的光折射亚光速。不同系之间相当于光波的传播媒介密度不一致。

例如地表所谓的静系实际是指相对静止受重力的的参照系,静系是不受大气影响的时空,即便是真空,重力场不变。如果光子是静系物质发射的,光子按照同系光速不变,静系测试静止物质发射光子的光速不变。

地表空气密度越大,空气分子间距离越小,空气分子间势能 Φ_m 越低,势能的相对高低代表相对时间的快慢,空气实际就是"大气透明介质",逻辑上"大气透明介质"与真空静系不是同一参照系,所以静系测试静止物质发射光子的视光速 $c'=c\cdot k_0$ 一定低于固有光速 c。

地表大气实验光速比固有光速 c 略低,这是同系光速不变最坚实的实验基础。现代物理认为这是"非真空"造成的,"非真空"光速可变原则没错,但概念不清,即便在真空中测量,只要真空中的势能比观察者的势能低,实验光速也不可能达到光速。如果不是相对论,相信人类早已发现同系光速不变。

由此可以看出相对论的许多证明都是错误的。

在低速情况下 $\xi^2=-1$,并假设光速不变,由式(6.2)可得 $k=(1-\beta^2)^{1/2}$,满足相对论垂直矢量叠加概念,这说明动系在低速时 $k\approx|\xi|=(1-\beta^2)^{1/2}$,而在高速时显然 $k\neq|\xi|$,并且动系在高速 $|\xi|=(1-\beta^2)^{1/2}$ 仍有效,但 $k=(1-\beta^2)^{1/2}$ 已经失效。所以相对论是低速概念,不能滥用,动系达到光速时 $|\xi|=0$ 被相对论解释为时空奇点 $k=0$。

6.1.3　实例

本节精选20例大家最熟视无睹,人人皆知,似乎明白无误,但物理概念谁都很难说清的自然现象,最典型的就是例12到例17,本节之所以精选那么多实例,除了说明经典物理学的可挖掘性并没有穷尽,也是对本章前几章的总结。

例1　经典物理与相对论的交集性因光速不变假设而被破坏

在经典物理中,动系相对动能 E_k 与外界势场 Φ 满足机械能守恒 $\Delta\Phi+\Delta E_k=0$ 具有普适性,当初始条件满足 $\Phi=E_k=0$,动系的机械能守恒满足

$$\Phi+E_k=0$$

当动系在黑洞势场中跌落满足机械能守恒,动系最终将落入黑洞视界而达到光速,相对动能与势能将满足 $E_k=-\Phi=Mc^2$。如果以黑洞视界为动系的初始势能零点,动系的初始相对动能为 Mc^2,动系相对动能 E_k 与外界势场 Φ 满足机械能守恒的公式为

$$Mc^2=\Phi+E_k$$

当 $\Phi=0$,动系的相对动能 $E_k=Mc^2$,并由此得出质能守恒的概念。

同理在动系在地表重力势中,如果以地表为势能零点,动系满足 $E_0=\Phi+E_k$,当动系在地表势能零点 $\Phi=0$,动系的相对动能 $E_k=E_0$。

当人们发现相对时空,并发现动钟的时间快慢与势能 Φ 是同义词,凭人类的智慧,当动系 $\Phi=0$ 时动系的相对动能 $E_k=E_0$,由 $\Phi=0$ 代表同系的概念,人类将得出相对动能 E_k

把动钟减慢的份额正好使得动系满足绝对时空概念。当外界给动系的能量足以使得动系加速到光速 $E_k = Mc^2$，人们会说包括光子满足同系光速不变，当人们发现光子实验光速并不等于固有光速，人们将得出不同系之间的视光速概念，并由此得出光速不变的适用范围。

经典物理是经过实践检验的真理，当相对论产生，理论上与经典物理必须是交集而非相悖。由于相对论光速不变假设，把光速不变假设推广到不同系，把相对论与经典物理的交集性打破，并延续至今。

例 2 同系四维时空时间轴

在绝对时空 $\Delta X_4 = c \cdot \Delta t$ 实际上是静系四维空间的时间轴而非简单的光子位移矢量概念，逻辑上如果当光子位移矢量 ΔX_4 与动系位移矢量 ΔX_1 是同系观察的结果，四维时空矢量和 $\Delta S = \boldsymbol{I}\Delta X_4 + \boldsymbol{j}\Delta X_1$ 肯定是同系概念，静系观察动系的牵连速度 u 以及动系发射光子的相对速度 c 是固有速度概念，所以动系发射光子相对动系的位移 $\Delta X' = c \cdot \Delta t$ 实际是动系的同系时间轴，而 $|\Delta S| \neq \Delta X'$，每个参照系都是自己的同系，各自都有自己的时间轴，时间轴概念具有普适性。

$$\Delta S = \boldsymbol{I}'c \cdot \Delta t = \boldsymbol{I}c \cdot \Delta t + \boldsymbol{j}(u \cdot \Delta t)$$

$$|\boldsymbol{I}'| = |\xi|$$

例 3 不同系四维时空时间轴

当动系与静系不是同系，动系时间 $\tau \neq \Delta t$，静系观察时间轴 ΔX_4 与动系位移矢量 ΔX_1 都对应不是同系概念，静系观察动系的牵连速度 u 以及静系观察动系发射光子的速度 c' 都是视速度概念，同理四维时空矢量和 $\Delta S = \boldsymbol{I}\Delta X_4 + \boldsymbol{j}\Delta X_1$ 肯定不是同系概念。考虑以上不同系关系

$$\Delta S = \boldsymbol{I}'c \cdot \tau = \boldsymbol{I}c' \cdot \Delta t + \boldsymbol{j}(u \cdot \Delta t)$$

$$|\boldsymbol{I}'| = |\xi| \qquad c' = c \cdot k \qquad \tau = \Delta t \cdot k$$

在三维空间静系观察 $\Delta S = \boldsymbol{I}\Delta X_4 + \boldsymbol{j}\Delta X_1$，如果把动系速度用式(1.6)固有速度表示 $u = u_0 \cdot k$，上式把 k 约掉，正好是式(6.3)。

如果保留动系的视速度 u，在三维空间观察时间轴矢量 ΔX_4 是动系的时间轴矢量 ΔS 与牵连位移矢量 ΔX_1 并非直角的矢量叠加关系，由此矢量关系可得动系相对静系非常精确的时延系数 k，很显然 k 是 $|\xi|$ 与动系速度 u 以及静系本身牵连速度 u' 的函数。

相对论四维时空概念没有错误，错的是相对论的光速不变假设彻底放弃了视光速的概念，在数理逻辑演绎过程又直接照搬绝对时空三维空间或同系的直角平方和概念，这同样放弃了视速度的概念，从而放弃了 6.1 节并不复杂的全部论证过程，造成 $|\Delta S| = \Delta X'$。

例 4 $|\xi|$ 在三维空间的速度叠加的作用

由 6.1 节四维复空间矢量叠加 $\Delta S = \boldsymbol{I}\Delta X_4 + \boldsymbol{j}\Delta X_1$ 推理的绝对位移

$$\Delta X = (1 - \xi^2 \cdot K^2)^{1/2} \cdot (u \cdot \Delta t) \text{计算}$$

将 $K = v/u$ 代入上式，静系在四维复空间观察绝对速度满足

$$V^2 = u^2 - v^2 \cdot \xi^2 = u^2 - (v \cdot \xi)^2$$

上式并不是由三维空间的矢量叠加得到的公式，ξ^2 完全由四维绝对时空矢量叠加概

念代入计算获得，所以 ξ 是复数，在四维复空间观察虚数 ξ 的长度值并不等于 $|\xi|$。

在三维空间观察牵连速度 u 与相对速度 v 的叠加，逻辑上人们并不知道速度叠加一定满足 $\boldsymbol{V}=\boldsymbol{u}+\boldsymbol{v}$，在三维空间观察速度叠加满足

$$\boldsymbol{V}=\boldsymbol{u}+|\xi|\cdot\boldsymbol{v}$$

$|\xi|$ 实际是实验配平系数，$|\xi|$ 代表实空间必须是实数。

在四维复空间观察当 ξ 为虚数时代表相对速度 v 与牵连速度 u 的夹角是大于 90°的钝角，$V^2=u^2-v^2\cdot\xi^2$ 的物理意义是绝对速度 V 作为直角三角形的斜边，牵连速度 u 作为直角三角形的底边，把三维空间动点的相对速度矢量 $|\xi|\cdot v$ 旋转到与动系速度 u 垂直的方向，然后将长度 $|\xi|\cdot v$ 拉伸为 $|\xi\cdot v|$ 作为直角三角形的高。如图 6.2 所示，以绝对速度 V 为半径画弧直接画出 $V^2=u^2-v^2\cdot\xi^2$ 关系。很显然虚数 ξ 的长度值与 $|\xi|$ 并不一致，在三维空间观察矢量 $|\xi|\cdot v$ 越靠拢垂直方向，虚数 ξ 的长度值越接近 $|\xi|$，例如在三维空间观察牵连速度 u 与相对速度 v 相互垂直，虚数 ξ 的长度值正好等于 $|\xi|$。

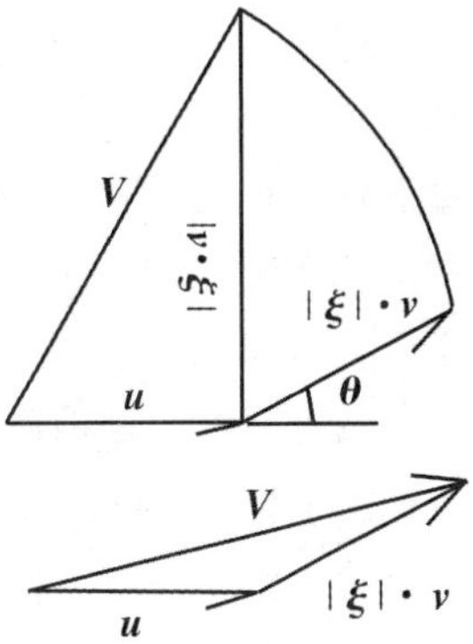

三维空间矢量关系

图 6.2

所以 $|\xi|$ 就是四维复空间观察 ξ 的长度值在三维空间的投影。

同理当相对速度矢量 v 与牵连速度 u 之间的夹角是小于 90°的锐角，在四维复空间观察 $V^2+(v\cdot\xi)^2=u^2$，ξ 是实数。相对速度 u 作为直角三角形的斜边，绝对速度 V 作为三角形的一个直角边，将静系观察的相对速度 $|\xi|\cdot v$ 拉伸后作为三角形的另一个直角边 $v\cdot\xi$，同理 $|\xi|\cdot v$ 被拉伸后 ξ 的长度值与 $|\xi|$ 不一致。

例 5 牵连速度 u 与相对速度 v 同向共线

由图矢量几何关系可以简单得出

$$V^2=(u+v\cdot|\xi|)^2-2v\cdot u|\xi|\cdot(1-\cos\theta)\leqslant(u+v\cdot|\xi|)^2$$

在动系牵连速度 u 低速时 $|\xi|=1$ 以及 $\cos\theta=1$，动点的绝对速度 $V=u+v$。

与动系同向的相对速度 v 越高，$|\xi|\cdot v$ 越向垂直方向偏转的角度 θ 越大，当相对速度 $v=c$，$|\xi|\cdot v$ 偏转到在垂直方向 $\cos\theta=0$，所以动点的绝对速度

$$V\leqslant u+v\cdot|\xi|\leqslant u+v$$

例 6 在三维空间观察 v 与 u 相互垂直

由以上分析 $-\xi^2=|\xi|^2$，代入 $\Delta X=(1-\xi^2\cdot K^2)^{1/2}\cdot(u\cdot\Delta t)$ 可得

$$(V/u)^2=1+(|\xi|\cdot K)^2$$

在低速状态，将 $v=u\cdot K$ 与 $|\xi|=1$ 代入上式，$V^2=u^2+v^2$。

上式只要知道 β，就可以知道 $|\xi|$ 与 u，根据 K 值就可以计算 V。比如当动系速度 u 达到光速 c，由 $|\xi|=0$ 可得 $V=c$。又比如当 $v=c$ 可得 $V^2=u^2+(|\xi|\cdot c)^2$，上式正好是 $|\xi|=[(V/c)^2-\beta^2]^{1/2}$，所以 $V=c$。

例 7 牵连速度 u 与相对速度 v 反向共线且 $K=v/u=-1$

将 $K=v/u=-1$ 代入 $\Delta X=(1-\xi^2\cdot K^2)^{1/2}\cdot(u\cdot\Delta t)$ 通过简单计算可得 $(V/u)^2=(1-\xi^2)$，所以

$$\xi=(1-(V/u)^2)^{1/2}=(1-\beta'^2)^{1/2}$$

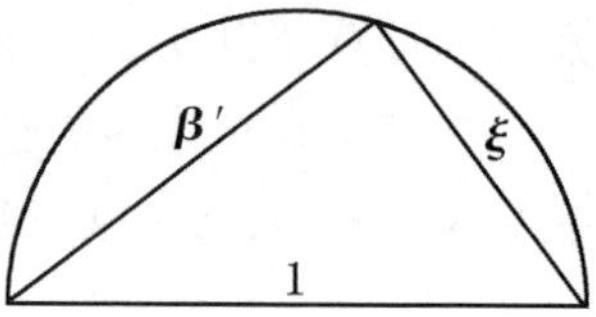

图 6.3

绝对速度 V 与动系牵连速度 u 的比值 $V/u=\beta'$ 与 ξ 正好构成圆的内接直角三角形的两个直角边，直径是 1。当低速状态 $\xi=1$，$V=0$，当动系达到光速 $\xi=0$，$V=u=c$，如图 6.3 所示。

可以看出当 $K=v/u=-1$，绝对速度 V 不可能超过动系速度 u，$\xi=(1-\beta'^2)^{1/2}$ 与 $|\xi|=(1-\beta^2)^{1/2}$ 的直径一样，相似三角形对应边的比例必须满足 $\beta'/\beta=\xi/|\xi|=1$。

物理意义是当 u 与 v 反向共线 $K=-1$ 这一特例，静系观察动点的绝对速度 $\boldsymbol{V}=\boldsymbol{u}+|\xi|\cdot\boldsymbol{v}$，$\boldsymbol{u}$ 与 $|\xi|\cdot\boldsymbol{v}$ 之间正好呈直角关系，且 $\xi=|\xi|$，绝不是 $V=u-v=0$。

例 8 经典物理速度叠加的有效性

动系相对静系退行 $u=0.01\cdot c=3\ 000$ km/s，如果动系反向发射火箭的相对速度 $v=0.01\cdot c$，满足 $K=v/u=-1$。由 $V/u=\beta$ 可得静系观察动系反向发射火箭的绝对速度

$V=0.01\cdot u=0.000\ 1\cdot c=30$ km/s$\neq 0$

例题的现实意义是如果加速电子相对静系退行的速度达到 $u=0.01\cdot c$，同时再反向共线加速另一个电子的速度 $V=0.01\cdot u$，则两个相互反向运动的电子之间的相对速度一定是 $v=0.01\cdot c$。

设宇宙初始相对地球的退行速度如果降低到 $u=0.000\ 1\cdot c=30$ km/s 数量级，u 是牵连速度，按此计算星系相对宇宙初始的退行速度 $v=30$ km/s，V 是星系相对宇宙初始的相对速度，地球观察星系的绝对速度 $V=0.000\ 1\cdot u=3$ m/s≈ 0。也只有这时全宇宙近似为绝对时空。

这说明动系速度在 $u=30$ km/s 数量级以下基本满足经典物理计算速度叠加，例如 $V\approx u-v=0$。

相对论关于相对速度与牵连速度的叠加公式是错误的。

尽管以上证明过程逻辑上仍属于经典物理运动学范畴而非相对时空概念，实践证明正确。所以静系观察动点的绝对速度的矢量叠加 $\boldsymbol{V}=\boldsymbol{u}+\boldsymbol{v}$ 是低速效应，在高速动系不适用。

例 9 动量守恒的物理本质

由相对动能 $E_k=-M_0\cdot c^2\cdot\ln(k)$ 可得动系受力

$$F=\mathrm{d}E_k/\mathrm{d}r_0=-M_0\cdot c^2\cdot\mathrm{d}[\ln(k)]/\mathrm{d}r_0=-M_0\cdot c^2\cdot\mathrm{d}k/(\mathrm{d}r_0\cdot k)$$

$\mathrm{d}r_0$ 是动系运动的固有距离，$M=M_0/k$ 是动系的动质量，$\mathrm{d}k/\mathrm{d}r_0$ 是动系运动过程 k 值沿路程的变化率。

由经典物理动系动量的变化等于动系所受外力的冲量公式

$$F\cdot\mathrm{d}\tau=-M_0\cdot c^2\cdot\mathrm{d}[\ln(k)]\cdot\mathrm{d}\tau/\mathrm{d}r_0=-M_0\cdot c^2\cdot\mathrm{d}k/(u_0\cdot k)$$

$u_0=\mathrm{d}r_0/\mathrm{d}\tau$ 是动系的固有速度。

当外力为零 $F=0$，在绝对时空的动系将保持 $\mathrm{d}k=0$ 或 $k=$ 常数，代表动系匀速直线运动 $M\cdot u=$ 常数，动量守恒的物理含义是动系将保持原有时钟状态不变 $\mathrm{d}k=0$。

当动系在低速状态相对动能，将式(3.1)$k=e^{-x}$以及 $x=\beta^2/2$ 带入冲量公式

$$F \cdot d\tau = -M_0 \cdot c^2 \cdot dk/(u_0 \cdot k) = M_0 \cdot du_0$$

设动系在不受外力的状态下，分裂为两个静质量分别为 $M = M_0/2$ 的质点，分裂后两个质点的固有速度分别为 u'、u''，并与原动系速度 u_0 共线。

当动系与静系同系，$d\tau = \Delta t$，$u_0 = u$，由冲量公式 $F \cdot d\tau = M \cdot du$ 可得

$$F \cdot \Delta t = M \cdot \Delta u' + M \cdot \Delta u'' = M \cdot (u' - u) + M \cdot (u'' - u) = 0$$

由上式可简单得出 $M_0 \cdot u = M \cdot u' + M \cdot u''$，上式的物理含义是两个动系质心的平均动量 $M_0 \cdot u$ 不变，在绝对时空或同系代表两个动系质心的 k 值不变，实际是动系相对动能在物质分裂后满足能量守恒的条件下的动能再分配，保证分裂后的质点的势能 Φ_m 与静系势能零点一致。

当静止物质 M_0 一分为二为两个静质量分别为 $M = M_0/2$ 的动系，两个质点的动能相等，两个质点的速度大小相等，方向相反，这在经典物理很容易理解。

动量守恒的物理概念是在孤立系统，各动系质心的时间快慢值或各动系的时间快慢平均值保持不变，动量守恒的物理本质与物质惯性定律“物质具有保持原有时空状态的性质”是同义词。

例 10 “直线运动”概念

动量守恒在相对时空代表动系将沿着外界势场同系的等 k 值路线运动，例如行星在引力平衡状态一定是沿着外界势场等半径引力势公转轨道运动。在外界势场的相对时空中，等 k 值路线未必是直线，当动系的时延系数 k 与外界势场的 k 值达成一致，动系与外界属于同系，同系与绝对时空概念等效，绝对时空有关理论完全适用，在相对时空观察同系等 k 值路线运动同样满足动系 $dk = 0$ 或 $k =$ 常数，因此满足动量守恒，因此动系与外界同系的等 k 值路线运动等效“直线”运动，如果 k 与公转方向有关，动系达到引力平衡的公转方向将不是随意的。

实际上如果经典物理从一开始就被理解为绝对时空与同系等效，动量守恒概念就自然被理解为等 k 值路线运动而非直线匀速运动。

通常当动系在引力势中 k 值是变化的，动系一定受力，例如重力势代表物质受力，所以物质在引力势跌落中不可能满足机械能守恒。

例 11 不均匀时空介质之间的界面效应

假设动系在引力势中不沿着等 k 值路线运动，但满足机械能守恒，即动系随时与引力势时空场保持同系，动系在引力势运动的受力由例 9 冲量公式 $F = -M_0 \cdot c^2 \cdot dk/(k \cdot dr_0)$，由式(1.4)$K_0 \cdot k = k_0$ 可知获得动能的动系将与运动路程沿途的参照系 k_0 保持同系，注意区别动系运动路径的 k_0 值与动系相对动能 k 值的区别，如果观察者在势能零点是高位势观察动系向低位势运动 $k_0 = k$。为了叙述简便，通常都把势能零点设在高位势，以保证动系相对动能的 k 值就是相对观察者的时延系数。

由单位质量的相对势能 $\Phi/M_0 = \Psi = c^2 \cdot \ln(k)$ 可得 $k = e^{\Psi/cc}$，$k = e^{\Psi/cc}$ 就是动系相对观察者的势能 k 值，所以

$$F = -M_0 \cdot c^2 \cdot dk/(k \cdot dr_0) = M_0 \cdot d\Psi/dr_0 = -d\Phi/dr_0$$

当观察者与外界同系 $k = 1$，由 $dr = dr_0$ 可得 $F = -d\Phi/dr$，$F = -d\Phi/dr$ 实际就是引力

$F_0 = \mathrm{d}\Phi/\mathrm{d}r$ 概念，产生负号的原因是 $\mathrm{d}\Phi/\mathrm{d}r>0$ 逻辑上代表梯度的方向概念。

注意动系满足机械能守恒并不受力，所以 $F_0 = \mathrm{d}\Phi/\mathrm{d}r$ 并不代表动系受力，F_0 是场力，场力 F_0 不过是可视的实验效应，$F = -M_0 \cdot c^2 \cdot \mathrm{d}k/(\mathrm{d}r_0 \cdot k)$ 更能代表势场的真实物理意义，爱因斯坦用引力代表时空畸变来形容很准确，$\mathrm{d}k/\mathrm{d}r_0$ 代表引力势的时空畸变梯度。

为了说明 $F = -M_0 \cdot c^2 \cdot \mathrm{d}k/(\mathrm{d}r_0 \cdot k)$ 的物理意义，设动系在 $k=1$ 值不变的均匀时空中运动，$k = \boldsymbol{e}^{\Psi/cc}$ 不变意味着没有势能变化，动系保持满足动量守恒的直线运动。

当动系穿出 $k=1$ 的均匀时空进入另一不同 k 值的均匀时空，动系与外界力图保持同系是满足热二律的自发状态，机械能守恒的概念是动系将调整自身 k 值始终满足两个不同 k 值的均匀时空。

在两个不同 k 值均匀时空之间的边界肯定有时空畸变 $\mathrm{d}k$ 过度区 Δr_0，将式(3.1) $k = \boldsymbol{e}^{-x}$ 以及 $x = \beta^2/2$ 带入 $F = -\mathrm{d}\Phi/\mathrm{d}r_0$

$$F \cdot \Delta r_0 = -M_0 \cdot c^2 \cdot \mathrm{d}k/k = M_0 \cdot u_0 \cdot \mathrm{d}u_0 = \mathrm{d}E_k$$

在两个不同 k 值的均匀时空相接触的界面，界面边界层厚度 Δr_0 内将会有时空畸变梯度 $\mathrm{d}k/\mathrm{d}r_0$，即两个不同 k 值的均匀时空之间的 k 值变化过渡区都在边界层厚度 Δr_0 内完成，由于动系与外界保持同系，动系的 k 值变化必然与边界层厚度 Δr_0 内时空效应 $F = -M_0 \cdot c^2 \cdot \mathrm{d}k/(\mathrm{d}r_0 \cdot k)$ 保持一致。

如果动系速度是沿着时空畸变过度界面的梯度 $\mathrm{d}k/\mathrm{d}r_0$ 方向，动系速度在两个不同 k 值的均匀时空都是直线运动，并且这两个不同 k 值的直线运动共线，区别仅仅是动系在这两条直线的速度不一样。

所以 $F = -M_0 \cdot c^2 \cdot \mathrm{d}k/(\mathrm{d}r_0 \cdot k)$ 的物理意义是动系调整 k 值满足两个不同 k 值时空之间的时空畸变过度区 Δr_0 的界面边界效应，属于物质的边界层时空效应，只不过动系在引力势中时空畸变过度区的界面效应始终是连续变化的。

当动系的速度方向与时空畸变过度界面的梯度 $\mathrm{d}k/\mathrm{d}r_0$ 方向不一致，尽管动系不受力，由 $F = -M_0 \cdot c^2 \cdot \mathrm{d}k/(\mathrm{d}r_0 \cdot k)$ 的效应，动系速度方向将会被拉向 k 值降低的方向，这将造成动系速度方向的变化，所以动系在两个不同 k 值的均匀时空虽然都是直线匀速运动，但界面厚度 Δr_0 效应使得这两个不同 k 值的均匀时空的直线匀速运动并不共线。

例如动系进入 k 值相对较小的时空介质，在不均匀时空过渡界面 $\mathrm{d}k/\mathrm{d}r_0<0$，所以 $F = -M_0 \cdot c^2 \cdot \mathrm{d}k/(\mathrm{d}r_0 \cdot k)>0$，$F$ 与 $\mathrm{d}r_0$ 的方向一致，代表动系速度方向将向 k 值相对较小的方向偏转，动系好像受到 k 值相对较小的时空介质的引力一样。

在引力势中，由于这种界面效应是连续变化的，所以当动系的速度方向与时空畸变过度界面的梯度 $\mathrm{d}k/\mathrm{d}r_0$ 方向不一致，界面效应 $F = -M_0 \cdot c^2 \cdot \mathrm{d}k/(\mathrm{d}r_0 \cdot k)$ 是连续变化的，动系在不断的通过界面效应过程中是曲线运动，但由于动系不受力，动系认为是“直线”运动，但外界观察者认为动系是曲线加速运动，经典物理解释动系受到界面效应是引力 $F_0 = \mathrm{d}\Phi/\mathrm{d}r$ 作用。

例 12 光子与外界同系必须满足动量守恒

例 10 证明动系在引力势中运动满足机械能守恒，但动系与外界势场有能量交换，所以不满足动量守恒。

如果动系满足保持同系但与外界没有能量交换，将会是什么状态？

将给动系输入能量的静系例如地表设为势能零点 $k_0 = 1$，设动系被加速到光速 c 后，当动系相对速度达到光速时 $k = 1/e$，这并不等于动系相对观察者的时延系数 k_0 降低了，由式(1.4)$K_0 \cdot k = k_0$ 可知动系把输入能量 E_0 全部转化为动能，动系将与静系 $k_0 = 1$ 同系，原因已经在第3章分析过了。

达到光速的动系将与外界终止能量交换，动系与静系始终保持同系，将动系速度 $u_0 = c$ 代入例9冲量公式 $F \cdot d\tau = -M_0 \cdot c^2 \cdot d[\ln(k)]/u_0$ 并积分可得

$$M_0 \cdot c = -M_0 \cdot c \cdot \ln(k)$$

即在同系 $k_0 = 1$ 中观察动系保持 $k = 1/e$ 或动量 $M_0 \cdot c$ 不变。

当动系从静系均匀时空 $k_0 = 1$ 进入到另一个均匀时空 k_0 的过程中，在两个不同 k_0 值的均匀时空之间必定存在 k_0 不断变化不均匀时空边界层 Δr_0 过渡区，例如透明介质内部与外部时空的界面就属于这种状态。

动系与外界没有能量交换就没有相对动能的变化，所有边界层内不同 k_0 值的参照系都可以设定本系是势能零点 $k_0 = 1$，为了保证在边界层 k_0 值不断变化的参照系观察动系的相对动能不变，实际是保证在边界层厚度 Δr_0 内不断变化 k_0 值的参照系观察动系在式(1.4)$K_0 \cdot k = k_0 = 1$ 中的 k 值始终是 $k = 1/e$，这就是动系将会自发与边界层 Δr_0 内 k_0 值不断变化的参照系保持同系的原因，否则不能保证不同于静系的参照系观察动系的相对动能不变。在式(1.4)$K_0 \cdot k = k_0$ 的 k 值将永远保持同系观察动系相对动能不变，也因此在 k_0 值不断变化的参照系观察动系 $k = 1/e$ 是相对不变的常量。

所以只有与动系同系的参照系观察动系的 k 值相对不变，在同系观察动系总是固有光速 c。

在静系观察 $K_0 = e$ 与外界给动系输入的能量 $M_0 \cdot c^2 = M_0 \cdot c^2 \cdot \ln(K_0)$ 对应，当外界时空 k_0 发生变化时，外界给动系输入的能量不变或 $K_0 = e$ 不变，但在静系观察式(1.4)变为 $K_0 \cdot k' = k_0 \neq 1$，即静系观察动系必须满足

$$k' = k_0/K_0 = k \cdot k_0$$

$k' = k \cdot k_0$ 的物理意义很明确，动系的 k 值以相对同系为标准，动系相对同系的 k 值不变，在静系观察当与动系同系的 k_0 值变化了，静系观察动系的 k 值自然就跟着变化为 k'，以保证同系观察动系 $k'/k_0 = k$ 不变。

将静系观察动系的 $k' = k \cdot k_0$ 以及动系固有速度 c 代入例9冲量公式可得

$$d(M_0 \cdot c) = -M_0 \cdot c \cdot dk'/k' = -M_0 \cdot c \cdot (k_0 \cdot dk + k \cdot dk_0)/(k \cdot k_0)$$

上式既可以对 $dk'/k' = d[\ln(k')]$ 积分也可以对 $k_0 \cdot dk + k \cdot dk_0$ 分别各自积分，积分结果一样，因此直接对 $k_0 \cdot dk + k \cdot dk_0$ 积分。

由于在边界层 k_0 是变量，动系的 k_0 值与边界层的 k_0 值同系，由式(2.3)$\Phi = M_0 \cdot c^2 \cdot \ln(k_0)$ 可得动系单位质量的势能 $\Psi = c^2 \cdot \ln(k_0)$，所以

$$dk_0 = k_0 \cdot d\Psi/c^2$$

动系相对静系的时间快慢比例 k_0 与动系的相对静系的势能 Φ 同义，物质边界层 dk_0 的变化实际就是物质势场势能 $d\Psi$ 的变化，动系尽管与外界边界层的势能变化 $d\Psi$ 一致，

但动系已经与外界没有能量交换,动系没有能量交换意味着动系没有势能增量,所以静系观察动系的势能增量为零 $d\Psi=0$。

这与重力场动系匀速落体雷同,在重力场无论动系匀速落体还是自由落体,动钟的时间快慢都与重力场的时间快慢保持一致,动系自由落体的相对动能增量压缩了动系的时空,而匀速落体运动是动系的重力与外力达成平衡使得动系不受力,动系的重力与外力达成平衡本身也是机械压缩动系的时空,如果重力与外力机械压缩匀速落体动系的时空尺度与自由落体的相对动能增量压缩动系的时空尺度一致,匀速落体动钟的时间快慢与重力场的时间快慢保持一致就与动能增量无关,实际就是动系与外界势场没有能量交换。但动系在重力场匀速落体的势能是在变化的,原因是外力做功正好等于势能增量。如果动系在重力场匀速落体不受外力,就会出现外界势场势能增量 $d\Psi\neq0$ 但动系的势能增量 $d\Psi=0$ 的情况。

静系观察动系 k'是变量,由于动系的 $dk_0=k_0\cdot d\Psi/c^2=0$,所以

$$dk'=k_0\cdot dk$$

静系观察动系 k_0 也是变量,但 $dk_0=0$ 似乎在数学上很不合理,原因是与动系的时间快慢同义的表达方式绝非一种方式,但相对论与经典物理只有 $\Psi=c^2\cdot\ln(k_0)$ 这一种方式,12.5 节以及 14.1 节将证明光子在势场自发状态确实满足 $d\Psi=0$,原理与重力场匀速落体雷同,在本节例 16 做概略介绍。

将动系 $dk'=k_0\cdot dk$ 以及 $k'=k\cdot k_0$ 带入例 9 冲量公式可得

$$d(M_0\cdot c)=-M_0\cdot c\cdot dk'/k'=-M_0\cdot c\cdot k_0\cdot dk/(k\cdot k_0)$$

分子分母同时出现的 k_0 没必要约分,由式(1.6)以及式(1.7)可得静系观察动系的视光速 $c'=c\cdot k_0$,$M=M_0/k_0$ 是动系的动质量,积分上式并将初始条件 $k=1/e$ 带入可得

$$M_0\cdot c=M\cdot c'$$

上式证明不同系之间互相观察光速动系满足动量守恒,但证明过程要求动系始终与外界背景时空 k_0 保持同系。因此视光速可以超光速,地表通常不可能有太大的视超光速,因为动系的 k_0 值最大值受到引力势在地表的 k 分布值的限制,k_0 超过引力势在地表的 k 分布值,动系就飞上天了。

满足以上状态的恰恰是光子,但绝非光子满足这种状态,所有满足与外界势场保持同系但与外界没有能量交换的光速粒子都满足动能守恒与动量守恒。

光子速度方向将被边界效应拉向时间减慢或 k_0 值降低的介质方向,例如当光子进入透明介质内部,光子在介质界面厚度 dr_0 将产生边界效应,这种现象被解释为折射,这也是光子向引力方向弯曲的原因。

边界效应与引力势时空畸变梯度同义,通过以上边界效应的证明,光子在引力场中与引力物质一样受到引力,并向引力方向弯曲。但引力物质在跌落中受到星系自转方向的影响,例如黑洞吸积盘的产生等。时空畸变信息中肯定含有星系自转方向的信息,逻辑上星系自转方向的信息与磁场是同一概念,磁场同样属于时空畸变梯度的一种,所以光子同样应该受到星系自转方向或引力物质产生磁场的影响,何况光子本身就是电磁物质,所以光子在引力场的弯曲肯定受到磁场影响,证明的方法很简单,光子在太阳引力场的弯曲绝

不会仅仅受到引力场作用，肯定会有误差，这个误差就是太阳磁场产生的。

例 13　证明相对论时延效应 $\sqrt{(1-\beta^2)}$ 的实验

光子既然满足动量守恒与能量守恒，当光子与实体物质 M_0 相互作用时，一定会产生力作用，会使实体物质加速。设光子的电磁质量为 m，光子与实体物质碰撞前的动量为 $m \cdot c$，当光子与实体物质碰撞后被原路全反射，在光子动量方向满足动量守恒

$$2m \cdot c = M_0 \cdot u$$

光子反射后的动能 $m \cdot c^2$ 没有变化，说明实体物质 M_0 并没有从外界获得能量，因此实体物质获得相对动能增量满足 $\Delta E_k = -\Delta \Phi_m$，$\Delta E_k = M_0 \cdot u^2/2$，将 $2m \cdot c/M_0 = u$ 带入 $\Delta E_k = -\Delta \Phi_m$ 可得实体物质的势能降低为

$$\Delta \Phi_m = -2(m \cdot c)^2/M_0 = -2\zeta \cdot m \cdot c^2$$

$\zeta = m/M_0$ 代表光子质量与实体物质静质量的比例，光子质量相对静质量比例越大，实体物质势能降低效应 $\Delta \Phi_m$ 越明显，例如高能光子与相对静质量非常小实体物质碰撞，$k = \sqrt{(1-\beta^2)}$ 是动系低速近似式，不适于 ζ 很大的实体物质。

动系势能增量与动钟时间快慢变化是同义词，而 $\Delta E_k = -\Delta \Phi_m$，所以实体物质动系相对静止物质的时延系数正好是 $k = \sqrt{(1-\beta^2)}$，将 $2m \cdot c/M_0 = 2\zeta \cdot c = u$ 带入可得

$$k = \sqrt{(1-\beta^2)} = \sqrt{(1-4\zeta^2)}$$

这是直接证明相对论 $k = \sqrt{(1-\beta^2)}$ 最直接的实验，但不能由此得出动系相互观察动钟慢，在这里 $k = \sqrt{(1-\beta^2)} < 1$ 真的代表动钟比静钟慢，实验方法是称量动钟的重量增加。

例 14　测不准原理的物理本质

由经典物理冲量是动系的动量增量 $F \cdot d\tau = d(M_0 \cdot u_0)$，所以由例 9 冲量公式可得

$$u_0 \cdot \Delta(M_0 \cdot u_0) = -M_0 \cdot c^2 \cdot \Delta[\ln(k)]$$

通常动量用 P 表示，将上式乘以动系的固有时 τ，将固有距离 $u_0 \cdot \tau = \Delta r_0$ 以及相对动能增量 $-M_0 \cdot c^2 \cdot \Delta[\ln(k)] = \Delta E_k$ 代入上式可得

$$\Delta r_0 \cdot \Delta P = \tau \cdot \Delta E_k$$

如果动系与静系同系满足 $\Delta r_0 = \Delta r$ 以及 $\tau = \Delta t$，所以

$$\Delta r \cdot \Delta P = \Delta t \cdot \Delta E_k$$

上式的含义是动系的动量变化 ΔP 与位置变化的乘积 Δr 等于动系的相对动能增量 ΔE_k 与静系时间 Δt 的乘积。

上式的物理含义有两层物理含义，其中之一是动系相对动能的测量误差 ΔE_k，当动系在外界势场中运动，按照量子理论，外界势场的势能差不是连续变化的，存在最小的量子化势能差 $\Delta \Phi$，当粒子与外界势场同系，外界势场势能的变化就是粒子的势能变化，所以粒子的势能变化最小单元为 $\Delta \Phi$，所有宏观势场存在最低势能差 $\Delta \Phi$ 都是量子化的，这个势能差对应动能增量 ΔE_k 同样是量子化的，因此将会有最小的动能增量 ΔE_k，例如电子轨道的能级。

只要势场存在最小的量子化势能差 $\Delta\Phi$，动系的动能就将发生变化，只不过在宏观这种变化太小，动能变化基本可以看成连续变化。

按照量子理论，光子的动能为 $E_k=\gamma\cdot h$，原子能级差是 $\gamma\cdot h$，对应电场的势能差也是 $\gamma\cdot h$ 数量级，这说明物质势场的势能差 $\Delta\Phi$ 不是连续的，势场的最低势能差 $\Delta\Phi_{\min}$ 是多少人们并不知道，但人们知道原子能级差至少是最低势能差 $\Phi_{\min}$ 的整数倍。

所以这个最小的动能变化

$$\Delta E_k=\gamma\cdot h$$

$\gamma=1/T$，T 是时间，当动能增量 ΔE_k 不连续变化，造成与动能增量对应的时间 T 也是量子化的。

按照经典物理概念，只需在同一地点同一时刻测量粒子的动能增量。但由于最小的量子化势能差 $\Delta\Phi$ 不是连续的，造成动能增量 ΔE_k 也不是连续变化的，动能增量 $\Delta E_k=m\cdot c^2$ 是跃迁变化。

当力图在"同一地点同时"测量粒子的动能增量 ΔE_k 时，不可能测量在时间 T 单元始末"当中某一时刻"的动能增量，因为不存在时间间隔 T"当中"某一连续时刻的连续的势能增量 $\mathrm{d}\Phi$ 或动能增量 $\mathrm{d}E_k$，只存在客观时间 T 单元始末对应不连续的 ΔE_k 或 $\Delta\Phi$。

所以即便没有误差的最精密时钟，假设测量时间是连续变化的，动能增量 ΔE_k 是对应量子级别的势能增量 $\Delta\Phi$，测量时间 Δt 逻辑上可以是无数个不同动能增量对应的时间间隔 Ti 之间的任何时间

$$\Delta t=\sum Ti+\Delta t'<\sum Ti+T$$

即 $\Delta t'$ 不够一个量子级别的动能增加 ΔE_k 对应的最低测量时间 T，所以测量的动能要么是 $\Delta t'$ 之前的时间 $\sum Ti$ 对应的动能，要么是等待时间间隔 $\sum Ti+T$ 之后的动能，测量动能增量至少有一个时间间隔 T 的误差。

将 $\Delta E_k=\gamma\cdot h$ 带入测量误差的最小值

$$|\Delta r\cdot\Delta P|=|\Delta t\cdot\Delta E_k|>L\cdot\Delta P=T\cdot\Delta E_k=h$$

上式就是测不准原理，测不准原理不是测量误差，而是量子理论的必然结果。

测不准原理的物理意义其实很简单，宏观测量动系动能的时间 Δt 相对微观可以看成无限长，类似于光子级别的最低量子势能差 $\Delta\Phi$ 或最低量子动能差 ΔE_k 一般都忽略不计 $\Delta E_k=0$，把动能变化以及时间 Δt 看成连续变化的，所以测量时间 Δt 越长，动能误差 ΔE_k 越小。当测量时间 Δt 进入到量子力学的范畴，测量动系的动能误差 ΔE_k 至少是一个 $\gamma\cdot h$ 数量级，动能误差 ΔE_k 与测量时间 Δt 相比将不可忽略，例如当 $\Delta t<T$，动能误差至少是一个能级跃迁 $\gamma\cdot h=m\cdot c^2$，这相对 $\Delta t<T$ 来说已经是无穷大了。

所以近代物理这样解释测不准原理，当时间误差 Δt 或 Δr 位置误差很小，动能或动量误差很大。当动能或动量误差很小，时间或位置误差很大，在宏观连续动能的经典物理概念，时间误差 Δt 大于十几个光子能级的动能差相对宏观远超分子级别的大质量连续动能的"精确测量"范畴内已经是很精确了。

例 15　时空畸变的可视性与虚粒子

由上一节分析当测量时间 Δt 进入到量子级别，测量误差已经进入到原子能级级别的

范畴，在这个范畴测不准原理的势能差或动能差概念实际上已经不是误差的概念，而是粒子在量子范畴的势能增量或动能增量范畴，动能增量或势能增量已经不是连续变化的概念。

例如当粒子的势能 Φ_m 与外界势场的势能 Φ 不一致，粒子初始势能 Φ_m 比外界背景时空的势场势能零点的 $\Phi=0$ 高，$\Phi_m-\Phi=\Phi_m>0$ 代表粒子相对外界背景时空有一定的势能差，通常情况粒子将会自发向满足与外界势能保持一致的方向发展，粒子最终与外界势场的势能达成一致。

在粒子力图与外界势能保持一致的过程中，即动系的势能 Φ_m 相对势能零点的均匀时空同样会有相对动能增量 $-\Delta\Phi_m=\Delta E_k>0$，产生相对动能的目的同样是为了满足热二律。以上相对动能的变化同样要满足测不准原理 $\Delta t\cdot\Delta E_k>h$，即动系本身的势能变化 $\Delta\Phi_m$ 同样是量子化的。

但时空中有一种粒子有质能 $m\cdot c^2$ 却没有静质量 M_0，例如虚粒子就是这种状态。因此虚粒子无法靠动能增量 ΔE_k 完成与外界背景时空的势能 Φ 达成一致。

关于虚粒子的产生详见 12.2 节，概念是宇宙背景时空是由称作真空能或暗能量的物质 $m\cdot c^2$ 所组成。

在大部分状态下，在局部时空范围内，通常可以看成时间快慢均匀的同系时空。但宇宙背景时空就像大海波动里的浪花一样，宇宙背景时空并不是时间快慢均匀的平静时空，同样有时空畸变波动，虚粒子就是这种波动涟漪的浪花。

所谓时空畸变就是时空时间快慢不一致，也称势能差。人们对时空畸变较大的局部区域早已熟视无睹，例如静质量物质周围就是局部时空畸变，有力场存在，但静质量物质具有可视性。正、负电子周围就是局部时空畸变，电场力程就是时空畸变的局部区域。这类粒子的运动、碰撞、分裂、衰变等都是时空畸变的波动浪花，只不过这种时空畸变及其波动属于可视粒子的固有属性之一罢了。

没有可视静质量的透明清澈的时空在外界时空畸变波动的干扰下同样可以发生时空畸变以及波动，例如电磁场就是脱离实体物质的时空畸变波动。可视粒子的时空畸变场代表静质能 $M_0\cdot c^2$，由同一律性可知没有静质量的局部时空中畸变场同样代表没有静质量的质能 $m\cdot c^2$。当时空局部畸变相对背景均匀时空变化较大，这种局部时空畸变场进入人类实验设备的可视范围，人们无法将这种可视的时空畸变抽象为时空本质概念，但人类能看见这种没有静质量的粒子，具有先验论的人类称这种时空畸变起伏较大的可视局部区域为虚粒子 $m\cdot c^2$。

时空畸变场就是力场，实体粒子的时空畸变场理论上可以到去穷远，而可视的虚粒子区域就是时空畸变场，说明可视的虚粒子都是短程力粒子。

例 16　真空能的可视性

所以虚粒子就是可视的局部时空畸变概念，只不过没有静质量，局部时空真空能密度相对背景时空真空能密度较大或局部区域的势能较高 $\Phi_m>0$，由热二律可知虚粒子在自发状态下将与外界势场的势能保持一致。

当时空局部区域畸变相对外界均匀时空势场的势能 Φ_m 低于某个极限值

$$\Phi_m\leqslant\Phi_{\min}$$

这类虚粒子可以自发通过时空伸缩与外界均匀时空势场的势能保持一致，地表看上去清澈透明的看似时间快慢均匀分布的时空，实际是由密度微弱起伏的真空能密度差形成的不均匀的局部时空畸变，势能差 $\Phi_m \leqslant \Phi_{\min}$ 的虚粒子所组成。

但是当局部时空畸变度较大，例如在局部区域 n 个均匀时空的虚粒子 $\Phi_{\min}$ 被压缩凝聚在一起形成密度较大或势能 Φ_m 较高的粒子，形成局部时空出现真空能凝聚态质能 $m \cdot c^2$ 较大的虚粒子，虚粒子的质能 $m \cdot c^2$ 就是相对外界均匀时空高出的势能部分 $\Phi_m = m \cdot c^2 > \Phi_{\min}$。

虚粒子的质能 $m \cdot c^2$ 不是连续变化而是按量子规则变化，逻辑上包括时空中密度均匀分布的虚粒子 $\Phi_{\min}$，均匀时空实际是由大量密度均匀分布的最低质能 $m_0 \cdot c^2$ 的虚粒子 $\Phi_{\min}$ 组成，所以

$$\Phi_{\min} = m_0 \cdot c^2 = \gamma_{\min} \cdot h$$

这些虚粒子 $\Phi_{\min}$ 为了与背景时空的势能保持一致，同样应该以光速运动，成为时空信息传递的基本粒子。只不过密度均匀分布的最低质能虚粒子之间的相对势能一致，因此密度均匀分布的虚粒子与“黑夜里的黑猫”一样没有可视性，所以均匀分布的最低质能的虚粒子就是同系时空。

时空中真空能密度均匀分布代表虚粒子 $\Phi_{\min}$ 密度均匀分布，真空能密度不均匀分布代表时空畸变或势能高低，实际是 n 个最低质能 $\Phi_{\min}$ 的虚粒子被压缩凝聚在一起 $\Phi_m = m \cdot c^2 = n \cdot \Phi_{\min}$，所以虚粒子 Φ_m 的质能至少是最低质能 $\Phi_{\min}$ 的虚粒子质能的整数倍。

光子与均匀分布的虚粒子 $m_0 \cdot c^2 = \gamma_{\min} \cdot h$ 同系，等于光子能量 $m \cdot c^2$ 与均匀分布的虚粒子的质能密度 ρ_0 一致，但光子质能 $m \cdot c^2 > \Phi_{\min} = m_0 \cdot c^2$，所以光子的体积 $V_0 > V_{\min}$，$V_{\min}$ 是均匀分布的虚粒子 $m_0 \cdot c^2$ 占有的时空体积。

如果将体积为 V_0 的光子 $m \cdot c^2$ 转化为均匀分布体积为 $V_{\min}$ 的最低质能的虚粒子 $\Phi_{\min}$，由于光子质能比虚粒子的质能大，由光子能量转化为最低质能虚粒子的个数一定是整数 n。

如果将满足光子质能 $m \cdot c^2$ 的 n 个虚粒子 $\Phi_{\min}$ 再压缩到势能较高的虚粒子 Φ_m

$$\Phi_m = m \cdot c^2 = n \cdot \Phi_{\min} = n \cdot \gamma_{\min} \cdot h = \gamma \cdot h$$

势能较高的虚粒子 $m \cdot c^2 = \rho \cdot V = \rho_0 \cdot V_0$，$\rho_0$ 是虚粒子 $\Phi_{\min} = m_0 \cdot c^2$ 的能量密度。被压缩到高能凝聚态的虚粒子的质能 $m \cdot c^2$ 没变，仅仅是体积收缩或质能密度 ρ 提高，但虚粒子已经变成局部区域不均匀的时空畸变，例如势能较高的虚粒子正好直接衰变为光子，能被实验设备测试到。

所以虚粒子的能态不能用类似于静质量物质式（2.5）$\Delta\Phi_m = -\Delta M_0 \cdot c^2$ 的概念表达势能的高低，实体静质量物质的势能确实由质能的转换而得到，而虚粒子的能态高低不能用质能的转化，而要用真空能密度 ρ 的概念。虚粒子的势能提高应该看成虚粒子的时空收缩或真空能密度提高。虚粒子就是时空，但虚粒子具有与组成背景时空虚粒子 $\Phi_{\min}$ 密度不同的可视界面，时空是“暗能量”的概念被虚粒子 Φ_m 的可视界面形态表达出来。

当光子与外界同系，代表光子与外界势场的质能密度一致，当外界势场势能变化时，

光子的质能 $m\cdot c^2$ 不变,按照经典物理的概念将会得出光子势能不变,所以光子的动能不变,在第 12 章虚粒子将使用这个概念。

例 17 激发态粒子及其衰变

虚粒子与外界背景时空的能量不同,但又无法像静质量实体物质那样靠动能变化改变本身的能态或时空畸变度,所以虚粒子很不稳定,属于高能激发态粒子,虚粒子将会发生形态的转化,例如衰变分裂为可与外界满足同系的粒子。

在时空中产生的虚粒子的质能 $\Phi_m=m\cdot c^2$ 的分裂是按照量子化原则分裂,转化的原则是所有转化后的粒子都自发与背景时空势场的势能保持一致。

例如其中一部分质能转化为光子,光子与外界势场肯定同系。还有一部分可以转化为最底静质量的暗物质,例如微中子,这部分粒子的光速就足以证明转化后的粒子与外界的势能保持一致。如果虚粒子的质能较大,还将有一部分直接转化为由静质量组成的实体物质,但实体粒子未必与外界势能的势能保持一致,但实体粒子可以通过动能增量与外界保持一致。

所以虚粒子 $\Phi_m=m\cdot c^2$ 在满足质能守恒、动量守恒的前提下,最多可同时衰变为以上分析的三种类型的粒子。

注意外界的概念未必一定是引力势,可以是原子内部的电场,也可以是动系时空场,介质内部时空,也可以是产生虚粒子的重力场,在引力平衡失重状态下产生虚粒子的外界才是引力场。

无论哪种转换,虚粒子转化后粒子的动能增量满足测不准原理

$$\Delta r\cdot\Delta P=\Delta t\cdot\Delta E_k>h$$

当虚粒子 $m\cdot c^2$ 的部分质能损失 $\Delta m\cdot c^2<0$ 转化为实物质增量 $\Delta M_0\cdot c^2$,由式(2.5) $\Delta\Phi_m=-\Delta M_0\cdot c^2=\Delta m\cdot c^2$,这部分势能降低转化为实体物质的动能增量 $\Delta E_k=-\Delta\Phi_m$,剩余虚粒子的势能将被降低为

$$\Phi_m'=\Phi_m+\Delta\Phi_m=m\cdot c^2+\Delta m\cdot c^2$$

这部分虚粒子将衰变为其他粒子的动能增量,由测不准原理可得

$$-\Delta m\cdot c^2>h/\Delta t$$

被压缩的高能凝聚态虚粒子质能损失 $\Delta(m\cdot c^2)$ 的时间 Δt 越短,产生新粒子的动能增量 $\Delta E_k=-\Delta m\cdot c^2$ 越大,当虚粒子 $m\cdot c^2$ 全部转化为静质量 $M_0\cdot c^2$,$\Delta E_k=M_0\cdot c^2$,动能增量正好是质能的粒子是光速,粒子势能自发降低到势能零点,第 10 章将按照这个原理证明物质的产生。

例如电子在原子势场跌落跃迁中,电子势场的时空就会挤出一个真空能物质 $m\cdot c^2$,这个被电子势场甩出的真空能物质的势能相对基级电子轨道的势能就高出 $\Phi_m-\Phi=m\cdot c^2$,这个真空能物质 $m\cdot c^2$ 就处于激发态,真空能物质 $m\cdot c^2$ 将高于外界的势能 $-\Delta\Phi_m=\Phi_m-\Phi>0$ 全部转化为光子动能 $m\cdot c^2$,正好使光子的势能与电子基级的势能同系,之后光子将自动与外界势场保持同系。

例 18 动量守恒在时空膨胀中的应用

根据动量守恒的物理概念是在孤立系统,各动系质心的时间快慢值或各动系的时间

快慢平均值保持不变可以得出以下几个推理。

推理1:星系爆炸后质心的势能近乎不变

当星系爆炸时,如果忽略星系碎片的受力状态,星系爆炸后质心的势能不变,但通常星系爆照并不满足动量守恒,爆炸后的星系质心会有轨道迁移。

推理2:静止时空的前提是宇宙质能物质总和的时间快慢平均值不变

宇宙是孤立系统,忽略时空膨胀,宇宙所有物质包括真空物质总和的时间快慢平均值不变,也可以理解为宇宙时空的短期效应必须保证宇宙质能物质总和的时间快慢平均值不变,通俗解释宇宙时空短期效应可以看成静止时空。所以当黑洞吞噬大量物质,如果黑洞没有大量物质喷出,整个宇宙将会向时间平均值减慢的方向发展,宇宙时空收缩将会增加。所以黑洞吞噬物质过程将会有大量物质喷出,即便黑洞没有吞噬物质,在12.7节将证明黑洞在吞噬星系物质会有大量物质逃离黑洞,黑洞本身将有大量的纯能态粒子或虚粒子产生,这些虚粒子将被挤出黑洞,所有这些逃离黑洞的物质将弥补黑洞吞噬物质引起的时空收缩,以保证在短期内宇宙物质总和的时间快慢平均值不变。

推理3:宇宙黑洞型质量不可能比宇宙初始黑洞型质量增多

黑洞已经黑洞势场构成宇宙时空的收缩源之一,同时由第4章例1可知宇宙的膨胀源之一同样是黑洞,宇宙时空膨胀是不可抗拒的,黑洞的时空膨胀除了第4章例1所述黑洞势场时空本身膨胀外,另一个膨胀源就是黑洞本身喷出的虚粒子衰变为其他物质,而虚粒子来自于黑洞质量,所以宇宙黑洞的质量越来越少。此外在第10章证明在宇宙初期产生的物质粒子都属于微观黑洞型粒子,由于时空膨胀这些微观黑洞型粒子都演化为引力物质,时空膨胀代表时间相对加快,时空收缩代表时间相对减慢,所以宇宙黑洞型质量不可能比宇宙初始黑洞型质量增多。

例19 宇宙时空膨胀应该是脉动的

宇宙时空膨胀未必是匀减速膨胀,因为由宇宙时空的短期效应必须保证宇宙质能物质总和的时间快慢平均值不变,这实际等于阻止了时空膨胀,所以不排除这种短期效应有可能阻止宇宙时空匀减速膨胀,因为这符合惯性定律。宇宙膨胀是不可抗拒的,而黑洞物质几乎是宇宙初期同时产生的,所以大部分黑洞年龄应该几乎是同龄的,这就造成了大部分黑洞有可能是同步阻止时空膨胀。

黑洞阻止时空膨胀的物理过程应该是吞噬物质总和的时空收缩度正好等于黑洞释放物质总和的时空膨胀度。但黑洞并不是总能保持有物质可吞噬,这当中应该有间歇性“饥饿”,在黑洞出现间歇性“饥饿”时,黑洞势场的膨胀却不能停滞,仍会有大量虚粒子继续喷出,这就造成黑洞的时空膨胀占主导地位,由于宇宙黑洞的同龄性带来的同步性,这就可能造成某时段加速膨胀,某时段膨胀被抑制,但总体平均效果还应该是减速膨胀,但未必是匀减速膨胀,因此宇宙时空膨胀可能是脉动的。

逻辑上这种脉动在宇宙早期周期较短,并逐步变缓,如果这种脉动周期很短且加速或减速膨胀变化剧烈,很容易通过观察早期星系的亮度或色度的变化规律发现。如果这种脉动周期很长且加速或减速膨胀变化很柔和,往往观察就很困难,例如137亿年的历史如果只有几个脉动周期,恐怕很难发现这个现象,即便发现一两个周期,由于几乎没有可重复性实验，往往很难确定。

例 20 黑洞辐射

当虚粒子被挤出黑洞视界，虚粒子离开黑洞将会发生衰变，逻辑上部分虚粒子将会直接衰变为伽马光子对。这相当于一个质能为 $m \cdot c^2 = 2M \cdot c^2$ 的虚粒子一分为二产生两个质量分别为 M 的伽马光子，伽马光子在任何时候都将与外界时空保持同系，包括产生伽马光子的瞬间，伽马光子一定与当地背景势场时空保持同系。同系与绝对时空是同一概念，所以在产生伽马光子的瞬间可直接使用经典物理的动量守恒概念。因此刚离开黑洞视界的虚粒子速度如果很低，当低速虚粒子衰变为两个伽马光子，如果当其中一个光子是奔向黑洞，另一个光子一定是离开黑洞，因此黑洞视界或黑洞表面可以向外辐射光子，黑洞能辐射光子说明黑洞并不黑，霍金认为黑洞表面虚粒子衰变向外辐射光子的预言应该说准确无误。

逻辑上虚粒子在黑洞视界就可以衰变两个伽马光子，如果实验能够发现黑洞表面可以辐射光子，代表黑洞视界肯定不是时空奇点。因为时空奇点的物理概念是时间停滞，这样在黑洞外界观察黑洞视界的视光速 $c' = 0$，这就等于不存在黑洞辐射，外界永远观察不到黑洞表面，黑洞将永远是"黑"的。

6.2 证明相对论时延系数

相对论将三维空间的垂直距离平方关系直接移植到四维时空，但三维空间的距离平方关系是基矢垂直关系。相对论认为四维时空两点之间的距离也满足坐标平方关系

$$ds^2 = dx^2 + dL^2$$

其中，dL 是三维空间距离，$dx = i \cdot c\Delta t$ 是第四维时空坐标，实际就是光子的绝对位移。Δt 是静系时间，$i = (-1)^{1/2}$ 是纯虚数，x 一般也称为时间轴，相对论认为 dx、dL 二者相互垂直。

$ds^2 = dx^2 + dL^2$ 实际就是 $d\boldsymbol{S} = \boldsymbol{I}dX_4 + \boldsymbol{j}(u \cdot dt)$ 的点积，对应的位移矢量分别为

$$dx = \boldsymbol{I}dX_4 \quad dL = \boldsymbol{j}dX_1$$

ΔS 在静系四维时、空轴 $\boldsymbol{I}$、$\boldsymbol{j}$ 的投影分量分别是 $x = c \cdot \Delta t$、L，同理 $ds^2 = dx^2 + dL^2$ 适用所有参照系，包括动系本身。

以上证明四维时空矢量分量 dx、dL 在三维空间观察满足垂直关系不是证明，而是直接引用三维空间轴之间的平方和关系，相对论直接将三维空间轴平方和概念引入四维时空矢量属于数理逻辑错误。

四维时空矢量分量 dx、dL 在三维空间观察是任意三角形关系，由此可以求得动系真实的时延系数或动钟的时间加快程度 k。

由上节证明当动系在低速状态，四维时空矢量在三维空间观察满足首尾衔接的矢量叠加，Δt_0 是静系时间，τ 是动系时间，$A = \cos\alpha$ 是动系空间矢量 $u \cdot \Delta t_0$ 与动系时间矢量 $c \cdot \tau$ 之间的夹角 α 的余弦，由余弦定理可得

$$(u\cdot\Delta t_0)^2+(c\cdot\tau)^2-2\cdot A\cdot(u\cdot\Delta t_0)\cdot(c\cdot\tau)=(c\cdot\Delta t_0)^2$$

$$\tau^2=\Delta t_0^2+2\cdot A\cdot u\cdot\Delta t_0\cdot\tau/c-(u\cdot\Delta t_0)^2/c^2=\Delta t_0^2\cdot[1+2\cdot A\cdot u\cdot\tau/(\Delta t_0\cdot c)-u^2/c^2]$$

经过运算后可得

$$\tau=\Delta t_0\cdot[1+2\cdot A\cdot k\cdot\beta-\beta^2]^{1/2}$$

$$k^2=1+2\cdot A\cdot\beta\cdot k-\beta^2$$

求解 k 的 2 次方程 $k^2-2\cdot A\cdot\beta\cdot k-(1-\beta^2)=0$ 可得

$$k=f(\beta)=A\cdot\beta+[1+(A^2-1)\beta^2]^{1/2}$$

当物体低速运动两个时空矢量垂直，必有 $A=0,k=f(\beta)=[1-\beta^2]^{1/2}$。

令 $\eta=1-A^2$ 可得

$$k=f(\beta)=A\cdot\beta+[1-\eta\beta^2]^{1/2} \tag{6.4}$$

k 就是动系的尺缩时延。

如何证明 $k=f(\beta)=A\cdot\beta+[1-\eta\beta^2]^{1/2}$ 的正确性？如果将 $k=A\cdot\beta+[1-\eta\beta^2]^{1/2}$ 代入 $\Delta E_k=-M_0\cdot c^2\ln(k)$ 能得到经典物理动能增量，就证明 $k=f(\beta)=A\cdot\beta+[1-\eta\beta^2]^{1/2}$ 在低速是正确的。

由动能增量的马克劳林级数展开式可得

$$\Delta E_k=\Delta E_k(0)+\Delta E_k(0)'\cdot\beta+\Delta E_k(0)''\cdot\beta^2/2=\Delta E_k(0)'\cdot\beta+\Delta E_k(0)''\cdot\beta^2/2$$

$$\Delta E_k'=-M_0\cdot c^2\cdot[A-\eta\cdot\beta/(1-\eta\cdot\beta^2)^{1/2}]/k$$

$$\Delta E_k(0)'=-M_0\cdot c^2\cdot A$$

同理对 $\Delta E_k'=-M_0\cdot c^2\cdot[A-\eta\cdot\beta/(1-\eta\cdot\beta^2)^{1/2}]/k$ 二次求导可得

$$\Delta E_k(0)''=M_0\cdot c^2\cdot(\eta+A^2)$$

所以

$$\Delta E_k=-M_0\cdot c^2\cdot A\cdot\beta+\frac{M_0\cdot c^2\cdot(\eta+A^2)\cdot\beta^2}{2}$$

将 $\eta=1-A^2$ 代入

$$\Delta E_k=\frac{M_0\cdot c^2\cdot(\eta+A^2)\cdot\beta^2}{2}-M_0\cdot c^2\cdot A\cdot\beta$$

$$=\frac{M_0\cdot u^2}{2}-M_0\cdot c\cdot A\cdot u$$

当 $A=0$，就是牛顿力学相对动能 $E_k=M_0\cdot u^2/2$。

当 $A=-u'/c,u'$ 是静系本身的牵连速度，例如地球有自转，地表静系本身就有牵连速度，所以

$$\Delta E_k=\frac{M_0\cdot u^2}{2}+M_0\cdot u'\cdot u$$

上式恰恰是经典物理的动能增量，所以 $k=f(\beta)=A\cdot\beta+[1-\eta\beta^2]^{1/2}$ 在低速状态准确无误，既涵盖相对论观点，又涵盖经典物理概念。但 $A\cdot\beta$ 这一项显然与速度方向有关，所以尺缩时延 k 是速度方向的函数，动钟慢的概念再一次被否定。

牵连速度 u' 与动系的相对速度 u 的方向未必一致，动系的动能增量与牵连速度 u' 相

对 u 二者之间的夹角有关,所以 $\boldsymbol{A}=-\boldsymbol{u}'/c$ 以及 $\boldsymbol{u}$ 都要用矢量表示

$$\boldsymbol{A}=-\boldsymbol{u}'/c \qquad \boldsymbol{\beta}=\boldsymbol{u}/c$$

$$k=\boldsymbol{A}\cdot\boldsymbol{\beta}+(1-\eta\beta^2)^{1/2} \tag{6.5}$$

$\boldsymbol{A}\cdot\boldsymbol{\beta}=A\cdot\beta\cdot\cos\theta$ 是矢量点积,不能把 $A=\cos\alpha$ 与 $\boldsymbol{A}$ 与 $\boldsymbol{\beta}$ 之间的余弦 $\cos\theta$ 混为一谈。$A=\cos\alpha$ 的概念源于将三维空间几何带入四维时空,从原理上是先验论。相对速度 $\boldsymbol{u}$ 越低,$A=\cos\alpha$ 越接近 0,逻辑上只有极限状态 $\boldsymbol{u}=0$ 使 $\alpha=90°$ 或 $A=0$,$k=[1-\beta^2]^{1/2}$。只要相对速度 $\boldsymbol{u}\neq0$ 或 $\boldsymbol{\beta}\neq0$,必有 $\alpha\neq90°$ 或 $A\neq0$。所以即便 $\boldsymbol{A}$ 与 $\boldsymbol{\beta}$ 相互垂直 $\boldsymbol{A}\cdot\boldsymbol{\beta}=0$,$k=[1-\eta\beta^2]^{1/2}\neq[1-\beta^2]^{1/2}$。

$k=[1-\eta\beta^2]^{1/2}$ 要比 $[1-\beta^2]^{1/2}$ 精确得多,动系相对动能 $E_k=-M_0\cdot c^2\cdot\ln(k)$,当动系达到光速,动系相对动能 $M_0\cdot c^2=-M_0\cdot c^2\cdot\ln(k)$,可得

$$k=[1-\eta\beta^2]^{1/2}=[1-\eta]^{1/2}=1/e$$

将 $\eta=1-A^2$ 带入上式可得 $|A|_{\max}=1/e$,$A=\cos\alpha$ 是动系空间矢量 $u\cdot\Delta t_0$ 与动系时间矢量 $c\cdot\tau$ 之间的夹角 α 的余弦,当动系速度 u 变化,$A=\cos\alpha$ 肯定是变化的。但 $A=-u'/c$ 只与静系的牵连速度 u' 有关,只要静系的牵连速度不变,A 不可能变化。出现这种矛盾的原因是 k 的证明过程是经典物理低速理论结合三维空间几何,这等于认可了光速不变的原则,实际上是先验论。如果视光速可变,动系速度的变化必将引起视光速的变化,因此 A 就不是 u'/c,分母将会与视光速有关,因此 A 将会与动系速度有关,当然整个证明过程将会很复杂。

所以 A 与 η 都是动系速度的函数而绝非只与静系的牵连速度有关,作为一级近似可以认为 $A=-u'/c'$,$c'=c\cdot k$ 是静系观察满足式(1.6)的视光速。当动系从高位势向低位势运动满足 $k=[1-\eta\beta^2]^{1/2}<1$,正好满足 A 与 β 相互垂直 $A\cdot\beta=0$。从高位势观察低位势 $k<0$,视光速 c' 相对较低,A 随动系速度增大而增大。

即便 $k=f(\beta)=A\cdot\beta+[1-\eta\beta^2]^{1/2}$ 不是高速动系的精确解,根据以上计算可以从概念上理解当地表动系平动达到光速的实验结果,设 $A=f(u'、u)$ 是与动系速度 u 有关的未知函数,并且仍假设 $\eta=f(A)=1-A^2$。

由 $E_k=-M_0\cdot c^2\cdot\ln(k)$ 可知动系在光速的相对动能的精确 $k_0=[1-\eta\beta^2]^{1/2}=1/e$ 值具有唯一性,且 $|A|_{\max}=1/e$,静系观察动系的真实 k 值

$$k=f(\beta)=A\cdot\beta+[1-\eta\beta^2]^{1/2}=1/e+1/e\approx0.74\neq1/e$$

即静系观察动系的 k 值由于受到牵连速度与动系速度的交叉影响,实测 k 值实际很大,k 值更靠近 1。

静系观察动系达到光速 $k\neq1/e$ 的原因是当把动系加速到光速,动系加速过程已经把外界输入能量给动系的加快程度都消耗了,而 $A\cdot\beta$ 实际是外界输入的能量 W_0,由式(5.4)$W_0=E_k+\Phi_m$ 可得动系的势能升高有限,如果不考虑牵连运动的影响,动系把外界输入的能量 W_0 给动系的加快程度全部消耗,正好满足 $k=1$,所以光速满足同系光速不变。同系的概念是静系与动系同系,即动系与静系的时间快慢一样,静系不但观察光速不变,而且同系 $k=1$,根本无法观察到 $k=1/e$。而 $k=A\cdot\beta+[1-\eta\beta^2]^{1/2}$ 从物理概念给出要考虑牵连运动对 k 的影响之一,这基本证明地表静系观察地表同系达到光速的动系,$k\approx1$ 是

毋庸置疑的。

实际上静系观察达到光速的动系 $k\neq 1/e$，或大于 1 或小于 1，k 应该在 1 附近变化不会偏离 1 太远，所以在地表如果动系相对速度达到光速，实测 k 值应该在 1 附近 $k\approx 1$，因此实测实验视光速

$$c'=c\cdot k\approx c$$

这并不等于动系没有达到光速，而是静系观察动系的 k 值受到时空背景的因素很大，例如静系的牵连速度、动系的速度、逻辑上还应该包括势场固有时钟的影响，所有这些众多影响都很难用一个准确的公式涵盖。

在任何星系上动系达到光速基本与当地同系，星系之间相互观察只受到星系之间引力势以及宇宙红移 k 值的影响，与星系上的动系速度没有任何关系，即便星系上的动系达到光速，也不可能改变动系近乎与当地同系的概念，这基本证明这样一个事实，光速满足同系光速不变。

例如电子达到光速很容易，但静系要发现电子 $k=1/e$ 是不可能的。

如果能找到 k 的精确公式，$\eta=f(A)$ 的公式可能很复杂，因此 $|A|_{max}$ 的值也将发生变化，$k=f(\beta)$ 的公式也将发生变化。

太阳系有相对银河系的相对速度，这个速度实际是地球的牵连速度，地球观察星系落向黑洞附近，即便动系相对动能的 k 值很低，但地球观察黑洞附近的 k 值绝对不会很低。

而 $k=[1-\beta^2]^{1/2}$ 既无法证明物质光速动能 $M_0\cdot c^2$，也无法证明时空奇点 $k=0$ 的物理意义，时空奇点概念是人们根据 $k=0$ 臆造出来的，这基本说明了 $k=[1-\eta\beta^2]^{1/2}$ 不但物理意义准确，而且计算精确度相对比 $k=[1-\beta^2]^{1/2}$ 提高了很多。

在黎曼几何所描述的几何关系比平面几何复杂得多，四维空间矢量之间的关系可能将会更复杂，绝非简单 $A=\cos\alpha$ 关系。

即便四维时空矢量之间没有类似于三维空间的余弦 $A=\cos\alpha$ 关系，但由此准确证明了经典物理动能增量 $\Delta E_k=M_0\cdot u^2/2+M_0\cdot u'\cdot u$ 与 $k=f(\beta)=A\cdot\beta+[1-\eta\beta^2]^{1/2}$ 的对应关系，因此 A、η 作为动系空间矢量 $u\cdot\Delta t_0$ 与动系时间矢量 $c\cdot\tau$ 之间不垂直度的物理概念能准确反映经典物理动能与时延系数 k 的关系就足矣了，至于 A 是不是四维时空矢量在三维空间投影的余弦 $\cos\alpha$ 的几何意义并不重要。

式(6.5)与式(5.4) $W_0=E_k+\Phi_m$ 是同一概念，因为式(5.4)是以地表静止物质为势能零点 $\Delta\Phi_m=\Phi_m$，因此 $\Delta E_k=-\Delta\Phi_m=\dfrac{M_0\cdot u^2}{2}\pm M_0\cdot u'\cdot u$，$A\cdot\beta$ 与牵连运动对动系做功 $\pm M_0\cdot u'\cdot u$ 对应，正负号由 β 与 A 的同向或相向决定，而 $[1-\eta\beta^2]^{1/2}$ 与相对动能 $M_0\cdot u^2/2$ 对应。当 $k>1$ 时，$\Delta E_k=-\Delta\Phi_m<0$，反而反之。

式(6.4) $k=A\cdot\beta+[1-\eta\beta^2]^{1/2}$ 经过变换后可得

$$k\approx 1+\Delta k \tag{6.6}$$

$$\Delta k=\beta\cdot[A-\eta\beta/(1-\eta\beta^2)^{1/2}]$$

当 $\eta=1$，$[1-\eta\beta^2]^{1/2}\approx 1-\beta^2/2$，由 $k=A\cdot\beta+[1-\eta\beta^2]^{1/2}$ 可得动系的单位质量无量纲动能增量

$$\Delta k \approx \beta \cdot A - \frac{\beta^2}{2} \tag{6.7}$$

$\Delta k \approx \beta \cdot A - \beta^2/2$ 是式(5.4) $W_0 = E_k + \Phi_m$ 的无量纲形式,可以看出 Δk 直接与 Φ_m 对应,所以

$$\Delta k = \Phi_m/(M_0 \cdot c^2) \tag{6.8}$$

例如相对地表高位重力势能的相对 k 值

$$k = 1 + \Delta k = 1 + \frac{g \cdot \Delta h}{c^2}$$

将 $k = 1 + g\Delta \cdot h/c^2$ 带入动能公式 $\Delta E_k = -m_0 \cdot c^2 \cdot \ln(k)$ 可得低速状态的动能

$$\Delta E_k = -m_0 \cdot g \cdot \Delta h$$

在引力势无穷远观察动系静质量 m_0 的势能的相对 k 值

$$k = 1 + \Delta k = 1 - \frac{M_0 \cdot G}{r \cdot c^2} = 1 - \frac{R_0}{r}$$

R_0 是黑洞视界,把 $k = 1 - \frac{M_0 \cdot G}{(r \cdot c^2)}$ 带入动能公式 $\Delta E_k = -m_0 \cdot c^2 \cdot \ln(k)$ 可得低速状态的动能

$$\Delta E_k = m_0 \cdot M_0 \cdot G/r$$

$\Delta E_k = m_0 \cdot M_0 \cdot G/r$ 正好是动系从无穷远跌落满足机械能守恒的相对动能增量。但当动系跌落到黑洞半径 R_0,$k = 1 - \frac{R_0}{r} = 0$,正好满足广义相对论黑洞视界的时空奇点概念,至此用经典物理证明了广义相对论的时空奇点概念。

但这时的动系速度是光速,由 $E_k = -m_0 \cdot c^2 \cdot \ln(k)$ 可得 $k = 1/e$,出现这个矛盾的原因是经典物理引力常数 G 是变量而非常数,第 16 章将证明 $G \neq$ 常数,所以广义相对论的黑洞视界计算并不准确。

由第 16 章证明引力常数时空收缩度越大,即引力常数是引力势半径的函数,半径越小引力常数越大。牛顿引力常数是实验数据,如果以牛顿引力实验常数 G_0 为标准,“引力常数”为

$$G = G_0 \cdot \lambda$$

$\lambda = \lambda(r)$ 是半径的函数,半径越小,$\lambda = \lambda(r)$ 越大,所以 $\lambda = \lambda(r) > 1$。

将 $G = G_0 \cdot \lambda$ 带入 $k = \frac{1 - M_0 \cdot G}{(r \cdot c^2)}$ 可得

$$k = 1 - \frac{M_0 \cdot G_0 \cdot \lambda}{(r \cdot c^2)} = 1 - \frac{R_0 \cdot \lambda}{r}$$

R_0 是按照牛顿实验引力常数计算的黑洞视界,设正确的黑洞视界为 r_0,真实黑洞视界的 $k = 1/e$,所以

$$k = 1 - \frac{R_0 \cdot \lambda}{r_0} = k = 1/e$$

$$r_0/R_0 = \lambda/(1 - \frac{1}{e}) = 1.582 \cdot \lambda > 1.582 \approx 1.6$$

正确的黑洞视界 r_0 至少是广义相对论黑洞视界 R_0 的 1.6 倍，由于越接近黑洞视界 λ 越大，所以正确的黑洞视界 r_0 远超 R_0。

注意：$k = A \cdot \beta + [1 - \eta\beta^2]^{1/2}$ 的证明是数学几何概念，与 $\Delta E_k = -m_0 \cdot c^2 \cdot \ln(k)$ 的证明相互独立，但却相互印证，并由此直接证明了经典物理以及广义相对论的结论，这说明本论点得到了经典物理与现代物理的支持。

Δk 是动能增量对应的时延系数增量，式(6.7)直接用单位质量的无量纲动能增量 $\beta \cdot (A - \beta/2)$ 与时延系数增量 Δk 同义的物理概念更简单清晰。

而相对论 $k = [1 - \beta^2]^{1/2} \approx 1 - \beta^2/2$，$\Delta k \approx -\beta^2/2$，$E_k = -M_0 \cdot c^2 \ln(1 + \Delta k) = M_0 \cdot u^2/2$，至此由经典物理证明动能增量概念与相对论时延系数增量 Δk 完全对应起来，证明方法并不涉及相对论有关概念，简单明了。

将 $k = 1 + \Delta k$ 带入 $\Delta E_k = -M_0 \cdot c^2 \ln(k)$ 可得

$$\begin{aligned} \Delta E_k &= -M_0 \cdot c^2 \ln(1 + \Delta k) \\ &\approx -M_0 \cdot c^2 \cdot \Delta k = \frac{M_0 \cdot u^2}{2} \pm M_0 \cdot u' \cdot u \end{aligned} \tag{6.9}$$

如果只考虑相对动能 $\Delta k \approx -\beta^2/2 < 0$，动钟 $k = 1 + \Delta k < 1$，相对论动钟慢毋庸置疑。但 $\Delta k \approx \beta \cdot A - \beta^2/2$，所以 $k = [1 - \beta^2]^{1/2}$ 只能证明相对动能是减慢动钟的份额 $\Delta k \approx -\beta^2/2$，但却无法证明动钟比观察者的时间慢。逻辑上相对论作为物理基础，应该与经过实践检验的经典物理融洽，但在此大相径庭，只能证明相对论与经典物理必有一个是错误的。最起码证明相对论的逻辑演绎很有争议。

式(6.5)的物理概念很明确，k 代表动系相对观察者的时延系数，而观察者本身的时间快慢与观察者本身的牵连速度 u' 有关，所以 $A \cdot \beta$ 代表动系速度 u 在牵连速度 u' 方向投影对动系时延系数的贡献，这是保证时延系数不仅是相对概念，还保证了动钟相对静钟的快慢具有物理时钟可视性。

但满足 $A \cdot \beta$ 真实的条件必须保证是牵连运动真实的动能，所以 u' 必须是相对真实时间快慢标准参照系的速度，真实时间快慢标准参照系的最佳选择就是地球引力势在地表的势能作为势能零点。

在垂直于牵连运动 A 方向对动系做功实际上就是牵连运动的物质势场对动系的做功，也只有动系在势场中运动才能产生 $k = [1 - \eta\beta^2]^{1/2}$，例如重力、电势、引力势等。

当动系相对观察者直线匀速运动，动能没有变化，按照经典物理动系不可能受力。由 $k = A \cdot \beta + [1 - \eta\beta^2]^{1/2}$ 可知动系相对比静系的时间快慢不一样，动系肯定受力，如何表达相对直线匀速动系的受力呢?

相对静系匀速直线运动，静系本身是牵连参照系，但绝对运动未必是直线运动，例如相对转盘径向直线运动，转盘上的人观察动系是直线运动，但地表静系观察是转盘上的动系并不是直线运动，这种例子具有普遍性。

而式(6.5)时延系数的 $A \cdot \beta$ 项恰恰承担了相对匀速直线运动的受力计算，例如科氏力 $f = 2\omega \times u$，可以证明牵连运动 A 与旋度 2ω 对应，而 β 对应 u，这样就把经典物理与时延系数对应起来。

如果做牵连运动的物质在外界势场中运动满足机械能守恒,A 与 η 都自动转化为外界势场的函数,所以 A 与 η 都是时空的位置函数,这已经超出了推理 A、η 的几何意义。

例如牵连运动有旋度 $\Omega=2\omega$,必然有科氏力,运动场源就是牵连运动 A,所以式(6.5)时延系数的 $A\cdot\beta$ 项直接代表动系 β 相对运动场源 A 的洛科氏力概念。

以上证明与前几章互相独立,不是源于同一逻辑,而是引用相对论关于速度的几何叠加概念,结果得出 $k=A\cdot\beta+[1-\eta\beta^2]^{1/2}$ 是真实动能增量 ΔE_k 的时延系数而不是相对动能 E_k 的相对概念的时延系数,这与前几章证明不谋而合,互相独立的不同逻辑演绎指向同一结论,恰恰证明理论的前后衔接完美无缺。

经典物理作为一门完整的逻辑演绎,首先从运动学的位移与速度开始,例如本章6.1节内容,直接由运动学得出 $k=A\cdot\beta+[1-\eta\beta^2]^{1/2}$,然后由 $k=A\cdot\beta+[1-\eta\beta^2]^{1/2}$ 推理第1章开始后的内容,就可以推出牛顿第一定律至牛顿第二定律、能量守恒等,这就可以把有关定律推到定理的地位,继而准确获得 k 值的物理意义。

6.3　相对时空的质能守恒

光速不变假设对不对呢?例如相对论曾经证明四维速度的空间分量

$$u_0\cdot k=u$$

u_0 是动系的固有速度或真实速度,u 是静系观察的视速度,即同样的固有速度,由于观察者的时钟快慢不一样,视觉观察不同。相对论公式 $u_0\cdot k=u$ 是正确的。同理,光速同样适用公式 $u_0\cdot k=u$,例如

$$c\cdot k=c' \tag{6.10}$$

c' 是视光速,实例:在透明介质中,透明介质内部的视光速满足 $c\cdot k=c'$,大家知道透明介质中是亚光速。

$$k=A\cdot\beta+[1-\eta\beta^2]^{1/2}$$

是低速近似值,但在地球上已经足够用了。

可以看出第二项 $[1-\eta\beta^2]^{1/2}<1$,而第一项 $A\cdot\beta$ 可正可负,具体与所选参照系的牵连速度 A 方向有关,所以如果所选 β 合适,可以满足 $k=A\cdot\beta+[1-\eta\beta^2]^{1/2}=1$,在有相对速度 u_0 的情况下,$k=1$ 意味着在这个特定的速度 u_0 下,动钟正好与静钟的快慢一致,这是允许的。例如当赤道动钟相对静系向西运动的速度正好等于地球向东自转线速度的两倍,这时在两极或地心观察动钟的绝对线速度与地表赤道静系向东的自转线速度一致,因此重力相等,这时动钟的时间快慢一定与静钟的快慢一致。

这说明 A、η 自动满足时空伸缩所要求的关系,A、η 不仅是动系时空的函数,还是外界势场的位势函数,例如静止物质位置越高时钟越快就是外界引力势的作用。

式(6.5)只是逻辑推理,在黎曼几何所描述的几何关系比平面几何复杂得多,四维空间矢量之间的关系可能将会更复杂,而绝非式(6.5)简单关系,但即使四维时空矢量之间没有类似于三维空间的夹角关系,如果将 A、η 作为时空实验修正系数,式(6.5)将是准

确的。

证明了时延系数的正确性以及第 5 章证明 $k_0=k$,就可以证明相对时空的质能守恒,将式(1.7)$M=M_0/k$ 带入式(2.2)可得动能增量

$$\Delta E_k=-M_0\cdot c^2\cdot\ln(k)=M_0\cdot c^2\cdot\ln(M/M_0)$$

$$\mathrm{d}E_k=M_0\cdot c^2\cdot \mathrm{d}M/M=k\cdot c^2\cdot \mathrm{d}M$$

由式(6.10)$c\cdot k=c'$可得 $k\cdot c^2=c'^2/k$,所以

$$\mathrm{d}E_k=(c'^2/k)\cdot \mathrm{d}M \tag{6.11}$$

由式(2.3)$\Delta\Phi_m=M_0\cdot c^2\cdot\ln(k)$,式(1.7)$M=M_0/k$ 以及 $k\cdot c^2=c'^2/k$ 可得动系的势能增量

$$\mathrm{d}\Phi_m=M_0\cdot c^2\cdot \mathrm{d}k/k=M\cdot c^2\cdot \mathrm{d}k=M\cdot \mathrm{d}(k\cdot c^2)=M\cdot \mathrm{d}(c'^2/k)$$

由 $\mathrm{d}E_k+\mathrm{d}\Phi_m=0$ 可得

$$(c'^2/k)\cdot \mathrm{d}M+M\cdot \mathrm{d}(c'^2/k)=0$$

所以 $$M\cdot c'^2/k=\text{常数}$$

将式(6.10)$c\cdot k=c'$带入上式可得

$$E_m=M_0\cdot c^2=M\cdot c'^2/k \tag{6.12}$$

E_m 代表质能,式(6.12)是相对时空的质能守恒,$M\cdot c'^2$ 是物质的视质能,例如在介质内部运动的光子是亚光速 c',但光子的质能 $E_m=M_0\cdot c^2$ 不变。

在低速范畴,$k\approx 1$,$c'^2\approx c^2$,$\Delta M\approx M-M_0$,对式(6.12)$M_0\cdot c^2=M\cdot c'^2/k$ 微分可得

$$(c'^2/k)\cdot\Delta M+M\cdot\Delta(c'^2/k)=0$$

$$(c'^2/k)\cdot\Delta M=(M-M_0)\cdot(c'^2/k)\approx\Delta M\cdot c^2$$

同理可得 $M\cdot\Delta(c'^2/k)=M_0\cdot c^2-M\cdot c^2\approx-\Delta M\cdot c^2$

所以低速绝对时空范畴

$$\Delta E_k=c^2\cdot\Delta M\qquad \Delta\Phi_m=-c^2\cdot\Delta M \tag{6.13}$$

这就是式(2.5)$\Delta\Phi=-c^2\cdot\Delta M_0$ 的物理含义,绝对时空的质能守恒认为动能的变化源于静质量的变化,式(6.12)$M_0\cdot c^2=M\cdot c'^2/k$ 与式(2.10)$M_0\cdot c^2=E_k+\Phi_m$ 具有相同的物理意义,说明动系的势能与动能均来自动系的质能 $M_0\cdot c^2$。

人们发现宇宙光线弯曲,本质与介质光线弯曲雷同,只不过时空介质的折射系数是连续变化的,并且根据光线弯曲的方向可以判断光线路径之间的时间相对快慢。

6.4 势场时空旋度与磁场概念

式(6.5)$k=A\cdot\beta+[1-\eta\beta^2]^{1/2}$ 与动系刚体动能增量 $\Delta E_k=\dfrac{M_0\cdot u^2}{2}\pm M_0\cdot u'\cdot u$ 有对应项,属于经典刚体力学范畴。但势场是跟随场源运动的,场源物质走哪将势场带哪,因此场源物质的势场各点都有速度。但由于场源各点的时间快慢分布不一样,所以势场力

程范围内各点的速度 u' 与场源物质质心的固有速度 u_0' 有关联，所以势场有效力程内各点的速度 u' 与场源质心的固有速度 u_0' 并不一样。

例如引力势半径越大，时间 τ 分布相对越快，场源质心时间 Δt_0 与势场各点的时间 τ 快慢关系满足 $\tau = \Delta t_0 \cdot k'$，$k'$ 是势场各点相对势场质心的时延系数，势场跟随场源质心运动同样的位移 L，场源质心速度

$$u_0' = L/\Delta t_0$$

势场有效力程内各点的速度 u' 满足

$$u' = L/\tau = L/(\Delta t_0 \cdot k') = u_0'/k' \tag{6.14}$$

这就造成势场跟随场源质心运动会有不同的速度 u' 分布，过场源质心垂直场源速度的轴线的势场速度分布如图 6.4 所示。

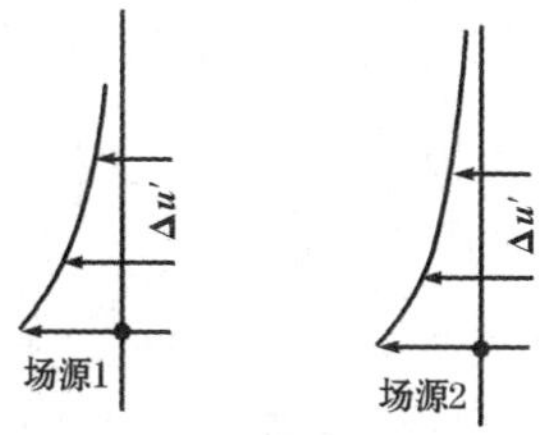

图 6.4

场源不同半径之间有速度差 $\Delta u'$，半径越大，速度差 $\Delta u'$ 越小，这种势场速度差分布与流体层流速度差一样，会形成势场速度旋度 $\Omega = 2\omega$，当动系进入势场力程范围，势场对动系就会产生经典物理的科氏力

$$\boldsymbol{f}_L = 2\boldsymbol{\omega} \times \boldsymbol{u}$$

可以看出同样的场源速度 u_0'，由于势场的时间快慢分布或势能分布不同，场源 1 与场源 2 的旋度不可能一样，时间快慢梯度越大，势场速度旋度 $\Omega = 2\omega$ 越大。而时间梯度与势能梯度是同义词，势能梯度本身就是场强 f_0，所以势场速度旋度 $\Omega = 2\omega$ 不仅与势场速度 u' 分布有关，还与各点场强 f_0 有关。

势场速度 u' 分布可以看成势场速度是围绕某一曲率半径 r' 的圆心做圆周运动引起的切向运动，这与刚体转盘的速度没有任何区别，只不过 r' 是场源半径的函数，势场速度 u' 分布的曲率半径 r' 是变量。

为了说明旋度与科氏力的关系，可用旋转转盘做一比较，如图 6.5 所示。

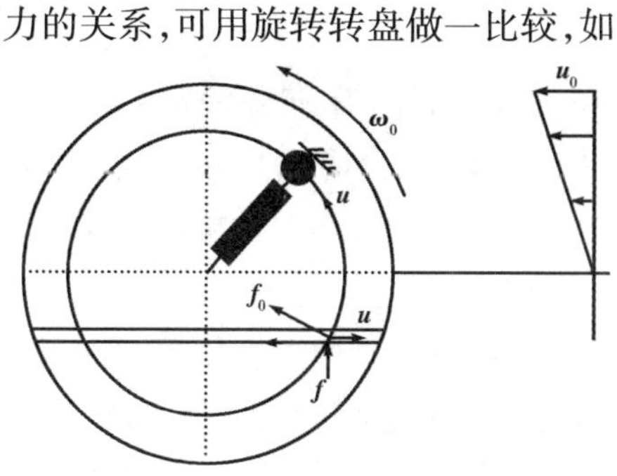

图 6.5

设转盘最大半径的固有速度为 u_0'，从转盘中心到边缘有速度梯度 $du'/dr = \omega$，半径越

大速度越大

$$u' = \omega r = u_0' \cdot r/r_0 = u_0' \cdot x$$

$$x = r/r_0$$

把转盘旋度 $\Omega = 2\omega$ 经过简单整理可得

$$\boldsymbol{\Omega} = \boldsymbol{u}_0' \times \boldsymbol{f}_0/(K \cdot c^2) \tag{6.15}$$

$$K = K(k) = (ak + b)$$

$f_0 = \omega^2 \cdot r$ 是转盘的向心加速度，可以看成转盘的场力场强。

a、b 分别是转盘半径 r 的函数，k 可以看成因转盘最大半径质点的速度 u_0' 带动转盘时空不同半径的时延系数，相当于势场力程范围内各点的速度 u' 与场源物质质心的速度 u_0' 的关系，$K = K(k)$ 是转盘半径 r 与时延系数 k 的函数。

当 $a = -b$，$(ak + b) = b(1 - k)$，由 $k = [1 - \beta^2]^{1/2} \approx 1 - \beta^2/2$，得

$$K \cdot c^2 = b(1 - k)c^2 = (b \cdot \beta^2/2)c^2 = b \cdot u'^2/2$$

当 $b = r_0/r = 1/x$ 时，将 $u' = u_0' \cdot x$ 带入上式

$$K \cdot c^2 = b \cdot u'^2/2 = u_0'^2 \cdot x/2$$

$f_0 = \omega^2 \cdot r$ 是转盘的向心加速度，同理可得 $\Omega = u_0' \times f_0/(K \cdot c^2)$ 的分子项

$$u_0' \cdot f_0 = u_0' \cdot \omega^2 \cdot r = u_0'^2 \cdot \omega \cdot x$$

将 $K \cdot c^2 = u_0'^2 \cdot x/2$ 带入式(6.15)可得刚体旋度值 $\Omega = u_0' \cdot f_0/(K \cdot c^2) = 2\omega$。

对于式(6.15)当 $b = 1/x$、$a = -b$ 时可得 $\Omega = u_0' \times f_0/(K \cdot c^2) = 2\omega$，即刚体转盘的旋度可用转盘各点的时延系数表达出来。

由式(1.6)$u_0' = u_0/k_0$，u_0 是静系观察的视速度，$k_0 = \sqrt{(1 - \beta^2)}$ 是场源运动速度 u_0 的相对论尺缩时延系数，所以式(6.15)可写为

$$\Omega = u_0 \times f_0'/(K \cdot c^2)$$

$$f_0' = f_0/k_0$$

显然 $\Omega = u_0 \times f_0'/(K \cdot c^2)$ 与电磁学的磁场公式 $B = u_0 \times f_0'/c^2$ 类似，区别仅仅是系数 K 不一样。K 是按照 $u_0' \times f_0$ 计算派生出来的系数。经典物理转盘的旋度 $\Omega = 2\omega$ 很简单，之所以写成式(6.15)的复杂形式，是为了寻找时空旋度的通式，从中找出计算时空旋度的规律。

如果场源有速度 u_0'，场源的势场必然有速度 u 分布以及速度梯度，必然存在速度旋度，而速度的旋度矢量 Ω 必然与场源的场强矢量 f_0 以及场源的速度矢量 u_0' 满足式(6.15)。K 是场源势场强度系数，例如动系与刚体旋度相互作用的科氏力 f_L 很大，而动系与外界势场的速度旋度相互作用的科氏力 f_L 很小。

如图 6.5 设转盘内有一个钢珠，钢珠被限制在同心圆滑槽内，约束钢珠在滑槽轨道内运动，一个弹簧沿径向拉着钢珠，当钢珠的线速度正好与转盘的线速度 u' 一致，约束钢珠在滑槽轨道内壁不受力，这与动系在外界势场满足机械能能守恒类似，区别仅在于向心力被弹簧拉力平衡，但弹簧拉力 f_0 已经被定义为转盘力场的场强。

钢珠相对转盘的线速度为 u，约束钢珠在滑槽轨道内壁的受力满足

$$f = f_0 - f_m = f'_m + f_L$$

式中，f_m 是静系观察钢珠的向心加速度，f'_m 是相对转盘的线速度为 u 产生的向心力，$f_L = 2\omega \times u$ 是经典物理科氏力，当钢珠相对转盘的速度为零，实际是钢珠的圆周速度正好等于转盘圆周速度，科氏力为零，这是科氏力产生的必要条件。

如果在转盘开一个如图 6.5 所示的直线滑槽，滑槽内放一个钢珠，钢珠在惯性离心力作用下将沿着滑槽向滑槽右边运动，从而产生相对转盘的直线相对速度 u，钢珠受到滑槽接触面的摩擦力，此外还有相对滑槽的加速力等，所有这些外力的合力方向就是向心力。

可以看出科氏力 $f_L = 2\omega \times u$ 总是与运动方向垂直，但如果没有直线滑槽限制钢珠的运动，钢珠将会按照 $f = -2\omega \times u$ 的方向自由运动。

通过转盘的受力分析，可以类比运动势场的受力分析，任何运动场源质心都有速度 u'_0，势场时空将有速度分布式(6.14)，自然律满足同一律性，即同一物理现象遵从于同一实验定律，不可能违背这个自然律。

旋度由场源运动而生，场源运动速度 u'_0 越大旋度越大，场强 f_0 越大旋度越大，所以用场源质心速度 u'_0 与场强 f_0 的乘积代表势场速度旋度的分布函数，无须证明可直接根据同一律性写出运动势场的旋度

$$\Omega = u_0 \times f'_0 / (K \cdot c^2) \tag{6.16}$$

经典物理得出势场式(6.16)的强度系数 $K = c^2$，相当于式(6.15) $a = 0$、$b = 1$。

显然势场的旋度 $\Omega = u_0 \times f'_0 / c^2$ 要比刚体的旋度弱很多，但是势场只要有速度分布，K 不可能是常数，这是同一律所决定的。

经典物理认为场源势场各点相对场源质心的时延系数 k' 不发挥任何作用，在经典物理是绝对时空 $k' = 1$，在 18.3.2 节将证明

$$\Omega = u_0 \cdot f'_0 / (k' \cdot c)^2 \tag{6.17}$$

k' 是场源势场各点相对势场质心的时延系数，相当于式(6.15) $a = 1$、$b = 0$，时空旋度与势场的时延系数 k' 肯定有关。

$\Delta E_k = -\Delta \Phi_m = M_0 \cdot u^2/2 \pm M_0 \cdot u' \cdot u$ 与 $k = A \cdot \beta + [1 - \eta\beta^2]^{1/2}$ 对应，所以 $A \cdot \beta$ 由两部分组成，刚体部分就是经典牛顿力学的牵连运动做功部分。势场同样有速度 u' 分布，这实际就是势场的牵连速度，但由势场速度 u' 分布与动系速度 u 形成的 $A' \cdot \beta$ 与刚体运动动能增量 ΔE_k 没有对应项，A' 代表势场速度 u' 分布的时空系数。

$A' \cdot \beta$ 与刚体运动动能增量 ΔE_k 没有对应项，说明由 $A' \cdot \beta$ 产生的外力与动系的运动方向垂直，这只有两种可能，一种是圆周运动向心力，一种是科氏力。

动系质心的时间相对快慢 k 实际就是动系势场的相对时间分布均值，动系刚体的受力以及牛顿科氏力等都是动系质心时间相对外界势场时间的相对快慢引起的。同理动系运动速度 u 与外界物质势场速度场分布引起的旋度 $\Omega = 2\omega$ 相互作用同样会引起受力，对于引力惯性物质在引力场的科氏力满足

$$f_L = 2\omega \times u = -u \times 2\omega = u \times B$$

$$B = -2\omega \tag{6.18}$$

B 被经典物理称作磁感应强度或磁场，$B = -2\omega = -u_0 \times f'_0 / c^2$ 意味着引力惯性物质场

源产生的磁场相当于负电荷产生的磁场。

由于 $f_L = u \times B$ 总是与 u 垂直,所以 f_L 与动系刚体动能增量 ΔE_k 没有对应项,但 f_L 改变了动系的运动方向。

物质势场速度的前后方没有切向速度梯度,只有与运动方向一致的纵向速度梯度,因此不产生旋度,所以运动物质的前后方不产生磁场。

场源势场速度旋度 $\Omega = 2\omega$ 与刚体旋度有什么区别?刚体旋度实际是刚体圆周运动产生的,计算科氏力必须考虑产生旋度的刚体圆周运动。而场源势场速度旋度 $\Omega = 2\omega$ 并不是由场源圆周运动产生的,而是势场时间相对快慢分布造成的速度分布,因此计算动系在势场中满足刚体运动受力的基础上再叠加洛伦兹力。

动系在势场中运动满足 $dE = d\Phi + dE_k$, $dE_k = -M_0 \cdot c^2 \cdot \ln(k)$, $k = A' \cdot \beta + [1 - \eta\beta^2]^{1/2}$,其中 $A' \cdot \beta$ 在动系刚体动能没有对应项,只有与 $[1 - \eta\beta^2]^{1/2}$ 对应的相对动能项,由 $dE = d\Phi + dE_k$ 可得动系的受力

$$f = f_0 - f_m$$

$f_m = a$ 是星系的线加速度矢量,与相对动能项 $[1 - \eta\beta^2]^{1/2}$ 对应。f_0 是外界势场场强,经典物理只有 $f = f_0 - f_m$。如果考虑动系速度 β 与势场速度 A' 分布之间的相互作用,就必须叠加 $A' \cdot \beta$ 项对应的洛伦兹力

$$f = f_0 - f_m + f_L = f_0 - f_m + u \times B \tag{6.19}$$

在经典物理中,引力惯性物质中没有洛伦兹力 $f_L = u \times B$,原因是 $A \cdot \beta$ 找不到可视的动系动能对应项,因为引力势中洛伦兹力 $f_L = u \times B$ 太小了。

在电场中 f 一般可忽略不计,所以

$$f_m = f_0 + u \times B \tag{6.20}$$

当行星公转轨道方向与恒星自转方向一致,$A' \cdot \beta > 0$,洛伦兹力 $f_L = u \times B$ 方向是斥力,f_L 与 f_0 叠加后使得受力降低。而当行星公转轨道方向与恒星自转方向相反,$A' \cdot \beta < 0$,洛伦兹力 $f_L = u \times B$ 方向与引力一致,f_L 与 f_0 叠加后使得受力增加。

所以行星公转轨道方向与恒星自转方向相反最终都将跌落。

f_L 对地表重力也有影响,只不过 f_L 太弱,基本忽略不计。

6.5 引力惯性物质的电荷性变换

由热二律动系将自发与势场的时间相对快慢分布达成一致,因此洛伦兹力的大小以及方向将满足热二律的要求。

当动系在势场中达到引力平衡失重速度,满足机械能守恒 $f_0 = f_m$,动系自发状态下将不受力,这时 $f_L = u \times B = 0$,动系速度方向不变,外界势场磁场不变,$f_L = 0$ 这种状态称作引力惯性物质的电中性。

速度方向不变,仅仅是速度大小发生变化,这就带来了引力惯性物质产生洛伦兹力的必要条件,当动系不满足机械能守恒就是产生洛伦兹力的必要条件。

动钟的 k 值相对动系所在外界势场轨道固有时的 k_0 值高低就是引力惯性物质的电荷正负性转换的条件，引力惯性物质不仅有电荷量的大小发生变化，电荷的正负性也发生转换，这是引力惯性物质与电荷的区别。

当动系的时间相对比外界势场的固有时间慢或动系受重力，f_L 的大小以及方向都会自动根据外界磁场的方向自动调整。当动系 u 与势场速度 u' 的方向一致，$A' \cdot \beta > 0$，显然动系的 k 相对增大，动系将向外界势场 k 增大的方向运动，所以行星与恒星自转方向一致不容易跌落。当 $A' \cdot \beta < 0$，动系 u 与势场速度 u' 的方向相反，显然动系的 k 相对降低，动系将向外界势场 k 降低的方向运动，所以行星与恒星自转方向相反更容易跌落。

引力惯性物质的电荷性转换必然带来一个现象，运动的引力惯性物质带有电荷性必然产生磁场，而引力惯性物质的电荷量以及电荷性会因为运动变化而变化，结果在引力惯性物质的运动方向不变的情况下，引力物质的磁场大小以及方向也发生变化，这就是地磁大小发生变化以及磁场反转的原因。

6.6　实例

例 1　地表运动质点的时延系数与精确动能。

地表赤道有一个向东的动系，动系沿地表自转方向相对静系的速度 u，低速时 $\eta \approx 1$。当 $\beta^2 \ll 1$，$[1-\beta^2]^{1/2} \approx 1-\beta^2/2$，由 $k = A \cdot \beta + [1-\eta\beta^2]^{1/2}$ 可得

$$k = 1 + A \cdot \beta - \beta^2/2 = 1 + \beta(A - \beta/2) > 1 \qquad (6.21)$$

式(6.21)与式(6.7)一致，地表向东运动的动点的时间相对静钟加快，势能 Φ_m 升高，动系相对静系的速度越高时间相对越快。

如果以地表赤道自转线速度 u_0 作为 A 的速度 $u' = u_0$，当 $\beta/2 > A$，$k < 1$，这等于向东速度大于地表自转线速度时间反而减慢，重力增加，永远无法达到失重。

由式(5.4) $W' = E_k + \Phi_m$ 可知 $W' = M_0 \cdot u' \cdot u$，当动系沿赤道切向向东达到失重速度 $u' = u$，将 $u' = u$ 带入 $k = A \cdot \beta + [1-\eta\beta^2]^{1/2}$ 可得

$$k = A^2 + [1-A^2]^{1/2} = 1 + A^2 - A^2/2 = 1 + A^2/2$$

由经典物理可知，动系失重的势能 $\Phi = E_k = M_0 \cdot u'^2/2$，将 $E_k = -M_0 \cdot c^2 \cdot \ln(k)$ 以及 $\Phi = M_0 \cdot c^2 \cdot \ln(k_0)$ 带入 $\Phi = E_k = M_0 \cdot u'^2/2$ 可得 $k_0 \cdot k = 1$，由 $k = (1-A^2)^{1/2}$ 可得

$$k_0 = 1/k = 1/(1-A^2)^{1/2} = 1/(1-A^2/2) \approx 1 + A^2/2$$

两种算法结果一致，在这里尽管 A 不是 $A = \cos\alpha$ 的几何意义，但无论是按照 $k = A \cdot \beta + [1-\eta\beta^2]^{1/2}$，还是经典物理概念都一样，并不影响 $k = A \cdot \beta + [1-\eta\beta^2]^{1/2}$ 的正确性。

例 2　洛伦兹力将自发满足热二律与惯性定律。

当星系在机械能守恒轨道运行，由于时空膨胀，星系的运动状态也发生变化，但所有这些变化都将自动把热二律与惯性定律完美结合在一起。

第 4 章实例 2 由热二律以及惯性定律证明了星系向黑洞跌落破碎后的物质形成的吸积盘。

星系向黑洞跌落初期阶段，星系的时间比外界势场的时间慢，所以跌落。

星系物质的时延系数满足 $k=[1-\beta^2]^{1/2}$，星系物质在接近黑洞开始向黑洞自转线速度 u' 的方向偏转 $A'\cdot\beta>0$，并且越接近黑洞，视界星系物质切向速度越高，$A'\cdot\beta$ 越来越大，而径向跌落速度越来越小，形成向黑洞自转方向旋转的吸积盘，造成星系物质的时间与黑洞势场的时间分布快慢差相对越来越小，径向跌落趋势越来越弱。

星系跌落势能降低或时间相对变慢，但一定是星系的势能降低 $\Delta\Phi_m$ 低于外界势能的势能 $\Delta\Phi$ 降低，使得星系的时间与外界势场的时间分布越来越接近，这是自发状态满足热二律。但同时满足惯性定律，洛伦兹力的方向将自动满足降低星系时间快慢变化速度的方向。

这恰恰是星系跌落过程为满足热二律与惯性定律自发完成的。

黑洞势场速度分布特性造成当黑洞场源自转，势场也跟着场源自转。例如当星系物质因重力向黑洞跌落，物质为了满足热二律，自发状态会选择降低跌落趋势的方向，形成吸积盘。

所以星系物质向黑洞跌落过程不仅受到引力场强 f_0，还受到与星系物质的跌落速度 u 以及速度方向有关的力 f_L，这个力 f_L 由黑洞表面自转线速度 u_0、黑洞场力 f_0 以及星系物质速度三方共同决定。由式(6.19)可得

$$f=f_0-f_m+u\times B$$

洛伦兹力 $f_L=u\times B$ 把星系物质推向黑洞自转方向。如果星系向黑洞跌落也按照电磁学标准，会发现黑洞自转产生的磁场相当于负电荷产生的磁场，而星系向黑洞势场中运动相当于正电荷。

又比如当行星的速度 u 与恒星自转方向的势场速度 u' 分布方向一致，$A'\cdot\beta>0$，行星 k 值增大，代表洛伦兹力的方向推动行星向外界势能升高的方向。并且行星受到的重力越大，电荷性越强，洛伦兹力越大，所以洛伦兹力 $f_L=u\times B$ 总是斥力拖住行星防止其跌落，使其满足机械能守恒，这样不仅满足热二律，还可以使星系的时间变化最慢。

当行星的速度 u 与恒星自转方向的势场速度 u' 分布方向相反，情况正好相反，行星受到跌落趋势。

设恒星初始各有一个与恒星自转同向与反向公转满足机械能守恒的行星，由于星系势场时空膨胀，将打破机械能守恒，与恒星自转同向公转的行星受到的洛伦兹力推动行星远离恒星，而与恒星自转反向公转的行星受到的洛伦兹力推动行星跌落。尽管引力物质的洛伦兹力很柔，但经过有限时间之后，与恒星自转反向公转的行星将自行跌落。

这并不是因为反转公转轨道不满足机械能守恒，而是行星始终满足机械能守恒，只不过行星满足机械能守恒的轨道变化方向不一致。当 $A'\cdot\beta>0$，行星 k 值增大，洛伦兹力推动行星向半径更大的方向达到机械能守恒。当 $A'\cdot\beta<0$，行星 k 值降低，洛伦兹力推动行星向半径更小的方向达到机械能守恒。

星系势场时空不断地膨胀，反向公转的行星不断地降低满足机械能守恒的轨道，最终跌落，这是一个漫长的过程。

例 3 运动电荷的时延系数。

式(6.4) $k=A\cdot\beta+[1-\eta\beta^2]^{1/2}$ 是按照三维空间速度的概念逻辑演绎的结果，因此适

用于静质量不为零的实物质。目前已知电子具有静质量，所以适用于电子的时延系数。

设运动场源是电子，场源质心的运动速度为 u'，电子的电场跟随电子运动，所以电场各点都有速度，电场各点的速度分布与场力 f_0 有关，取通过场源质心且垂直于场源速度 u'的竖轴，因为势场在这个轴上各点的势场速度场方向很明确，都与场源质心速度 u'方向一致。

设有另一电子以速度 u 闯入运动的电场，速度 u 方向与电子场源速度方向一致，但并不与场源质心速度重合，所以这一点的场源势场的速度与场源质心的速度大小并不一致，如图 6.6 所示。

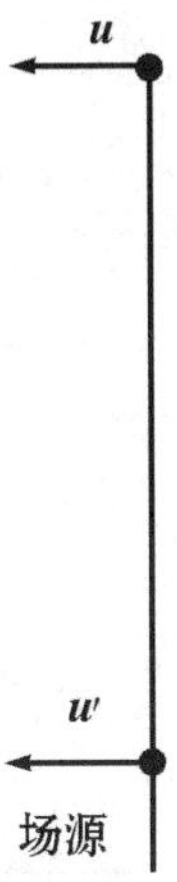

图 6.6

由于电子速度 u 与同性粒子场源速度同向，所以 $A'\cdot\beta=A'\cdot\beta$，$A'$代表运动电场各点的失重速度与场源质心速度的 A 不同，由式(6.21)可得

$$k=1+A'\cdot\beta-\beta^2/2=1+\beta(A'-\beta/2)>1$$

所以运动电子的时间相对比所在同性粒子场源势场位势的时间快，因此电子受到向势场加快方向运动的趋势，由电磁学可知电子洛伦兹力的方向指向同性粒子场源质心方向，而场源也是电子，说明电子的势场越往中心固有时间越快。

通常引力势是越往势场中心势能越低，时间越慢，而电子势场恰恰相反。

这种半径越小势能越高的势场称作势垒场。

同理如果是正电子做场源，然后让另一正电子以速度 u 闯入运动的电场，速度 u 方向与电子场源速度方向一致，似乎公式同样适用 $k>1$。

但正电子是负电子的反粒子，根据反粒子的反对称力学特性，所以运动正电子的时间相对比所在同性粒子场源势场位势的时间慢而不是快，所以 $k<1$。

因此正电子受到向同性粒子场源势场时间分布更慢的方向的外力，由电磁学正电子洛伦兹力的方向指向场源质心方向，说明正电子电场与引力势一样，属于与引力场同型的时空结构，可以看出正、负电子势场的时空结构正好反对称。

这种半径越小势能越低的势场称作势阱场。

7　地磁产生原理与地磁翻转

7.1　地表物质的势能分布

将以上计算推广到地表动系相对太阳系的运动，由式(2.9) $dE_0 - d\Phi = -d\Phi_m = dE_k$，当动系运动时，绝不只是动系在地球引力势中运动，还包括太阳引力势，因此 $d\Phi$ 涵盖地球势场与太阳势场的叠加。同理 dE_0 涵盖地球自转牵连运动做功以及地球相对太阳的牵连运动的做功之和。例如地球自转 24 h 一周，地球各质点相对太阳的径向加速度 a 以及径向位移 dr，或者说地表各质点的动能增量 24 h 都在变化，因此地表质点的物质势能 Φ_m 以 24 h 为周期变化，所以地球重力实际以 24 h 为周期发生变化。如图 7.1 所示，假设行星自转轴垂直公转轨道平面，这样可以保证行星赤道或等维度平面距离太阳最远或最近的质点速度方向正好与自转轴同纬度公转速度方向共线，计算相对简单。如图 7.2 所示，公转速度 u 方向指向纸面，1 点与 2 点的速度方向与公转速度方向共线。

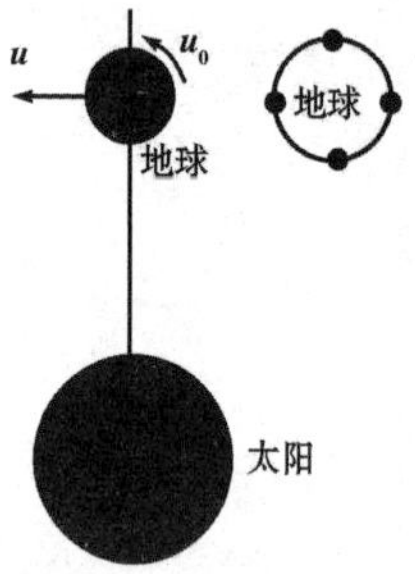

图 7.1

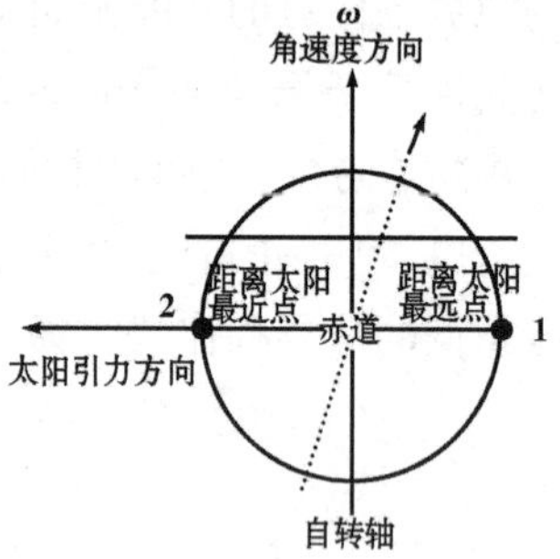

图 7.2

如果行星自转轴相对公转轨道平面有倾角，如图 7.2 虚线，自转相对速度以及自转轴的公转速度的相对关系就很复杂。

假设地球相对太阳做正圆圆周公转运动，圆周公转牵连速度为 u，地球自转带动赤道相对线速度为 u_0，地表赤道的绝对速度为 $u+u_0$。如果不考虑太阳引力的作用，地表达到引力平衡失重物质的相对速度为 U。

由于太阳与地球势场叠加使得赤道午夜的引力变化，距离太阳最远的赤道午夜达到引力平衡的失重物质的相对速度变为

$$U_0 = U + u'$$

式中，u' 是由太阳势场叠加的相对失重速度，u' 在逻辑上就是物质质点在太阳势场的引力

平衡速度，$U+u'$是地球与太阳引力势共同叠加的结果。

如果把地球看成一个质点，把太阳势场的势能零点设在地球公转轨道上而非无穷远，u'是由太阳势场叠加引起的相对失重速度，由式(5.5)可得地球相对所在公转轨道的势能零点参照系的势能为

$$\Phi_m = -M_0 \cdot (u' - u)^2/2$$

地球质心的速度正好是失重速度 $u = u'$，地球作为质点相对所在太阳势场公转轨道位置的势能 $\Phi_m = 0$，即地球正好在机械能守恒的失重状态，这时地球的势能 Φ_m 正好与地球公转轨道的太阳势场引力势 Φ 一致，这是经典物理学的概念。

然而地球并非质点，而是有一定体积，把太阳与地球二者势场叠加的势能零点 $\Phi = 0$ 设在地表，由式(5.5)可得地表赤道静系相对地表引力势能零点的势能为

$$\Phi_m = -M_0 \cdot [U_0 - (u + u_0)]^2/2$$

式中，u 是地球质心公转的牵连速度，u_0 是地球自转相对质心的相对速度，$u + u_0$ 是地表赤道午夜质点相对太阳的绝对速度，忽略地球半径的影响，可以近似认为地球质心的牵连速度近似为赤道的速度 $u = u'$。

由 $U_0 = U + u'$以及将 $u = u'$带入 $\Phi_m = -M_0 \cdot [U_0 - (u + u_0)]^2/2$ 可得

$$\Phi_0 = -M_0 \cdot [U - u_0]^2/2$$

Φ_0 与地球引力场产生的物质势能一样，当然产生的重力一样。这就是人们在计算地球势场中的质点运动时无须考虑太阳势场的原因。

但地球有一定体积，而 u 是地球质心的失重速度而非地球所有质点的失重速度，由于距离太阳最远的赤道午夜的势能相对地球质心的势能略高，距离太阳最远的赤道午夜由太阳势场引起的引力平衡失重速度 u'肯定低于地球质心的引力平衡失重速度 u，或 $\Delta u' = u' - u < 0$。

如果地球没有自转，地表赤道午夜质点的速度与地球质心的速度 u 一样，经典物理认为 $u' - u < 0$ 是没有地球自转的地表赤道午夜质点的速度 u 大于该点的失重速度 u'，因此没有地球自转的地表赤道午夜质点的惯性离心力大于太阳的引力。由于地球半径相对太阳势场空间很小，地球可以看成质点，所以 $\Delta u'$一般很小，通常计算一般都忽略不计，地球人感觉不到地球质心的失重速度 u 的影响。

但如果考虑地球的半径以及地球的自转，必须考虑 $\Delta u' = u' - u$ 的影响。把势能零点仍选在地表，地表赤道午夜的引力平衡失重速度为 $U_0 = U + u'$，如果站在引力平衡失重速度为 $U_0 = U + u'$的动系上观察赤道午夜质点的速度，由式(5.5)可得赤道午夜质点相对势能零点的速度为

$$U_0 - (u + u_0) = U + \Delta u' - u_0 = U' - u_0$$

U'是地球人观察地表赤道午夜的引力平衡失重速度，所以赤道午夜质点相对势能零点的势能为

$$\Phi_m' = -M_0 \cdot (U + \Delta u' - u_0)^2/2 = -M_0 \cdot (U' - u_0)^2/2 > -M_0 \cdot [U - u_0]^2/2 = \Phi_0$$

由于 $\Delta u' < 0$，$U' = U + \Delta u' < U$，所以地球本体引力势在地表产生的引力平衡速度 U 必须将太阳引力势在赤道午夜产生的速度差 $\Delta u'$去掉才是失重速度 U'。

物理意义是太阳势场在地表赤道午夜达到引力平衡的失重速度 u' 相对比地球质心的失重速度 u 低，但该点的牵连速度仍保持在地球质心速度 u 并没有降低，使得该点的速度提高 $\Delta u' = u' - u$，这一部分速度差产生的超额惯性离心力使得地表赤道午夜质点受到的重力降低。

上式说明叠加太阳势场后赤道午夜的失重速度 U' 小于地球本身引力场在赤道午夜产生的失重速度 U。赤道午夜的物质势能 Φ'_m 相对比没有叠加太阳引力势的物质势能 Φ_0 略高，或赤道午夜的静钟相对比没有叠加太阳引力势的静钟略快，直接效果就是重力略为降低。

而在地球公转运动方向通过地球质心的前后两点的失重速度 u' 就是对应距离太阳半径的失重速度，地球质心速度 u 正好也是失重速度，所以 $U_0 - (u + u_0) = U - u_0$。也可以看成 u' 以及 u 都与 u_0 相互垂直，这两点相对地表引力势或失重系的物质势能

$$\Phi_0 = -M_0 \cdot [U - u_0]^2/2$$

这正好是地球引力自身在赤道产生的物质势能，通过地球质心的前后两点的时间快慢一样，且与地球引力自身在赤道产生的地表静钟快慢一样，所以赤道这两点的重力比赤道午夜的重力略大。

在距离太阳最近的赤道中午时间，太阳势场的失重速度 u'' 与地表的失重速度 U 反向，所以 $U_0 = U - u''$，并且地球质心的牵连速度 u 也与地球自转线速度 u_0 反向，所以由类似分析这个位置的失重速度满足 $\Delta u'' = u - u'' < 0$，同理可得

$$\Phi''_m = -M_0 \cdot (U + \Delta u'' - u_0)^2/2 = -M_0 \cdot (U'' - u_0)^2/2 > \Phi_0$$

因为 $\Delta u'' < 0$，所以 $U'' = U + \Delta u'' < U$，U'' 是地球人观察地表赤道中午的失重速度，上式说明叠加太阳势场后，赤道中午物质势能 Φ''_m 相对比没有叠加太阳引力势的物质势能 Φ_0 略高，直接效果就是重力略为降低。

注意：太阳势场在赤道中午的失重速度 u'' 要比在赤道午夜的失重速度 u' 大，所以 $\Delta u'' = u - u'' < \Delta u' = u' - u$，造成 $U'' < U'$，即赤道白天正午的失重速度要比赤道午夜的失重速度低，所以赤道白天正午的重力比赤道午夜的重力低。

并且自转线速度 u_0 越大，赤道昼夜的重力差越大，使得地表重力的合力并不为零，形成向太阳的跌势，这是造成行星不满足机械能守恒原因之一。而且星系公转轨道距离太阳的平均半径越小，赤道昼夜的重力差越大。所以自发状态下行星公转轨道距离太阳的平均半径越小，行星将降低自转速度，从而提高行星的引力平衡程度。

注意：Φ''_m 是地表赤道正午质点相对该点势能零点而言，地球表面叠加太阳势场后，地表的势能 Φ 并不均匀，所以不能由质点相对该点势能零点的高低来比较地表质点间的势能高低。

由于赤道中午太阳势场的失重速度 u'' 相对比赤道午夜的失重速度更高，所以白天的重力相对赤道午夜降低的更多。

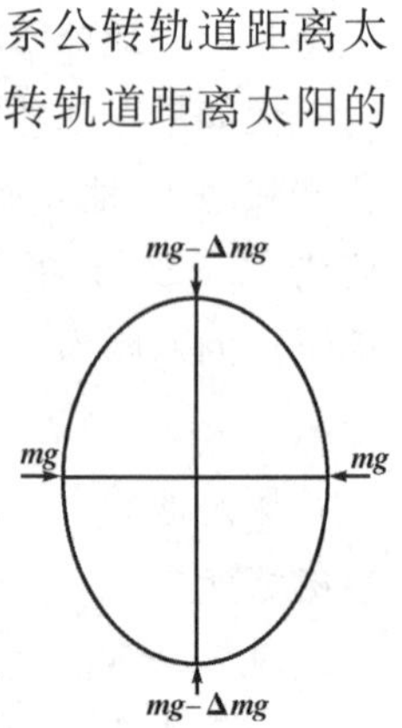

图 7.3

重力分布引起的地壳变形如图 7.3 所示。地球沿着地球质心与太阳质心连线方向被拉长，地球赤道圆周早晚的重力相对最大，而赤道昼夜正午重力相对最低，当这种拉长度很大时，星体就被撕裂。

以上是站在地球表面引力势观察的结果,如果站在太阳引力势观察,赤道中午质点的势能 Φ_m 比太阳在该点的势能 Φ'低,所以受到太阳的重力,这个重力方向与地球重力方向相反,叠加后造成赤道中午质点重力降低。

而赤道午夜质点的势能 Φ_m 比太阳在该点的势能 Φ'高,所以受到太阳的斥力,斥力方向与地球重力方向相反,叠加后造成赤道午夜质点重力降低。

如果以地球赤道圆周的质点进行比较,赤道午夜质点的势能 Φ_m 最高,赤道中午质点的势能 Φ_m 最低,为了形象表达,物质势能 Φ_m 高低用黑点尺度大小表示。实际这就是太阳引力势的叠加作用,距离太阳越远势能越高,或时间越快。

7.2 行星磁场、自转速度、公转轨道偏心率之间的关系

在地球公转运动中,地球有自转速度以及自转轴的进动,椭圆轨道以及磁场,它们之间是什么关系呢?能不能用经典物理做出解释呢?

地球质心的速度应该是经典物理的引力平衡速度 u,假设地球自转轴垂直于地球公转轨道平面,赤道向东自转线速度为 u_0,在这种情况下,地球赤道昼夜正午是距离太阳最远与最近的两点,在太阳系观察这两点的相对速度分别是 $u''=u\pm u_0$,即地球赤道昼夜正午是距离太阳最远与最近的两点相对地球质心的速度变化,$\Delta u''=\pm\Delta u_0$ 是线性变化,赤道夜里正午的速度比地球质心的速度 u 高 u_0,赤道白天正午的速度就比地球质心的速度 u 低 u_0。

如果太阳的势能变化也是对称线性的,即太阳势场在地球赤道夜里正午的势能比地心轨道势能高 $\Delta\Phi$,如果地球赤道夜里正午的质点满足引力平衡,该点达到引力平衡速度肯定应该比地球质心的速度 u 低。但以上分析可知该点的速度反而提高 u_0,所以该点受到远离太阳的不平衡力。同理太阳势场在球赤道白天正午的势能比地心轨道势能低 $\Delta\Phi$,由以上同样的分析,该点受到太阳吸引的不平衡力。由于势能变化对称线性变,这样地球在距离太阳最远与最近的两点受到的不平衡力相互抵消,地球仍保持失重状态或机械能守恒。也可以看成地球赤道昼夜正午是距离太阳最远与最近两点的势能高低相互抵消,地球仍维持在地心轨道的势能。

但太阳势场引力势能并非线性变化,经典物理万有引力定律认为按照距离势场质心的半径成反比变化,造成地球距离太阳最远点的势能升高值低于距离太阳最近点的势能降低值,使得地球的平均势能低于外界势场轨道的势能,由此可得地球在距离太阳最远与最近的两点受到的不平衡力不能相互抵消,或者造成地球各质点积分的平均效果受太阳势场的"重力"。

并且由于地球赤道昼夜正午距离太阳最远与最近两点速度的线性变化,造成地球赤道正午距离太阳最近点离心力的降低等于赤道午夜距离太阳最远点离心力的提高,但太阳势场分布按照 $\Phi=-G\cdot M/r$ 变化并不对称,地球在赤道距离太阳最远与最近的两点相对地球质心的势差不一样,造成地球受太阳势场的"重力"。自转速度越高 u_0 越大,地球

受太阳势场的“重力”越大，地球逻辑上并不满足机械能守恒，受太阳势场的“重力”，地球应该向太阳跌落。但地球并没有跌落，而是产生磁场，地磁与太阳磁场的磁力正好抵御了地球的跌落，这就产生一个经典物理不曾涉及的问题，行星产生磁场的原因是什么？真的是与引力物质运动无关的电荷产生的电磁力吗？

当地球自发状态向太阳方向跌落，地球自转应该怎么变化？如果地球自转不变，根据以上分析，地球越跌落受太阳势场的“重力”越大，这不符合热二律。因为根据热二律在自发状态下跌落，地球与太阳系统会自发向平衡态方向发展，地球受太阳的“重力”应该降低。因此如果地球跌落过程自转速度增大，“重力”反而增大，这是不可能的。因此只有一个可能，地球向太阳跌落过程地球自转速度肯定降低。

由上节 $\Delta\Phi_m' = -M_0 \cdot (U + \Delta u' - u_0)^2/2 - \Phi_0 > 0$ 代表地球在赤道午夜距离太阳最远点相对比势能 Φ_0 的提高，而 $\Delta\Phi_m'' = -M_0 \cdot (U + \Delta u'' - u_0)^2/2 - \Phi_0 > 0$ 代表赤道中午距离太阳最近点相对比势能 Φ_0 的提高，如果地球自发状态下能让 $\Delta\Phi_m' = \Delta\Phi_m''$，就可以保证太阳对赤道午夜距离太阳最远点与赤道中午距离太阳最近点的“重力”一样，赤道午夜距离太阳最远点与赤道中午距离太阳最近点的“重力”方向相反，合力为零，可以保证地球满足机械能守恒。

对于地球确定不变的公转半径，在自转线速度 u_0 不变的前提下，将上节 $\Delta u' = u' - u$ 与 $\Delta u'' = u - u''$ 代入 $\Delta\Phi_m' = \Delta\Phi_m''$，经过简单计算可得地球公转速度 $u = (u' + u'')/2$，即地球在自发状态将自动降低地球的公转速度，使其满足 $\Delta\Phi_m' = \Delta\Phi_m''$。而太阳势场在地球赤道昼夜正午距离太阳最远与最近的两点的失重速度 u'、u'' 代表这两点的势能，这就满足了赤道昼夜正午距离太阳最远与最近的两点的速度与太阳势场的势能分布同时满足线性变化。

但降低公转速度 u 仅仅是使得地球赤道昼夜正午距离太阳最远与最近的两点的“重力”一样，地球质心的公转速度降低又使得质心不满足机械能守恒，例如质心速度低于质心的引力平衡速度，离心力偏小，实际是地球质心质点的势能 Φ_m 低于外界势场的势能 Φ。而质点的相对动能可以改变质点的势能高低，地球赤道昼夜正午距离太阳最远与最近的两点相对质心的相对动能变化可以改变这两点的势能状态，例如自转速度降低可以同时提高这两点的势能，自转经过细致的微调，最终可以使得地球质心的势能与赤道昼夜两个质点势能的总和与外界的势能一样，从而达到机械能守恒。

以上是假设地球确定不变的公转半径进行的微调过程。

实际情况是当地球受太阳势场的“重力”，地球将提高质心的公转速度增加惯性离心力，相当于质心的公转速度略大于引力平衡速度，正好抵消地球受太阳势场的“重力”。公转速度略为大于引力平衡速度，就引起地球质心质点的势能 Φ_m 高于外界势场的势能 Φ，同理根据质点相对动能可以改变质点的势能的原理，这时地球就会提高自转速度，使得赤道昼夜正午距离太阳最远与最近的两点的相对势能 Φ_m 同时降低，形成地球整体的势能总和等于外界势能 Φ，从而达到机械能守恒。

所以地球宏观运动满足公转速度提高自转速度必然降低，公转速度的调整往往带来公转轨道半径的同时变化。但微观力图将赤道昼夜正午距离太阳最远与最近的两点的速度与太阳势场的势能分布同时满足线性变化，这种微调不影响公转轨道半径的变化，但会影响自转速度，实际上以上两个调整是不可区分的同一过程，在自发状态下这是地球完成机械能守恒的全过程。

而且这不是地球的个体行为，太阳系八大行星如果都满足机械能守恒状态，都应该满足这种自转分布，即越接近太阳自转速度越低。所谓满足机械能守恒就是八大行星不受外力，逻辑上不能有行星自转磁场。

只要行星自转轴垂直公转轨道平面，行星不可能达到机械能守恒状态，总是距离太阳最近的赤道正午的质点受到的“重力”大于距离太阳最远的赤道午夜的质点受到的“斥力”，行星总有跌落趋势。因此行星会改变公转速度，提高公转速度可以提高星系总体的惯性离心力，可以抵消星系的跌势，从而达到机械能守恒，当然此时的公转速度并不是经典物理万有引力定律理论计算的公转速度。

因此行星是在不满足机械能守恒的前提下，靠动态负反馈不断调整行星公转与自转的姿态，调整过程力图满足机械能守恒。行星正圆公转轨道是无法调整公转速度的，当然行星也就无法调整自转速度。如图 7.1 所示的公转速度方向与自转速度方向的行星，公转轨道必须是椭圆。

行星利用公转速度以及自转速度调整行星满足引力平衡，本质是利用行星自转惯性力与公转速度的惯性力抵消同纬度各质点距离太阳远、近日点的的引力差，赤道距离太阳远、近日点的引力差越大，行星调整自身自转速度与公转速度姿态满足引力平衡的能力越强。

由于引力与距离的平方成反比，行星公转轨道平均半径距离太阳越远，太阳在行星赤道最远与最近两点的引力差越小，很明显利用公转轨道速度以及自转速度调整平衡的有效性越低，例如达到无穷远的公转轨道就丧失了调整能力。

为了提高行星利用公转速度以及自转速度调整行星满足引力平衡的能力，行星将提高自转速度，因为自转速度代表行星利用赤道距离太阳远、近日点的自转惯性离心力调整受力状态的能力，当公转轨道平均半径增大，赤道距离太阳远、近日点的引力差变小，提高自转速度就成了利用惯性离心力调整引力平衡态的方法之一。

但总归行星公转轨道平均半径越大，行星赤道距离太阳远、近日点的引力差越小，因此利用公转速度与自转速度的效能肯定是降低的，在自发状态下势必造成行星降低利用公转速度调整引力平衡的自身姿态，因此在满足机械能守恒的状态下，公转轨道平均半径越大，椭圆偏心率越低。

并且公转轨道平均半径越大，行星利用自身自转速度与公转速度姿态调整行星的引力平衡的能力是不可改变的趋势，所以公转轨道平均半径大的行星更不容易达到引力平衡态，所以公转轨道平均半径大的行星往往磁场更强。

在不满足机械能守恒状态下，行星利用公转轨道速度与自转速度调整自身姿态，直接效果就是增加行星公转轨道的偏心率。

可以得出结论，将同等偏离引力平衡程度的行星放到不同公转轨道平均半径，距离太阳越近的行星，将会充分利用赤道远近日点太阳势场的势差增大的特点，利用行星自转与行星的公转轨道降的作用,最大限度地降低行星机械能不守恒程度,表现在椭圆偏心率大、磁场偏弱等特点。

总结以上行星满足机械能守恒的结论:

(1)公转轨道方向与行星自转方向满足图7.1所示,满足机械能守恒的轨道必须是椭圆。

(2)磁场越强偏心率相对越强,公转轨道平均半径越大偏心率相对越低。

(3)公转轨道平均半径越大自转速度相对越高。

(4)公转轨道远日点的自转速度最高,近日点的自转速度最低。

(5)公转轨道平均半径大的行星往往磁场更强。

以上是理论分析,实际情况是什么状态? 通过有关资料可以把八大行星的状态列入表7.1。

表7.1

	与太阳的平均距离/($\times 10^8$km)	质量(地球为1)	体积(地球为1)	轨道倾角	轨道偏心率	自周转期(地球为1)	磁场(地球为1)	可比性磁场(地球为1)
水星	0.579	0.05	0.056	7°	0.206	58.65	0.01	11.76
金星	1.082	0.82	0.856	3.4°	0.007	243	0	0
地球	1.496	1	1	0°	0.017	1	1	1
火星	2.279	0.11	0.15	1.9°	0.093	1	0	0
木星	7.78	317.94	1316	1.3°	0.048	0.4	19519	24.4
土星	14.27	95.18	745	2.5°	0.055	0.44	578	2.6
天王星	28.70	14.63	65.2	0.8°	0.051	0.64	47.9	2.1
海王星	44.96	17.22	57.1	1.8°	0.006	0.67	27	1.045

行星磁场是绝对值,行星的质量大小不同,行星同样的转速,质量越大磁场越强,为了比较行星之间磁场的相对强度,如果把磁场一栏除以质量一栏,就可以得出单位地球质量产生的磁场,然后再乘以自转周期一栏,就得出单位地球质量单位地球转速的磁场,这样就把绝对磁场转变为可比性磁场,即所有行星如果都以地球转速、地球质量产生磁场,它们的磁场应该多大? 这就是最后一栏的目的。

可以看出,海王星与地球的可比性磁场几乎一致,海王星之所以磁场比地球磁场强,如果以单位地球质量为标准,由于海王星的转速高,所以磁场强,考虑海王星的质量就可以算出海王星的实际磁场。

所以最后一栏是将八大行星折算为地球质量以及地球自转速度的可比性磁场。由这一栏可以看出,八大行星的自转速度总体距离太阳越近转速越慢,但同时可比性磁场越强转速越高。

由自转周期一栏可以看出,八大行星总的趋势是距离太阳的半径越小,自转速度越慢,行星公转轨道平均半径越大,偏心率越低。另外实验证明地球在近日点的自转速度低于地球在远日点的自转速度,并且公转轨道平均半径大的行星往往磁场更强。并且磁场越强偏心率相对越大。即便很强的磁场,公转轨道平均半径大的行星的偏心率相对不如同级别磁场的公转轨道平均半径小的行星的偏心率大,例如海王星与地球是同级别的可比性磁场,但海王星的偏心率相对低多了。

但从中会发现,水星与木星以及土星例外,自转速度随着距离太阳半径变小反而增大,于此对应的是可比性磁场反而增强。如何分析这一原因?正如以上分析,行星的引力不平衡是不可避免的,行星调整状态充其量使这种不平衡降到最低,但很难满足机械能守恒。因此将会向太阳跌落,在自发状态下行星为抵御跌落,将自发根据调整姿态产生磁场,行星只能靠产生磁场与太阳磁场相互作用而抵御跌落。

这就从理论与实践证明磁场并不是与行星物质无关的电荷产生的,而是直接与行星物质的运动状态有关,并且转速只是产生磁场的必要条件而不是充分条件。当行星满足机械能守恒,即便有转速也不会产生磁场。而且行星偏离机械能守恒越远,同样的转速可以产生很强的磁场,用电荷理论来证明行星磁场是不可能的。

如果把海王星同等地球的质量放在地球的公转半径位置上,在保证可比性磁场不变的情况下,实际是保证偏离引力平衡程度不变,海王星与地球现在的状态几乎一样。但由热二律可知,如果把海王星同等地球的质量放在地球的公转半径位置上,与地球同等质量的海王星在自发状态下偏离引力平衡程度将会自发降低,海王星的椭圆率将会比地球增加,自转速度降低,磁场将比地球减弱,海王星的引力平衡程度将会比地球的引力平衡程度高。

反过来如果把地球放在海王星的位置上,地球利用地球赤道远近日点太阳势场的势差作用就大大降低,椭圆偏心率肯定降低,自转速度提高,磁场更强,因为这个位置的太阳磁场很弱,地球必须更大的磁场与太阳磁场相互作用才能保证地球不跌落,引力不平衡程度反而提高。

这也正是我们逻辑所推理的结果。

如果行星自转轴相对公转轨道平面有倾角,计算虽然复杂,但概念很简单,即行星自转轴相对公转轨道平面倾角的变化可以改变行星的受力状态,自转轴的倾角变化与公转速度以及自转速度的互相配合,会使行星力图满足机械能守恒。

如果让行星自转轴方向沿着太阳半径方向,这个方向也是太阳引力方向。赤道平面垂直于自转轴或垂直于太阳的半径方向,地球公转轨道速度 u 方向与地轴垂直,很明显距离太阳最远与最近的两点的速度都是质心的引力平衡速度 u,由 7.2 节分析可知,这样造成行星的机械能守恒程度相对比行星自转轴垂直公转轨道平面提高了,如图 7.4 所示。

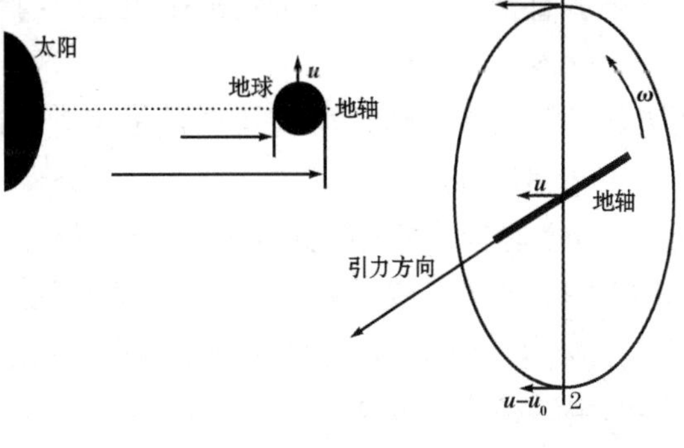

图 7.4

所以行星通过自转轴的倾角、公转速度、自转速度的互相配合就足以保证行星偏离机械能守恒程度很低。

如图 7.4 所示，把垂直地轴的赤道平面拿出来分析，该平面质心速度 u 垂直行星自转轴，1 点沿赤道圆周的切向速度 $u+u_0$ 大于行星的引力平衡速度 u，所以 1 点受到的惯性离心力大于太阳势场引力。同理，2 点沿赤道圆周的切向速度 $u-u_0$ 小于行星的引力平衡速度 u，所以 2 点受到的惯性离心力小于太阳势场引力。

这两点的不平衡力大小相等，方向相反，所以行星的引力平衡速度 u 不变，这种状态能提高机械能守恒程度。但是这两点的力不共线，形成力矩，力矩的方向力图使地轴垂直，并力图使行星引力平衡速度矢量方向与引力 $\boldsymbol{F}_0$ 方向的叉积 $u\times\boldsymbol{F}_0$ 方向与行星角速度 $\boldsymbol{\omega}$ 方向一致，所以这种状态并不稳定。这就是大部分行星自转方向总是一致的原因，用矢量表示大部分行星自转方向为

$$\boldsymbol{u}\times\boldsymbol{F}_0=\gamma\cdot\boldsymbol{\omega} \tag{7.1}$$

γ 是与上式左边计算配平的系数，γ 没有物理意义，只代表 $\boldsymbol{u}$、$\boldsymbol{F}_0$、$\boldsymbol{\omega}$ 三者之间的矢量关系。

转速结合力矩必然产生行星自转轴的进动，所以当行星自转轴与行星公转轨道相互不垂直，首先第一个效应就是进动；第二个效应就是行星调整自转轴相对公转轨道的不垂直度可以调整行星满足机械能守恒的程度。由热二律可知，当行星不满足机械能守恒，自发状态下行星具有自发调整自转轴相对公转轨道的不垂直度以达到机械能守恒，实际上行星是通过行星公转轨道相对恒星磁子午面的倾角与自转轴的不垂直度联动解决行星的机械能守恒状态。

如果行星偏离机械能守恒很大，可以预料行星自转轴与公转轨道垂直度极高。行星必然产生很强的磁场抵御引力不平衡，为了产生强磁场，行星自转速度自发提高。为了最大效率的产生磁场，行星磁场的磁轴方向也将力图与自转轴方向一致，这种方向将使行星物质的电荷性更强，产生的行星磁场更强。

从逻辑上来说，椭圆轨道引起引力年周期的变化，这种变化必然会带来地轴进动总周期还参杂着椭圆轨道的年周期扰动。

如果考虑月亮的影响，地球自转轴的进动也将发生变化，其中应该有月周期的干扰加上月亮引力引起的进动周期变化，所以地球地轴的进动周期包含总周期下叠加的年周期干扰、月周期干扰以及短期引力变化引起的周期变化。

以上就是行星磁场的强弱直接代表行星不满足机械能守恒的程度，所以外在可测效果就是偏心率与行星的可比性磁场直接相关。

行星可以通过调整自转轴与公转轨道速度以及自转速度来达到机械能守恒，所以椭圆轨道是产生磁场的必要条件，但不是充分条件。

行星自转方向满足式(7.1)是不可能消除椭圆偏心率的，但如果行星自转方向相反，行星赤道距离太阳最远质点的速度降低值与距离太阳最近质点的速度提高值更满足机械能守恒的要求，相对更容易达成机械能守恒，这种状态下的自转轴垂直公转轨道反而更有利于机械能守恒，例如金星，但这种情况很少。

知道以上这些逻辑推理，以下章节基本按照这一原理从经典物理的角度推出力学表达式。

7.3 地表势能分布引起切向力

按照7.1节图,如果赤道各点的势能 Φ_m 太阳质心与地球质心的连线左右对称分布,白天的重力相对比夜间的重力小,重力的合力方向有推动地球向太阳跌落的趋势,也就是说地球并不满足机械能守恒。

地球满足机械能守恒的方法是利用时延系数 k 改变地球质点的惯性质量 $M=M_0/k$,例如赤道午夜的 k 较大,质点的惯性质量 M 相对变小,而赤道中午的 k 较小,质点的惯性质量 M 较大。通过地轴的倾角变化、自转速度变化、公转速度变化可以改变质点距离太阳的远近调整 k 值,这样可以调整地球质点的离心惯性力,最终达成机械能守恒,为了达成机械能守恒,不排除行星自转方向反转的可能,例如金星。

调整过程如下:地表自由落体的重力 $F=M_0\cdot g=-\mathrm{d}\Phi/\mathrm{d}r$,$\Phi$ 是重力势,实际就是质点的物质势能 $\Phi_m=\Phi$,由于地表物质相对外界势能参考点的势能 Φ_m 是在变化的,在地心或两极观察地表赤道质点相对有自转圆周运动,如果沿地表赤道圆周切向圆弧位移 $\mathrm{d}L$ 做梯度可得

$$F'=-\mathrm{d}\Phi_m/\mathrm{d}L$$

如果地表赤道动系质点都按照失重速度 U 做圆周运动,由于地球圆周各点的失重速度并不一样,赤道各点地表的切向失重速度是变速运动,所以满足引力平衡失重的动系质点有圆周切向加速度。但失重速度满足机械能守恒的动系质点动能增量 $\Delta E_k=-\Delta\Phi$,Φ 是地球与太阳的引力势叠加之和,$\Delta\Phi$ 实际是失重动系相对太阳有径向运动,所以 $\Delta\Phi$ 是太阳引力势的贡献。

当满足机械能守恒,满足失重速度的圆周切向势能增量 $\mathrm{d}\Phi=-\mathrm{d}E_k$,赤道动系质点在地表引力平衡失重状态下做地表圆周运动的切向加速运动并不受力。

但地表静系赤道各质点的势能 Φ_m 并不等于引力势 Φ,所以 $\Delta E_k=-\Delta\Phi_m$ 是地球自转牵连运动对赤道各质点做功 $W_0=\Delta E_0=F'\cdot\Delta r$ 引起的动能增量,由能量守恒 $\Delta E_k=-\Delta\Phi_m=F'\cdot\Delta L$ 可得 $F'=-\mathrm{d}\Phi_m/\mathrm{d}L$。

地球自转角速度为 ω,地球作为刚体,假设地球是个正圆球,赤道相对地心的切向速度 $u=\omega\cdot r$。设 Δt_0 是地心参考点的时间,时延系数 k 可以是地表赤道各不同质点相对地心的时间加快程度。赤道质点势能 Φ_m 不同,代表相对时间 $\tau=\Delta t_0\cdot k$ 快慢不同,由式(1.6)可得赤道圆周切向圆弧运动真实速率 $u_0=u/k$。

由 $\Delta\Phi_m=-\Delta E_k=M_0\cdot c^2\cdot\ln(k)$ 可知,即便观察者观察不到视速度 u 的变化,只要时延系数 k 有变化,赤道质点的圆周运动就一定有动能增量 ΔE_k。尽管地表静系看不出速度变化,但其他参照系观察地球在运动,根据 $u_0=u/k$ 知道地球各质点有动能增量 ΔE_k,如果按照相对论的观点,可以认为动质量 $M=M_0/k$ 变化引起的动能增量,从而引起地表静止物质的势能增量 $\Delta\Phi_m$,直接效果带来静止物质的重力 $M_0\cdot g=-\mathrm{d}\Phi_m/\mathrm{d}r$ 的变化。

所以地球匀速转动赤道质点的真实速率实际是变化的。

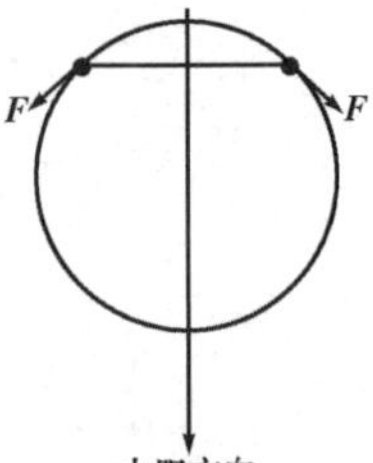

图 7.5

由于从赤道中午到赤道午夜,赤道质点的时间相对加快程度 k 越来越大,由 $\Delta E_k = -M_0 \cdot c^2 \cdot \ln(k)$ 可知,从赤道中午到赤道午夜的动能增量越来越低。所以从赤道中午到赤道午夜,赤道质点的真实速度越来越低,赤道质点有加速运动必然受力,地球赤道受力方向如图 7.5 所示。

当人们站在自由落体密封的盒子中,人们会感觉失重,似乎不受力。人们怎么知道自己受重力加速度?人们只要拿着自己的表与外界引力势在地表某一规定势能零点的固有时钟进行比较,当发现自己的表相对外界地表势能零点的表的快慢在变化,人们就知道自己与外界必有一个在加速运动,而加速运动就一定受力,然后通过逻辑演绎知道自己受到重力加速度。

同理,被地球自转牵连运动带动的地表赤道静系,人们怎么知道自己不受力?同样可以拿一块表与规定外界势能零点的表进行比较,结果发现静钟相对参考点的表的快慢在变化,人们就知道质点在加速运动并且受力,这与人们坐在自由落体的盒子里比较时钟变化一样。

所以赤道物质受切向力 F',这个切向力 F' 作用在地表赤道物质上,它的直接后果就是参与叠加地质构造运动,增加赤道的地震频度。另一个后果就是地表各质点环路切向力在太阳方向的投影之和 F_0 不为零,F_0 指向太阳。如果地球公转速度、自转速度以及地轴倾角正好合适,F_0 与地表重力之和大小相等方向相反,正好抵消,这个时候才是真正的机械能守恒,所以行星改变自转速度以及地轴倾角以及公转速度可以达到机械能守恒。

按照地球正圆公转圆周轨道,地表赤道切向力正好沿着地心与太阳质心的连线的两侧对称分布,物质受到的切向力 F' 在赤道圆周环路做功 $\mathrm{d}\varepsilon$

$$\oint \mathrm{d}\varepsilon = \oint F' \cdot \mathrm{d}L = 0$$

因此这时的地表切向力不产生力矩,地球没有自转加速度,不受力矩且失重的地球才能说地球达到机械能守恒,不需要调整自转轴、公转速度、自转速度,只有正圆公转轨道才有可能达到这个要求,例如金星的椭圆率很低,并且金星自转反向,金星更接近机械能守恒。

7.4 地表切向力环路分布与地磁

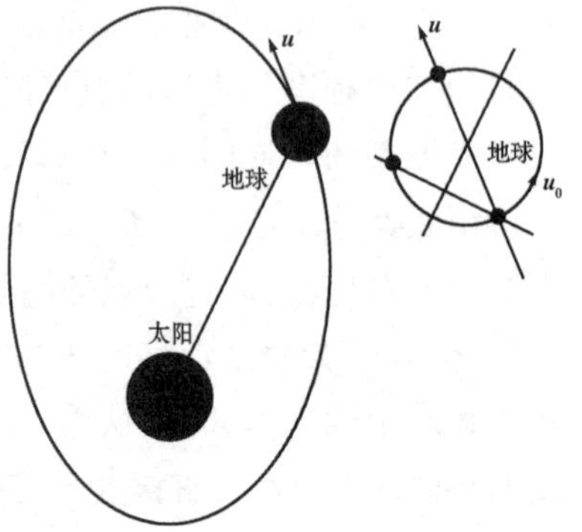

图 7.6

下面专门分析行星椭圆公转轨道的受力状态,如图 7.6 所示。把地球椭圆公转轨道任意一个位置拿出来,公转速度 u 方向如图 7.6 所示。从图 7.6 中可以看出由于椭圆运动,地球通过质心公转速度 u 方向前后两点已经不对称了,因为这两点距离太阳的远近不一样,太阳势场引起的引力平衡速度 U' 不一样,所以地球公转轨道速度 u 方向前后这两点的势能 Φ_m 肯定不相等。通过太阳质心与地心连线两侧对称质点的势能也不对称。例如图 7.6中箭头所示通过地球质心连线公转速度 u 方向的质点，这一点的公转速度 u 与地球自转线速度 u_0 垂直，而在通过太阳质心与地心连线两侧对称位置的另一个质点的公转速度 u 与自转速度 u_0 就要考虑矢量投影关系，造成连线对称两点的势能 Φ_m 不一样，所以椭圆公转轨道的地球赤道切向力 F' 找不到对称中线，必然造成赤道物质受到的切向力做功 $d\varepsilon = F' \cdot dL$ 的环路积分不为零，$\oint d\varepsilon = \oint F' \cdot dL \neq 0$，所以

$$\oint \boldsymbol{F}' \cdot d\boldsymbol{L} = M_0 \cdot \int \nabla \times \boldsymbol{f} \cdot d\boldsymbol{s} = -M_0 \cdot \int d\boldsymbol{B}/dt \cdot d\boldsymbol{s}$$

$f = F'/M_0$ 是单位质量的受力，所以

$$\nabla \times \boldsymbol{f} = -\partial \boldsymbol{B}/\partial t$$

式中，$\times$ 是矢量叉乘，由电磁学可得电场强度 E 的旋度 $\nabla \times \boldsymbol{E} = -\partial \boldsymbol{B}/\partial t$ 与 $\nabla \times \boldsymbol{f} = -\partial \boldsymbol{B}/\partial t$ 对应。$F' = -d\Phi_m/dL$ 是地表赤道物质势能 Φ_m 的圆周切向梯度，而 Φ_m 本身的径向梯度 $M_0 \cdot g = -d\Phi_m/dr$ 代表重力，而 $F' = -d\Phi_m/dL$ 代表切向力，所以磁场的变化与重力变化同步对应，星系的强磁场往往与星系的强重力场对应。

地球赤道切向力的环路合力做功 $W = \oint d\varepsilon = \oint F' \cdot dL \neq 0$ 说明地球受到力矩，地球的自转并不稳定，有角加速度，地球转动能的变化证明地球必须有相对太阳的势能变化，因为只有相对太阳的径向运动的势能的变化才会产生动能的变化，这个动能的变化还应包括转动能的变化，这就是椭圆运动的由来，同时证明椭圆运动大部分情况不满足机械能守恒，例如地球并不失重。

地球切向力的合力加上地表重力的合力之和不为零，方向指向太阳，地球如果没有外力支撑，地球将向太阳跌落。$\nabla \times \boldsymbol{f} = -\partial \boldsymbol{B}/\partial t$ 说明不满足机械能守恒的地球自转产生磁场，恰恰是地球磁场与太阳磁场相互作用形成磁场力，这个磁场力拖住地球不跌落。

所以，椭圆轨道必然会产生磁场，行星产生磁场的必要条件之一即必须有椭圆轨道。例如金星椭圆率近乎为零，所以金星地磁近乎为零。

7.5 地磁分布

地磁轴为什么与自转地轴不平行且有夹角？如果把地球环形质流看成螺线管环形电流，问题就很明显了，由于地球各质点的势能 Φ_m 不同，代表质点的相对参考点的时间快慢程度 k 不同，所以地球各质点的质量由 $M = M_0/k$ 可知是变化的，在地表势能零点参照系观察，圆周速度形成的静质量 M_0 环流，时延系数 k 较小的位置的质流大，时延系数 k 较大的位置的质流小，这相当于螺线管同样的导线截面电子密度流，但在时延系数 k 较大的地方测试电流小，而在时延系数 k 较小的地方测试电流大，这就造成磁轴相对螺线管轴线偏心。如果螺线管高度方向还有时延系数 k 的变化，就不仅是轴线偏心的问题，磁轴相对螺线管轴线还有偏转角，当然螺线管环路电流基本是均匀的。

地磁就是由以上所有这些环流产生的，时延系数 k 将引起地磁分布不对称，磁场与运动场源的场力 f_0 分布有关，实际就是与运动场源势场的时间相对快慢程度 k 的分布有关，通常认为运动场源势场的时间相对快慢程度 k 的分布是等半径等 k 值分布，即只要势场半径一样，k 值一样，一般认为沿等半径圆周对称。

实际由于地球与太阳势场之间相互影响，例如地球势场受到太阳势场的拉伸或压缩作用，地球运动场源势场靠近太阳的 k 值与距离太阳更远的 k 值分布不会一样，运动场源势场靠近太阳的 k 值应该更小一些，可以通过严格证明运动正电荷的磁场 $\boldsymbol{B}=\boldsymbol{u}_0\times\boldsymbol{f}_0'/(kc^2)$，运动场源势场相互之间影响的 k 值分布不会等半径一样，这就解释了地磁不均匀，有关磁场详见第 18 章式(18.10)的证明。

而地球恰恰是自转轴相对并不平行太阳磁子午面，由于太阳势场时间快慢的影响，地球是各质点的势能 Φ_m 既不对称也不均匀，不但同一赤道、同一纬度的质流不均匀，经度方向也不均匀，必然形成自转轴与磁轴的不一致，不仅磁轴与转轴不同心，而且地球内部磁轴未必是一条直线，两极的磁轴也未必同心。

例如靠近太阳的赤道中午的势能 Φ_m 最低，重力最小，白天的磁场一定最强。

另外在第 13 章 13.3 节将证明赤道上空半径 r_0 处将会出现地磁短程增强现象。

7.6 地磁翻转机制

通过以上分析，自发状态下行星可以达成机械能守恒，一旦达成机械能守恒，将不会自发返回到引力不平衡状态。但太阳系至少有 46 亿年，太阳系的八大行星仍然很难达成机械能守恒。

现在地磁正在减弱，并且近日点磁场最弱，说明地球正在向机械能守恒方向发展，并且最终达到机械能守恒引力平衡点的公转轨道更接近太阳方向，这说明地球在向更接近太阳方向的公转轨道跌落。

当地球跌到满足机械能守恒公转轨道，磁场为零。接着地球由于惯性冲过机械能守恒引力平衡点，继续跌落，必然引起新的时空不平衡，地表重力以及地表切向力的环路合力方向不为零，合力方向与今天反相，推动地球远离太阳。

但地球重新产生的磁场将阻止地球远离机械能守恒引力平衡点，这时磁场自然必须翻转。那时的磁场力拽着地球不被时空不平衡力踢出去，最终推动地球再向机械能守恒引力平衡点的公转轨道运动，再次到达机械能守恒引力平衡点，磁场为零。然后再次通过惯性再次冲过机械能守恒引力平衡点，合力方向与今天一样。磁场再次翻转，磁场力阻止地球偏离机械能守恒引力平衡点，并最终推动地球再次跌落到机械能守恒引力平衡点，完成一个磁场反转周期。周而复始，不仅地球，所有不满足机械能守恒的星体都有这个过程，只不过这个时间太长，几十万年以上数量级，超过人类文明史，所以被发现的很晚。

由经典物理动系在引力势的受力平衡 $\Delta E_0=\Delta E_k+\Delta\Phi$，$\Delta E_0=F\cdot\Delta r$，$F$ 是地表所有质点的重力 $M_0\cdot g$ 与地表所有质点切向力 F' 之和

$$F=\sum M_0\cdot g+\sum F'\neq 0$$

由于地球在太阳势场中运动受力 $F\neq 0$，地球并不在失重状态。

既然地磁是因为地球相对太阳势场不满足机械能守恒引起的，地磁翻转的概念简单明了，地球自发调整公转轨道与卫星自发调整高度一样，地球将向引力平衡的失重公转轨

道靠近。当地球达到失重状态,实际就是地球质点受力做功$\oint d\varepsilon = \oint F' \cdot dL = 0$,此时地磁为零,地表所有质点的重力 $M_0 \cdot g$ 与地表所有质点切向力 F'之和

$$F = \sum M_0 \cdot g + \sum F' = 0$$

由于地球有惯性,地球达到引力平衡的失重公转轨道时并不能稳定在此处,而是利用惯性冲过引力平衡点继续相对太阳做径向运动,这时地球在太阳势场中形成新的受力平衡 $\Delta E_0 = \Delta E_k + \Delta\Phi$,当然这时的地磁也跟着反相,地磁与太阳磁场相互作用拽着地球防止地球跌落或飞离。

由以上分析,当地球距离太阳的公转轨道半径大于引力平衡公转轨道的半径,地球受力指向引力平衡的公转轨道,地球实际受力 F 方向指向太阳。反之当地球距离太阳的公转轨道半径小于引力平衡公转轨道的半径,地球受力指向引力平衡点,地球实际受力 F 方向背离太阳。

所以地球相对引力平衡公转轨道做震荡运动,地球的受力 F 方向总是指向引力平衡点的公转轨道,地球受力 F 的方向与地球相对引力平衡公转轨道的径向位移 Δr 成比例关系 $f = -\omega^2 \cdot \Delta r$,$f = a$ 是地球相对太阳的径向加速度,$f = -\omega^2 \cdot \Delta r$ 正好是简谐运动微分方程,所以地磁是震荡周期翻转的。

但不要以为地球一定是向太阳跌落或远离,实际地球还是远离太阳的,因为地球的引力平衡公转轨道本身就是动态的,引力平衡公转轨道本身逐步远离太阳,而地球相对引力平衡公转轨道的径向位移 Δr 的速率远远低于地球的引力平衡公转轨道远离太阳的径向速率,正因为地球相对引力平衡公转轨道的径向位移 Δr 的速率很低,所以人们很难发现这种现象。因此地球引力平衡公转轨道远离太阳的径向速率是牵连运动,而地球相对引力平衡公转轨道的径向位移 Δr 的速率是相对运动,地球的绝对速度仍然是逐步远离太阳,只不过远离太阳的速度是脉动的,地球相对太阳的退行速度时大时小,这个退行速度的变化周期正好就是地磁翻转周期。

今天根据地磁的方向可以断定地球受力 F 方向指向太阳中心,所以地球正向引力平衡公转轨道靠近,也就是说地磁正在减弱,因此近日点的地磁较弱,远日点的地磁较强。由地表切向力 $F' = -d\Phi_m/dL$ 可知,地表赤道同样的切向位移 dL,地球转速越高 $d\Phi_m$ 越大,而由$\oint d\varepsilon = \oint F' \cdot dL \neq 0$ 可知切向力 F'做功环路积分越大磁场越强,所以根据磁场强弱判断远日点的转速一定大于近日点的转速,所以从近日点到远日点地球自转在加速,从远日点到近日点地球自转在减速,因此远日点地磁强代表重力昼夜变化大。

电荷产生磁场与上雷同,电荷本身有机械自旋,只要电荷势能 Φ_m 与外界势能 Φ 不平衡,电荷自旋就会产生自旋磁场。并且 Φ_m 与外界的势能 Φ 不平衡度越大,电荷的自旋磁场越强。电子在金属内部电场作用下做定向流动,实际就是运动电子的势能 Φ_m 与金属键的电场势能 Φ 不平衡,所以产生磁场,由于电荷体积很小,所以运动电荷的前后方不产生磁场。

电荷运动能产生洛伦兹力,引力物质同样应该产生洛伦兹力,无论星球磁场如何翻转,充其量是引力物质的电荷正、负性的翻转,不改变洛伦兹力的方向。

引力物质永远是沿着星体自转方向公转运动的洛伦兹力推动动系远离星体,反之沿

着星体自转反方向公转运动的洛伦兹力推动动系跌落。本质是当宇宙时空膨胀,引力物质沿着星体自转方向运动的时间相对同一轨道引力势的固有时间会自动加快,例如原来失重的行星与公转轨道引力势的固有时间快慢一样,但随着宇宙时空膨胀,主星体的引力减弱,但洛伦兹力并没有随着降低,从而推动行星远离主恒星。同理随着宇宙时空膨胀,沿着星体自转反方向运动的时间相对同一轨道引力势的固有时间会自动减慢,例如原来失重的行星与公转轨道引力势的固有时间快慢一样,但随着随着宇宙时空膨胀,主星体的引力减弱,洛伦兹力推动行星向主恒星跌落。尽管这个力很弱,但确实有效,直接后果是凡是沿着星体自转反方向公转运动的星体最终都将跌落。

7.7 地壳变形分析

7.7.1 重力变化幅度的分析

地球两极重力最大,但变化较小。

其次是赤道早晚的重力最大,赤道午夜的重力与赤道中午的重力较低,其中赤道中午的重力比赤道午夜的重力略低。所以赤道附近一天会发生四次重力变化,平均 6 h 变化一次。

地球相对太阳公转是椭圆运动,地球椭圆运动有相对太阳的径向位移以及相对太阳径向加速度,地表各质点的势能 Φ_m 同样有年周期的变化,这将造成重力的年周期变化,而且地球公转椭圆运动的径向运动在一年里有半年是远离太阳,有半年是靠近太阳,所以年周期必有重力变化幅度最大与重力变化幅度最小的时期。

重力变化最大的时候配合 24 h 的重力日周期,会造成地表日周期重力变化幅度最大。

从近日点到远日点地球转速越来越快,直接后果就类似于鼓蒙皮的震动频率提高,而且这个鼓蒙皮面积实际是很大的,所以尽管重力变化很小,但由于面积很大,整体作用力并不小,重力变化速度提高就像震动筛敲击着地表,会引起诸多地壳运动效应。

7.7.2 自转加速度分布

当地球从近日点向远日点运动,太阳的磁场是增加的,由于椭圆运动,地球相对太阳径向运动速度越大,磁场变化越大,这种磁场变化将引起地球垂直太阳磁场横截面内的磁场变化,从而引起沿赤道地壳的磁感应“环路电势”,这种“环路电势”将引起地壳环路切向力,从而带动地球自转加速,并且地壳半径越大,切向力越大。

当地球从远日点向近日点运动,正好与地球从近日点向远日点运动反对称,地球自转减速,所以地球自转加速度分布是沿着远近日点连线两侧对称分布。

地球相对太阳径向运动速度最大应该在距离近日点不远的时区,所以 10 月份到元月近日点之间与近日点到 3 月份之间都是自转加速度变化的区域,而另外远日点附近的 6 个月的加速度变化较小。

近日点的自转速度最低，远日点的自转速度最高，远近日点的自转加速度为零。

7.7.3 重力变化对水系的作用

由于赤道早晚重力最大，会把地表水系挤向赤道昼夜正午方向，所以地表水系沿地球质心与太阳质心连线方向呈椭圆形分布，由于赤道早晚把地表水向赤道昼夜正午方向挤压，地球早晚会发生起潮力。

如果月亮的位置与太阳的位置叠加，起潮力会很大。

重力大会压迫地壳位移，因此地下水水位也会随着重力变化而变化，赤道早晚地壳重力压迫变形最大，地下水压力最大，地下水位最高，赤道正午水位最低。

这种常规水位潮汐变化幅度同样是夏季大于冬季，月亮与太阳的叠加也会加大这个变化幅度，所以同样有年周期、月周期、日周期。

水井早晨打水很多，中午就少了，似乎是水被用得太多了，一夜不用水又多了，实际是地壳运动的结果。

7.7.4 重力变化对地壳的影响

如果地表有空洞酥松薄弱环节，一天四次的重力变化，就会发生地陷与山体滑坡等，并且地下水位越低，地陷与山体滑坡越严重。由于从近日点到远日点地球自转速度逐步提高，如果再考虑自转加速度引起的地壳切向力的影响，3 月份到 6 月份之间是地陷与山体塌方高发季节，对应 9 月份到 12 月份之间地陷与山体塌方相对很少，并且越接近赤道这种现象越严重。

自转加速主要对地震有影响，因此近日点到 3 月份之间地震频率最高。

对于地下水压较高的地区，地陷与山体滑坡较少，但由于重力变化对地下水系的压迫作用，当地下水连通面积较大，类似于一个巨大的天然水压机，即便很小的水压变化，十几平方千米的连通面积即可以产生很大的作用力，如果是百十平方千米连通面积就可能很危险了。地壳变形有可能会被大面积的水压作用鼓破，地壳也会被白天正午大面积的水压降低而被压塌，地壳是易破碎物质，径向很小的位移，配合一天四次的重力变化，再加上切向力的作用，这类地区的地震概率极高。在 5 月份到 8 月份之间虽然自转加速度不大，但重力变化幅度最大，这之间在这些地下水系大面积连通地区会频繁发生地震，并且越接近赤道越严重。

所以近日点附近前后两个月的地震应该是自转加速度的破坏，这是地壳切向力很大引起的。而远日点附近前后两个月的地震是地壳上下位移“狂颠型”地震。

其实从远日点向近日点运动也有对称的重力变化，但由于重力变化是逐步降低而不是增加，强度从高到低逐步降低，所以薄弱地带都在 7 月至 8 月之前发生，到了远日点以后一般都是经过考验的地质变化，所以相对稳定。

8　粒子相互之间感受力场的条件

8.1　长程力场不感受短程力场

为了说明这个问题,可以先从热二律说起,由式(4.2)热二律可得

$$\Delta S = W(1/\Phi_m - 1/\Phi) = W[(\Phi - \Phi_m)/(\Phi_m \cdot \Phi)] = W[\Delta\Phi_m/(\Phi_m \cdot \Phi)] \geqslant 0$$

该式说明一个现象,当两个有各自势场力程的粒子相互作用时,总是势能 Φ 高的粒子对势能 Φ_m 低的粒子做功 W,而绝不可能相反。例如重力做功,重物获得的动能实际就是外界引力势的势能差 $\Delta\Phi$ 提供的能量。

什么叫势能 Φ_m 低？就是粒子的时间相对比外界势场的时间慢,如果两种有各自势场的粒子相互之间不论距离远近,总是其中一种粒子的势能低于另一种粒子的势能,那么这种势能低的粒子将永远不可能对势能高的粒子做功。

也可以这样解释,时间相对较快的粒子感觉不到时间较慢的粒子的势场作用力,但时间较慢的粒子能感觉到时间较快粒子的场力。

由第4章热二律得出长程力粒子的时间相对比短程力粒子的时间快,所以式(4.2)热二律的含义是长程力粒子不感受短程粒子的作用,但短程粒子感受长程力粒子的作用,所以热二律非常明确是长程力势场对短程力势场做功。而长程力属于弱作用粒子,短程力粒子属于强作用粒子,所以式(4.2)热二律的另一个含义是弱作用粒子不感受强作用粒子,但强作用粒子感受弱作用粒子。

中性粒子之所以感觉不到电磁场的原因是电荷单位质能的力程相对中性粒子单位质能的力程小得多。

力程的概念是什么？例如引力势有其固有的时间分布,但时间快慢分布的势场时空范围很大,很小的时间快慢变化就涵盖很大的时空范围,在很大的时空范围测量时间快慢的变化几乎微乎其微,所以引力势场近乎绝对时空。在机械能守恒状态下,当物质粒子以很小的时间快慢变化就足以跨越很大的时空范围,例如第一宇宙速度范围内的空间有多大？对应的时间快慢变化有多大？

这就是力程的概念,引力物质属于长程力。

当长程力物质在短程力的势场中,短程力势场的时间快慢分布收缩在很小的空间范围,而长程力势场空间覆盖了短程力的势场空间,被覆盖的短程力物质在运动中始终在长程力的力程之中,能感觉到外界的长程力势场。而空间远远覆盖短程力势场之外的长程

力物质在运动过程中能感觉到有短程力势场吗？

由于短程力粒子的势场没有延伸覆盖到长程力粒子的势场之外，在长程力粒子势场之外没有可判断短程力粒子的势场的势能高低，长程力粒子如何判断短程力粒子的势能高低？长程力粒子的外界没有短程力势场，就无法判断长程力粒子的运动方向，长程力粒子向外界什么方向跌落呢？

中子本身实体尺寸并不大，当中子在电势中运动，中子的引力势范围远远超出电场范围。当长程力粒子覆盖相对短程势场绰绰有余，长程力粒子只能感觉到短程势场空间的整体大小对长程力粒子势场空间的伸缩程度造成的影响。

当短程力粒子在长程力势场中运动，短程力粒子是被当成一个集中质点受长程力的场力而运动的。因此当长程力势场远远覆盖短程力势场，长程力粒子势场实际是把短程力粒子势场当成一个集中粒子看待，而不是当成一个能影响长程力粒子的势场看待。所以当长程力粒子势场远远覆盖短程力粒子势场，相当于在长程力势场中塞进一个有时间快慢的粒子质点而非一个能影响长程力粒子的势场，这相当于把长程力粒子与短程力粒子这两个粒子看成一个整体系统，充其量是影响整体系统的相对势能 Φ_m 或影响整体独立系统时间快慢，两个粒子组成的整体系统的势能 Φ_m 相对外界肯定有影响。

例如，在平板电容器中产生静电场，组成电容器的重物不感觉静电场，但静电场一定会使得平板电容器的重量发生变化。

例如，当中子在电势场中运动，由于电势场被中子的引力势场远远覆盖，甚至出现中子跑出电场的作用力范围，中子势场的有效空间仍覆盖电荷势场的作用范围，而在中子运动过程中电荷势场从高位势到低位势的总势能始终被中子的势场所覆盖，中子根本不可能感觉到电势的变化，即便中子跑出电场的作用范围，中子的势场仍覆盖电场。所以中子感觉不到由电荷物质产生的电磁场，但电荷物质可以感觉到引力物质的势场以及磁场，这就是物理学中发现强作用粒子参与弱作用，而弱作用粒子不参与强作用的根本原因。

作为一种极限状态，如果粒子的势场与粒子实体尺度大小一样，这种粒子实际就是短程力的一种，当短程力粒子进入长程力粒子的势场范畴，就会出现如下情况：短程力粒子受到长程力粒子的势场作用而发生动能变化，当然短程力粒子受到外力。而长程力粒子由于在短程力粒子的作用力场之外，所以感觉不到短程力粒子的势场存在，当然感觉不到作用力，必然会打破牛顿力学“作用与反作用”定律，这种情况确实存在。

例如，已知电子受到引力场的作用，这是实验事实。当电子进入中子的引力场，尽管中了的引力很小，逻辑上电子同样受到中子的引力。但电子在进入中子引力场的过程，无论电子距离中子远近，中子的势场覆盖电子整个势场空间，中子只能感觉到电子势场空间的整体对中子势场空间整体的伸缩造成影响，这种影响充其量是中子与电子作为统一的整体而对外界产生的影响。

其实地球与月亮之间的关系也是这样，时空膨胀让月亮的时间加快，所以月亮远离地球。地球的时间也在加快，但地球的引力场覆盖月亮的势场，人们从不说地球向月亮的哪个方向运动，因为没有这个概念。但人们会说地球与月亮的共同质心远离太阳，为什么地球运动方向以太阳势场为标准而不以月亮势场为标准？因为覆盖地球势场之外就是太阳势场,地球能够根据本身的时间快慢判断应该向外界太阳势场的哪个方向运动,但无法根据月亮的势场判断地球真实的运动方向。

8.2 反作用力定律定义域

由于长程力粒子不感受短程力场,短程力粒子能感受长程力势场,造成势场的场力不满足牛顿反作用定律。

例如,正、负电荷静质量能感觉地球的引力,但无论电场力多强,实物质粒子都感觉不到电场的存在。

没有电荷与地球之间的引力大小相等,方向相反的概念。

而磁场是运动场源的势场产生的,所以顺带短程力粒子能感受长程力势场产生的磁场,但长程力粒子不感受短程力势场产生的磁场。

例如,实物质粒子不感受电磁场,但正、负电荷都感受地磁。

9 能量的本质

9.1 能量变化就是时空畸变

在6.2节证明经典物理的物质动能增量 $\Delta E_k = -\Delta\Phi_m = \frac{M_0 \cdot u^2}{2} + M_0 \cdot u' \cdot u$ 与物质的势能 $\Delta\Phi_m$ 或时间加快程度 $k = A \cdot \beta + (1-\eta\beta^2)^{1/2}$ 对应，而物质的时间加快程度或时延系数 k 代表物质时空状态的相对变化，物质都携带势场时空，物质的势能 Φ_m 或时间加快程度 k 是物质势场的时空状态在物质质心的表现，并最终以物质能量的形式 $\Delta E_k = -\Delta\Phi_m$ 表现出来。

物质之间不仅以刚体接触相互机械作用改变物质的能量状态，当物质在外界势场时空中运动，物质还将与外界势场时空发生作用改变能量状态，例如磁场与洛伦兹力就是物质与外界势场时空发生作用。

宇宙时空是由物质势场时空相互重叠组成的，当物质能量发生变化，物质势场的时空将发生伸缩畸变，例如物质的时间快慢变化，所以能量的变化就是时空畸变。

广义相对论虽然没有给出物质能量与物质的时空畸变的对应关系，但广义相对论预言物质能量决定时空畸变毋庸置疑是正确的。

但由于广义相对论并没有给出物质能量与物质的时空畸变 $k = A \cdot \beta + [1-\eta\beta^2]^{1/2}$ 的对应关系，以至于人们至今没有得出行星磁场与椭圆轨道偏心率、自转速度之间的关系。广义相对论很抽象且并不完全准确的概念来解释椭圆轨道的进动，显得玄学味十足，而狭义相对论确实出现了许多概念性错误，例如狭义相对论的动钟相对观察者慢就是概念错误。

9.2 能量守恒的本质是什么？

由式(2.1)外界输出能量

$$\Delta E' = M_0 \cdot c^2 \cdot \ln(K)$$

因此可用 K 值代表系统的特性，$K<1$ 代表输出能量的系统，$K>1$ 代表获得能量的系统。同理由式(2.1)系统 K_0 从外界 K 获得能量

$$\Delta E_0 = M_0 \cdot c^2 \cdot \ln(K_0)$$

外界 K 与系统 K_0 构成孤立系统,孤立系统能量增量总和为零

$$\Delta E_0 + \Delta E' = 0$$

经过对数运算,可得能量守恒的本质是

$$K \cdot K_0 = 1$$

能量守恒的本质是输出能量系统的时间加快程度 K 与获得能量系统的时间加快程度 K_0 满足 $K_0 \cdot K = 1$,系统获得能量 $\Delta E_0 > 0$,系统的时间相对必然加快,$K_0 > 1$。外界失去能量,外界的时间相对必然减慢,$K < 1$。这就是能量守恒的本质。

如果宇宙还有另一种高智慧人类,他们不必向地球人那样取许多物理名词解释自然,而是直接把时间看成物质,当需要输入能量,直接说需要加快时间加快程度 K_0,当然输出能量的能源单位直接用时间减慢程度 K 代表产出。

凡是时间减慢都有尺缩,这说明物质密度增加与时间减慢是同义词。其物质远离地表就是物质之间相互远离引起时钟加快,分子间距离增加必然时间加快,反过来密度增加时间减慢。

例如,炭的燃烧就是氧分子与碳原子的氧化生成二氧化碳放出热量,碳原子与氧分子燃烧前是分离的,在某种标准状态下(例如同一温度、同一压力)靠机械压缩碳原子与氧分子不可能达到同一标准下二氧化碳共价键将碳原子与氧分子结合在一起的物质密度,所以二氧化碳的密度远远高于氧分子与碳原子在一起的平均密度,即二氧化碳的时钟一定比把氧分子与碳原子压缩在一起的时钟慢,凡是放出热量的化学反应物相对化学反应前的物质一定是时间减慢效应。

当人类燃烧能源获得能量,实际是就是对能源物质的时间快慢进行调整,并放出热量。

动能系统虽然也使系统的时间减慢,但动能并没有失去能量,而是把能量存储在系统中,动能有可能把能量转化为系统的时间加快,势能提高,例如动能可以把重物提高。

例如,光子的产生,辐射光子是因为电子能级降低,电子越接近原子核,电子的时间减慢,这与引力物质的特性一样,所以辐射光子的分子系统的时间是减慢的。

另外分子热核聚变提高物质密度,释放大量的能量,都会使恒星系统不断地输出能量,当然恒星系统的聚合分子的时钟时间在减慢,时钟越慢重力越大,失去能量的聚合分子具有跌落趋势,跌落的过程就是物质密度增加的过程,这些失去能量具有跌落趋势的高密度分子结合在一起,会在初期形成恒星的黑子。恒星的黑子越多,说明恒星的时间越慢或越重,黑子实际是黑洞的雏形。

当恒星能量逐步失去,整个恒星系统的时间减慢到一定程度,整个恒星系统的物质都具有跌落趋势,当恒星内部压力无法支撑外部跌落的物质,于是发生坍缩,发生坍缩的过程实际是分子势能降低动能增加,动能的增加必然带来时钟减慢,只不过这种时间减慢并不辐射热量,而是把能量存储在分子坍缩过程的分子动能中,所以坍缩的过程就是恒星时间急剧减慢的过程,由于恒星时间减慢,代表恒星整体受星系中心黑洞的“重力”增加,恒星星体本身必然有向星系中心跌落的趋势,所以恒星坍缩还有恒星向星系中心跌落的运

动。以上是坍缩原理。

坍缩过程分子的动能增加，当恒星坍缩到一定程度，随着恒星密度的增加，分子之间剧烈碰撞程度逐步增加，分子速度快速降低，动能释放，动能转化为分子的势能，分子的时间被加快必然降低重力，甚至恒星物质会飞离恒星，所以坍缩恒星末期外观会有膨胀或爆炸过程。

当恒星系统整体的时间被加快，如果质量不大的恒星，恒星坍缩相对程度受限制，加上恒星物质总量不大，死亡恒星膨胀形成光线暗淡的巨红星，分子物质动能转化势能过程仅仅是使死亡的恒星进行最后的苟延残喘。

以上过程实际是“物质保持原有时钟状态的惯性”的具体形式，当恒星坍缩，时间减慢，恒星力图抗拒大量物质分子的时间快速减慢，因此恒星后期形成巨红星的膨胀过程使得恒星时间加快，从而减缓恒星的时间减慢程度，表现在小质量恒星坍缩过程的公转轨道变化不剧烈，并能最后稳定在新的引力平衡的轨道上。

但是如果恒星质量巨大，恒星辐射能量巨大，恒星整体的时钟减慢程度也大，坍缩过程非常剧烈，恒星坍缩过程的密度剧烈增加。由以上的分析过程，恒星坍缩造成大量物质分子动能的剧烈增加，加速恒星的时间减慢过程，但整个过程只是存储能量而不是释放能量，恒星剧烈坍缩到极限状态的过程不但聚合反应让大量物质分子时钟的时间减慢，这个过程把能量储存在分子的动能，而且恒星中心物质被压缩成黑洞，恒星原有引力势的时钟场将被黑洞引力势的时钟场重新分布，黑洞时钟场总体平均时间更慢，同时大量恒星物质的分子动能也会因互相碰撞而降低，动能将转化为热量与势能，动能转化为热量与势能的过程就是星体时间加快的过程，当恒星物质时间被迅速加快，坍缩物质的时间被加快到远超过黑洞引力势的固有时间分布，这些时间被相对加快的物质力图与黑洞引力势半径更大、时间更快的轨道达成一致，这些物质外观会剧烈的被超新星核心黑洞弹出，这就是超新星爆炸原理。

所以超新星整体从坍缩到爆炸期间的星体公转轨道变化也是剧烈的，急速坍缩意味着星体分子密度快速增加以及动能提高，星体总体时间快速减慢，同时超新星公转轨道快速向星系中心跌落。但之后由于超新星爆炸意味着星体的密度快速降低以及势能提高，星体时间加快迅速，超新星会快速远离星系中心向时间相对更快的方向飞奔，所以超新星外观会被所在星系快速弹出。由惯性定律“物质保持原有时钟状态的性质叫惯性”，超新星为了抑制星体的时间加快，超新星会向外释放能量，释放能量必然会使时间减慢，从而减缓超新星时间加快的程度，最终会稳定在星系某一半径的轨道。

所以超新星爆炸整个过程也是“物质保持原有时钟状态的性质”的具体惯性表现，整个过程从坍缩、爆炸、释放能量都是为了抑制星体时钟的快速变化，超新星公转轨道的跌落与弹出的震荡过程实际就是惯性定律的结果。

10 系统能量与时间同步变化原理及物质产生

10.1 原子受激辐射原理

由系统 K_0 从外界 K 吸收的能量公式 $\Delta E_0 = M_0 \cdot c^2 \cdot \ln(K_0)$ 可得，外界 K 与系统 K_0 之间相互传递能量，外界 K 与系统 K_0 之间的时间加快程度满足 $K \cdot K_0 = 1$。$K \cdot K_0 = 1$ 是能量守恒的最本质的表达方式，时间的物质性具有物理可视性，表现在能量守恒，逻辑上根本无须再重新定义能量，直接使用时间快慢概念即可。

为什么系统能量变化与系统时间快慢的变化有关？时间是时空概念，物质质能是能量概念，这不等于说物质是由时空转化而来的吗？物质到底是怎么产生的？这是物理学界最头痛的问题。

为了分析引力势与电场势是怎么产生的，首先分析电子能级跃迁过程吸收与辐射光子的过程，电子能级跃迁有质能与光子能量的转换过程，这对宇宙初始质能与实物质质能的转换有触类旁通的启发作用。

设原子系统电子基级轨道运动满足机械能守恒，势能零点设在无穷远，由式(2.1)～式(2.4)可得

$$0 = \Delta E_k + \Delta \Phi = -M_0 \cdot c^2 \cdot \ln(k) + M_0 \cdot c^2 \cdot \ln(k_0)$$

当电子在此基础上再接受一个光子的能量 $E = m \cdot c^2$ 跃迁到更高位势能轨道，原子系统获得能量 $m \cdot c^2$，电子的时间将加快或轨道势能将提高 $\Delta \Phi$。

为了计算方便，可以将光子质量 m 换算成电子静质量 M_0 的百分比 $m = M_0 \cdot b$，$m \cdot c^2 = M_0 \cdot b \cdot c^2 \cdot \ln(K_0)$ 作为外界输入给电子的能量，所以

$$m \cdot c^2 = M_0 \cdot b \cdot c^2 \cdot \ln(K_0) = M_0 \cdot b \cdot c^2 \cdot \ln(e) = M_0 \cdot c^2 \cdot \ln(e^b)$$

由于光子质量相对电子质量很低 $b \ll 1$

$$K_0 = e^b \approx 1 + b > 1 \tag{10.1}$$

所以即便电子吸收光子能量 $m \cdot c^2$ 全部转换为势能 $\Delta \Phi_0 = M_0 \cdot c^2 \cdot \ln(K_0)$，电子受激跃迁轨道带来的时间最大加快程度 $K_0 = e^b \approx 1$，原子外层时空近乎绝对时空。

电子受激跃迁轨道应该在什么能级才具有可行性？自发状态下电子由高位势向低位势跌落过程中的势能为 Φ_m，由式(4.3)可得

$$\Delta S = \Delta S'' + \Delta S' = W(1/\Phi_m - 1/\Phi) \geqslant 0$$

所以 $\Phi_m \leqslant \Phi$，这意味电子在跌落过程中的势能 Φ_m 相对比跌落过程中所在外界势场

的势能 Φ 低,电子并不失重,而是受到"重力"有跌落趋势,电子受激跃迁轨道很不稳定,电子由满足机械能守恒的基级轨道 $\Phi = \Phi_m$ 跃迁到不满足机械能守恒 $\Phi_m < \Phi$ 的高位轨道。

电子跌落的过程也是恢复到基级轨道的过程,系统向外界 K 抛出光子的能量 $E = m \cdot c^2$。以上逻辑演绎过程说明电子接受光子后跃迁到不满足机械能守恒的高势位轨道上,造成电子受到原子核正电场的"重力",自发跌落到基极轨道。

用时间与能量的关系解释,电子接受外界能量 $m \cdot c^2$,所以电子获得时间加快程度 K_0,使得电子的时间加快,电子的时间加快表现在势能升高。当电子向外界输出能量 $m \cdot c^2$,系统输出能量必然时间减慢,所以轨道回落。

电子跌落时甩出电磁质能 $m \cdot c^2$,电磁质量 m 并不是具有静质量 M_0 的实物质的特性。由于高位轨道电子的势能 Φ_m 比外界的势能 Φ 低,必然造成电磁物质 m 被电子高位轨道甩出瞬间的势能 Φ'_m 比所在外界势场的位势 Φ 低,所以被电子甩出的电磁物质 m 同样受"重力",外界正电荷势场必然对其做功 W,光子在运动过程满足热二律式(4.2)

$$\Delta S = W(1/\Phi'_m - 1/\Phi) \geqslant 0$$

所以电磁物质 $m \cdot c^2$ 肯定在自发状态下存在被加速到光速的过程,尽管人们不知道这个过程如何实现,但知道光速是被电子甩出的电磁物质跌落过程自发达到终极的极限状态,这个极限状态应该保证在光子与外界相互之间不具有做功能力,这是热二律要求的极限状态。

由热二律可知自发朝着终极发展的极限状态应该是熵增最大值,这说明被电子甩出的电磁物质在自发跌落过程达到熵增式(4.2)所满足的最大值 $\Delta S = 0$。这只有一种可能,就是被电子甩出的物质的势能 Φ'_m 正好等于外界正电荷的电势 Φ,只有电磁物质的势能 Φ'_m 始终与外界势场的势能 Φ 保持一致,物质的时间快慢始终与外界势场的时间快慢保持一致,物质满足失重状态就达到了平衡态,这时式(4.2) $\Delta S = 0$。

这个过程可以理解为电子跌落时甩出具有电磁质能 $m \cdot c^2$ 的物质受力向低位势跌落,跌落到电子基级轨道的位置正好达到式(4.2) $\Delta S = 0$ 的状态,这时被电子甩出的物质 m 达到光速。

即电子在基级轨道从外界获得光子而跃迁到高位势,反过来光子必须在电子基级轨道以光速返回到外界,这样才能保证光子回到外界不给电子留下任何"做功痕迹",这意味着被电子甩出的电磁物质 m 在被外界加速过程有个势能降低的过程。

"光子与外界构成孤立系统 $\Delta S = 0$ 是熵增最大值,由热二律孤立系统 $\Delta S \geqslant 0$,自发状态下光子绝不可能向低于平衡状态的 $\Delta S < 0$ 方向发展,所以光子的时间快慢始终与当地外界势场的时间快慢保持一致。"

因此应该证明光子始终与外界势能保持一致的过程。

以上推理光子具有时间,即便光子把能量 $m \cdot c^2$ 全部转化为电子的势能 $\Delta\Phi = M_0 \cdot c^2 \cdot \ln(K_0)$,式(10.1) $K_0 = e^b$ 也达不到能级相差太大的高位势的相对时间快慢程度。所以光子动能 $m \cdot c^2$ 能给电子带来的最大时间加快程度 $K_0 = e^b$ 对应的受激跃迁轨道 $\Delta E_0 = \Delta E_k + \Delta\Phi$ 是唯一的,因此光子的吸收与发射有一定自然规律所约束,这与宏观引力势连续势能有所区别。

10.2 宇宙初始产生实物质 M_0 的原理

以上分析符合宇宙初始产生实物质 M_0 的原理。

设宇宙初始所谓“时空奇点”应该是由真空能物质 m 组成的高密度物质，虽然源于相对论“时空奇点”的概念未必正确，但膨胀时空实验证明宇宙初始最起码相对今天的时空收缩度很大。由于某种原因，高度收缩的时空中的真空能物质 m 被激发产生相变，质能为 $m \cdot c^2$ 的真空能物质转化为实物质质能 $M_0 \cdot c^2 = m \cdot c^2$，这相当于宇宙初始时空输出能量 $m \cdot c^2$，类似于电子向外界辐射光子 $m \cdot c^2$，宇宙初始释放能量，本宇宙初始的时间相对减慢，宇宙初始将会相对某参考点能级跌落，这与电子输出能量 $m \cdot c^2$ 能级跌落没有任何区别。

但是宇宙是孤立系统，没有“外界”，因此无法向外界输出能量 $m \cdot c^2$。如果真空能可以将能量 $m \cdot c^2$ 转化为实物质 $M_0 \cdot c^2$，真空能将能量 $m \cdot c^2$ 转化为实物质 $M_0 \cdot c^2$ 的速度也是光速，类似于电子甩出电磁物质 $m \cdot c^2$，区别仅在于被电子甩出电磁物质 $m \cdot c^2$ 没有转化为实物质，但逻辑上符合热二律，因此时空中可以产生物质。质能形式并不重要，逻辑上与电子辐射光子分析一样。

质能本身并不代表能量，例如真空能 $m \cdot c^2$ 转化为 $M_0 \cdot c^2$，既没有动能变化也没有势能变化，$M_0 \cdot c^2$ 就是一个静止的实物质粒子，没有能量转换的概念，充其量是物质形式的转换。只有质能的时间发生相对变化才有能量的流动，表现形式就是粒子 M_0 必须有动能与势能的变化。

所以真空能物质 $m \cdot c^2$ 本身的能量应该用时间的相对快慢程度表示才有可能成为能量，例如真空能物质的能量 $\Delta E_0 = m \cdot c^2 \cdot \ln(K_0) = m \cdot c^2 = M_0 \cdot c^2$，这里 $K_0 = e$。

真空能物质 $m \cdot c^2$ 转化为实物质 M_0，实物质系统 K_0 获得的能量必然是 $\Delta E_0 = m \cdot c^2 \cdot \ln(K_0) = M_0 \cdot c^2$，而转化过程仅仅是真空能物质 $m \cdot c^2$ 与实物质 M_0 的不同物质形式转换，肯定实物质质能与真空能相互转换的条件不同。

借鉴电子辐射光子把物质 $m \cdot c^2$ 全部转换为光子的动能 $E_k = m \cdot c^2$，电子辐射光子为寻找宇宙初始实物质 M_0 的过程提供了思路。

如果实物质 M_0 系统的时间快慢相对真空能 $m \cdot c^2$ 的时间快慢降低到 $k = 1/e$，结果实物质 M_0 系统的时间被减慢，并让宇宙初始实物质的速度达到光速，这应该就是宇宙初始由时空产生物质的基本原理。

按照电子辐射光子的程序与步骤，分析物质产生过程如下：

(1)电子势场时空携带质能真空能物质 $m \cdot c^2$，并把质能 $m \cdot c^2$ 甩到系统之外，这相当于系统输出能量，电子时间减慢，电子轨道降低。

同理，宇宙初始时空携带真空能物质质能 $m \cdot c^2$，并把质能 $m \cdot c^2$ 甩出来转换为实物

质 M_0，这相当于宇宙初始在时空场中输出能量 $m \cdot c^2$，时空中少了一部分物质，于是在时空中产生一个失去真空能物质的“空洞”。

时空是物质的具体表现就在于时空本身就是真空能 $m \cdot c^2$，这并不是说真空质能 $m \cdot c^2$ 必须是能量，而是真空质能 $m \cdot c^2$ 有时间快慢才有能量概念，所谓“时空的具体物理表述就是时间与空间”，失去能量意味着失去时空，所以“空洞”内部的质能被取走，代表“空洞”内的时间与空间减少，具体表述就是时间减少称时间减慢，空间减少称尺缩，“空洞”内的时间就这样被减慢了。

宇宙初始时空作为外界 K 与实物质系统 M_0 组成孤立系统，总能量不变，所以外界时空输出的能量 $\Delta E'$ 加上实物质系统 M_0 能量 ΔE_0 总和为零

$$\Delta E_0 + \Delta E' = 0$$

外界时空输出能量 $\Delta E' = m \cdot c^2 \cdot \ln(K) = -m \cdot c^2 < 0$，经过对数运算可得 $K = 1/e$。

外界时空失去质能 $m \cdot c^2$ 却产生时间相对加快程度 $K = 1/e$ 的“空洞”，由于“空洞”内的时间相对比“空洞”外部的时间慢，这种时间快慢差就是能量差，由时间与能量的关系可得“空洞”内的能量比“空洞”外部的能量低。

如果以外界输出能量为负值，“空洞”原本属于外界时空的一部分，“空洞”内部相对“空洞”外部是负能，所以“空洞”可称作“负能空穴”。“负能空穴”内的能量损失就是 $-m \cdot c^2$。

以上分析建立在能量与时间的同步转换关系上。

(2)电子时空把电磁质能 $m \cdot c^2$ 甩出系统之外，电磁物质光子达到光速，光子的动能 $m \cdot c^2$，电磁物质的时间快慢降低到电子吸收光子的基级轨道时间。

同理宇宙初始时空失去质能 $m \cdot c^2$ 就地转换为实物质 $M_0 \cdot c^2$，这相当于电子时空甩出的电磁物质 $m \cdot c^2$，实物质 M_0 与真空能物质 m 仅仅是代表物质形式不同，但质能 $m \cdot c^2 = M_0 \cdot c^2$ 概念是统一的。因此实物质 M_0 有动能，且动能就是被宇宙初始甩出去物质的质能 $m \cdot c^2 = M_0 \cdot c^2 \cdot$，$\Delta E_k = -M_0 \cdot c^2 \cdot \ln(k) = M_0 \cdot c^2$，实物质 M_0 本身就在“负能空穴”内，实物质的时间相对真空能时空的时间加快程度是 $k = 1/e$，与“负能空穴”内时空的时间加快程度 $K = 1/e$ 一致。实物质 M_0 被陷在外界时空“负能空穴”势阱内，即粒子 M_0 势能正好在势阱底部

$$\Delta \Phi = M_0 \cdot c^2 \cdot \ln(k_0) = -M_0 \cdot c^2$$

宇宙初始时空失去质能 $m \cdot c^2$ 的“负能空穴”尺度与转换为实物质 M_0 粒子的尺度一样，“负能空穴”与实物质 M_0 粒子空间互相重叠，“负能空穴”的能量损失 $m \cdot c^2$ 正好等于实物质质能 $M_0 \cdot c^2$，如果把外界“负能空穴”与实物质粒子 M_0 合在一起看成孤立系统，质能没有损失 $m \cdot c^2 = M_0 \cdot c^2$，粒子总能不变 $\Delta E_k + \Delta \Phi = 0$。

宇宙初始时空“负能空穴”与粒子实物质 M_0 系统界线分明，界线之内既有“负能空穴”时空，又是物质粒子 M_0 所在空间，二者重合。界线之外是真空能高位势，属于典型的“垂直竖井”概念。粒子界限内正好是势阱，物质 M_0 粒子原地不动就跌落了，其跌落后动能就是 $M_0 \cdot c^2$，所以宇宙初始产生粒子瞬间物质 M_0 就是光速。

只要有时间快慢的同步转换，质能 $m \cdot c^2$ 才有可能成为能量，以上分析建立在宇宙初始真空能有时间相对快慢，真空能转换为实物质后，由能量与时间的同步转换关系，实物质所在“负能空穴”的时间被减慢了，真空能与实物质有了时间快慢差，才有能量的产生。

“负能空穴”势阱相当于电子输出能量后时间减慢或轨道降低，实物质 $M_0 \cdot c^2$ 相当于真空能转换为光子，互相对应。

如图 10.1 所示，原来都是密度均匀的时空，或密度均匀的时空真空能，如黑色。由于时空中的真空能物质 m 被甩出转为实物质 M_0，形成“负能空穴”，中间空白的部分就是时间相对减慢的“负能空穴”，代表这一部分真空能损失了。

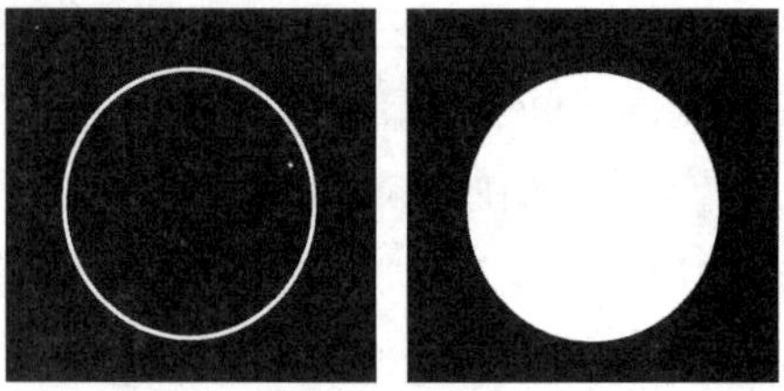

图 10.1

宇宙初始的引力势阱产生了，无穷远点的势能零点就是初始粒子界线之外，势阱底部就在粒子界线之内，势阱深度为

$$\Delta\Phi = \Delta E' = -M_0 \cdot c^2$$

时间减慢必然带来势阱内“尺缩时延”，“负能空穴”内外之间的真空能密度不一致，这是造成时间快慢不一致的根本原因。以上就是系统能量与时间同步变化的原理，外界时空失去能量必然产生时间减慢的“负能空穴”势阱，实物质获得动能必然获得时间加快程度为 $k = 1/e$ 的势能或把时间加快程度储存在动能中。

逻辑上电子辐射光子有同样的过程，电子势场的时空物质就是真空能，电子满足机械能守恒的概念应该理解为电子势场时空的真空能密度与原子核电场背景的时空真空能密度一致，或二者的时间相对快慢一致。

当电子不满足机械能守恒，代表电子的时间相对电子所在轨道的电场的时间快慢不一样，时间快慢不一样必有尺缩不同，实际代表二者时空的真空能密度不一样，电子势场时空分布的真空能密度与原子核电场背景的真空能密度不一致。电子本应利用时空伸缩功能自动调整轨道，向卫星那样变轨。实际上卫星的变轨也需要能量的变化，例如发射小火箭等。所以电子也需要能量的变化来调整轨道，释放部分真空能就是调整真空能密度，释放真空能就产生“负能空穴”，“负能空穴”降低电子势场的真空能密度，表现在“负能空穴”内时间减慢，减慢程度正好是能级轨道时间快慢差，与以上分析稍有区别是电子甩出去的真空能 $m \cdot c^2$ 没有转化为其他物质。电子势场失去物质真空能 $m \cdot c^2$ 产生的“负能空穴”被时空快速膨胀抹平，因此光子就是真空能物质，时空具有嵌套性，真空能粒子之间的时空可以互相重叠，例如光子可以互相重叠而无须考虑实物质那样的有界物质之间的互相挤压，所以光子的自旋为 1 的整数倍。

宇宙初始时空真空能产生“负能空穴”势阱的物理意义是宇宙初始为了降低真空能密度，所以宇宙初始时空产生物质的原因应该是真空能密度超过相变临界点，于是发生相变降低真空能密度，相变的结果就是质能的转换。

以上证明并不涉及具体的质能形式，公式中没有出现具体的场力实验定律系数，如介电常数或引力常数，只要有质能粒子，就存在势场时空，因此以上推理适于所有势场，区别仅在于粒子的势能选取,因为粒子在势场中的势能与粒子受到的场力方向有关,实际就是势场时空梯度的方向有关。

(1)宇宙初始实物质粒子从产生那一天起就是微型黑洞,初始原初粒子由于是没有原子空间的实体,相互结合的致密度极大,可能远远今天的黑洞概念,属于原始最基本粒子概念,今天如果有这种黑洞应该是致密度超大。

(2)由于初期力程短,势能梯度或引力很大,宇宙初期原初微型黑洞迅速积聚形成超大的黑洞,所以宇宙应该是先有黑洞而后有星系更合理!

10.3　宇宙膨胀与引力势

由"物质保持原有时钟状态"的惯性定律,由于宇宙初始时空产生物质的瞬间,"负能空穴"的时间瞬间减慢,时空系统具有"保持原有时钟状态"的能力。系统力图保持时间快慢不变的可能方法是把实物质 M_0 再相变返回真空能物质 m,这可以直接抑制时间的快慢变化提高真空能密度。

另外由热二律可知自发状态下"负能空穴"将力图与"负能空穴"界面之外的时间快慢保持一致,"负能空穴"的时空膨胀提高真空能密度可以降低"负能空穴"内外之间的时间快慢差,或真空能密度更趋于均衡,势能梯度降低,这相当于抹平"凹凸不平"的时空不平坦度,时空更加平坦,从而降低膨胀力度,使得膨胀越来越慢。

由第 4 章热二律的例 1 分析可知,"负能空穴"的势能时空是不均匀的,半径越大时间相对越快,由热二律可得"负能空穴"从内到边界的膨胀力度并不一样,半径越小势能越低膨胀力度越大,"负能空穴"最外层边界的膨胀力度最低。而膨胀的目的是促使"负能空穴"内外"凹凸不平"的时空越来越平坦,这实际等于"负能空穴"势能最低位势的时间快慢向最外层边界的时间快慢靠近,而"负能空穴"最外层边界的时间相对更接近边界之外的时间快慢,所以"负能空穴"从内到外膨胀的平均效果是时间越来越快。

"负能空穴"势阱膨胀后损失的真空能负能总和 $M_0 \cdot c^2$ 不变,如果势阱膨胀后永远是宇宙初始产生的孤立粒子,这个粒子将永远被压缩在势阱底部,经典物理称引力奇点,实际引力势中心不是引力奇点,势阱中心奇点位置永远是时间减慢程度 $K = 1/e$,孤立的实物质粒子永远是光速。

但粒子的初始势阱引力较大,会吸引实物质粒子,例如两个粒子互相吸引在一起,由于势阱引力奇点被各自粒子占据,形成两个粒子都落不到对方的势阱中心引力奇点,而引力势半径越大时间越快,由于受到相邻粒子势阱半径增大时间加快的影响,结果是两个粒子的时间都相对较快,而且两个粒子的质心位置的时间在逻辑上就是两个紧密粒子的平均时间,造成两个粒子质心位置的时间梯度为零,引力奇点消失。

物质积聚越多,势阱底部的势能提高或势阱深度变浅,势阱底部时间加快程度增大,时空越平坦,这就是今天的引力势。如图 10.2 是宇宙初始"负能空穴"膨胀后到现在引力势的势能变化曲线。

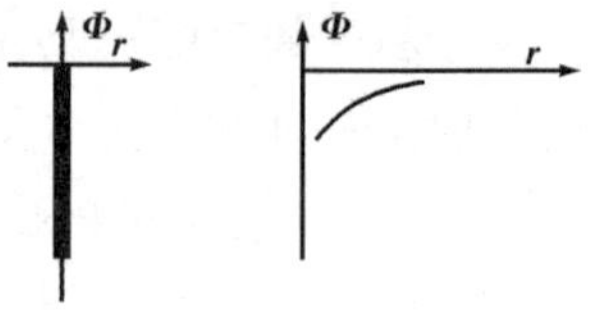

图 10.2

图 10.2 中宇宙初始"负能空穴"的真空能近似均匀分布，如果用 ρ' 表示"负能空穴"的真空能密度，宇宙初始"负能空穴"内的真空能密度 ρ' 近乎为常数。势场时空膨胀后的引力势的真空能分布很不均匀，如果用真空能密度 ρ' 表示，很显然引力势半径越大真空能密度 ρ' 越大，无穷远势能零点的真空能密度 ρ_0 最高，实物质粒子势场的真空能密度 ρ' 分布就是时间快慢的分布。

但实物质具有实质量 M_0，惯性很大，膨胀力度低于时空的膨胀力度，因此实物质并不像时空膨胀力度那么大，结果造成势能时空脱离实物质，形成今天以实物质质量 M_0 为中心的引力场。

所以宇宙初始时空有一个快速膨胀过程，目的是减缓宇宙时间快慢引起的"时空不平度"，近代物理理论称宇宙爆炸。

由于实物质粒子在宇宙初期都是光速，随着宇宙膨胀，物质的相对动能降低，如果以宇宙初始势阱为势能零点，实物质从外界时空获得能量 $M_0 \cdot c^2$，由能量守恒可以得出

$$E_0 = m \cdot c^2 \cdot \ln(K_0) = M_0 \cdot c^2 = E_k + \Phi_m$$

E_0 是宇宙初始时空输入给粒子的能量，参考点是宇宙初始实物质，$K_0 = e$ 代表宇宙初始真空能的时间比宇宙初始实物质的时间快 e 倍，动能 $E_k = -M_0 \cdot c^2 \cdot \ln(k)$ 代表实物质 M_0 运动时延系数 k 具有减弱输入能量的加快程度，$\Phi_m = M_0 \cdot c^2 \cdot \ln(k_0)$ 代表实物质的时间相对宇宙初始实物质的时间加快程度 k_0，在宇宙初始瞬间 $\Phi_m = 0$，所以实物质动能 $E_k = M_0 \cdot c^2$。

结论：宇宙早期的势能梯度或引力较大，宇宙初始星系形成速度比今天大得多。

10.4 势能与势能密度

宇宙初始时空在产生实物质 M_0 粒子"负能空穴"之前原始的真空能 $\Phi_0 = A_0 + m \cdot c^2$，$\Phi_0$ 实际是"负能空穴"界面之外时空的真空能，产生实物质 M_0 粒子之后的"负能空穴"内少了一部分能量 $m \cdot c^2$，"负能空穴"内剩余的真空能 $A_0 = \Phi_0 - m \cdot c^2$。

所以产生实物质前后在"负能空穴"内的真空能增量

$$\Delta\Phi_m = A_0 - \Phi_0 = -m \cdot c^2$$

$\Delta\Phi_m$ 恰恰是由时空中产生实物质 M_0 粒子前后的势能增量，这个势能增量全部转化为粒子的动能 $E_k = M_0 \cdot c^2$。

由宇宙初始粒子的动能增量 $\Delta\Phi_m = A_0 - \Phi_0 = -M_0 \cdot c^2$，正好与 $\Delta\Phi_m = -\Delta E_k$ 对应，$\Delta\Phi_m$ 是"负能空穴"所含真空能少了，由此可以找到外界势场势能 Φ 的物理概念。粒子的势能增量 $\Delta\Phi_m$ 正好是实物质 M_0 粒子"负能空穴"势场空间所含真空能的变化，所谓物质的势能 Φ_m 本质是实物质 M_0 粒子"负能空穴"时空范围所含真空能的多少。

设"负能空穴"的初始体积为 V_0，可以设想如果外界势场充填进"负能空穴"的真空能

正好等于“负能空穴”的真空能损失 $M_0 \cdot c^2$，“负能空穴”被外界势场的真空能填平，这相当于“负能空穴”质能 $M_0 \cdot c^2$ 所占有的空间 V_m 正好覆盖外界势场等质能 $m \cdot c^2 = M_0 \cdot c^2$ 的空间 V_0。或者“负能空穴”单位静质量所含的真空能 Ψ_m 与外界势场单位真空能质量所含的真空能 Ψ 相等

$$\Psi_m = \Psi$$

在这种状态下，“负能空穴”在外界势场中运动，“负能空穴”所含外界势场真空能的变化正好满足 $\Delta\Psi_m = \Delta\Psi$，正好满足机械能守恒。反之“负能空穴”与外界势场单位质量空间所含的真空能不相等 $\Delta\Psi_m \neq \Delta\Psi$，不满足机械能守恒，根据这个物理概念寻找势能的计算方法以及万有引力定律的证明。

很明显如果外界势场充填进“负能空穴”的真空能不等于“负能空穴”的真空能损失 $M_0 \cdot c^2$，根本不可能满足机械能守恒。

假设宇宙初始的真空能密度均匀分布，即便“负能空穴”真空能密度不是均匀分布，也可以通过均值计算将真空能密度按均值分布，“负能空穴”界面之外的真空能密度为 ρ_0，设“负能空穴”的初始体积为 V_0，宇宙初始“负能空穴”界面内的真空能密度 $\rho' = A_0/V_0$，“负能空穴”界面内的质能密度

$$\rho_m = \rho_0 - \rho' > 0$$

所以“负能空穴”界面内的实物质 M_0 粒子的实物质质能

$$M_0 \cdot c^2 = \rho_m \cdot V_0$$

由于时空膨胀，实物质粒子的“负能空穴”逐步演变为现在的实物质引力势 Φ，引力势真空能密度 ρ' 不是均匀分布，半径越大真空能密度 ρ' 越大，引力势无穷远的真空能密度 ρ_0 最大。

引力势不同位势的体积微元为 dV_m，引力势的负能总和应该是实物质 M_0 粒子的质能 $M_0 \cdot c^2$，所以

$$M_0 \cdot c^2 = \int \rho_m \cdot dV_m$$

为了在物理概念上分析方便，可以把粒子势场在膨胀过程中按照满足粒子运动过程势能增量 $\Delta\Phi_m$ 的原则，把粒子势场不均匀分布的真空能密度 ρ' 分布经过某种算法“均值”为真空能密度均匀分布且界限分明的“负能空穴”势阱状态，也就是让宇宙初始真空能密度均匀分布的“负能空穴”在膨胀过程中始终保持真空能密度均匀的界限分明的“均值”体积 V_m。由引力势均值转换的“负能空穴”真空能密度 ρ' 保持均匀分布，并且保证引力势的“负能空穴”的负能总和

$$M_0 \cdot c^2 = \rho_m \cdot V_m$$

式中，ρ_m 是实物质粒子势场的平均质能密度，V_m 是实物质粒子势场空间的均值体积，如果 V_m 是实物质粒子的可视实体积，ρ_m 就是实物质粒子的可视体积 V_m 的实物质质能密度。如果不考虑满足势能增量 $\Delta\Phi_m$ 的原则，$M_0 \cdot c^2 = \rho_m \cdot V_m$ 的均值具有任意性，实际运用中可以根据需要确定实物质粒子的均值体积 V_m。

这样做的最大好处是由“负能空穴”膨胀而来的实物质引力势场范围初始的真空能总

和 A_0 在运动中保持不变,实物质“负能空穴”在外界势场中运动,外界势场向实物质“负能空穴”充填进来的真空能就是势能

$$\Phi_m = \rho \cdot V_m$$

ρ 是外界势场的真空能密度,只要 Φ_m 把实物质“负能空穴”界内损失的真空能 $M_0 \cdot c^2$ 正好补回来填平,实物质在外界势场中就满足机械能守恒。

ρ 代表外界势场的时间快慢,所以 ρ 是外界势场的空间 r 的函数。

因为经典物理的势能是相对概念,宇宙初始“负能空穴”内的真空能 $A_0 = \Phi - m \cdot c^2$,Φ 是宇宙初始“负能空穴”界面处的势能,“负能空穴”界面实际就是引力势无穷远势能零点 $\Phi = 0$,而实物质势场的负能总和始终是质能 $M_0 \cdot c^2$,所以宇宙初始“负能空穴”留下的真空能为

$$A_0 = -M_0 \cdot c^2 \tag{10.2}$$

这可以使分析变的简单明了,以上 $M_0 \cdot c^2$、ρ_m、ρ'、A_0、V_m 是实物质 M_0 粒子本身的时空特性。

实物质引力势场范围初始的真空能总和 A_0 在运动中保持不变,实物质粒子势场的真空能密度 ρ'在膨胀过程是怎么加快的呢? 如果把粒子势场空间视为界限分明真空能均匀分布的“负能空穴”势阱状态,粒子势场的时空膨胀越大,引力势的均值体积 V_m 越大,由 $M_0 \cdot c^2 = \rho_m \cdot V_m$ 可得粒子势场的平均质能密度 ρ_m 越低,所以粒子势场的真空能相对平均密度为

$$\rho' = \rho_0 - \rho_m \tag{10.3}$$

ρ_0 是引力势无穷远的真空能密度,可以看出实物质粒子的时空膨胀度越大必然 ρ_m 越低,粒子势场的平均真空能密度 ρ'越大,而粒子势场的真空能平均密度 ρ'代表粒子的势能或时间相对快慢,所以实物质粒子势场的时空膨胀 $\Delta V_m > 0$ 最终反映在粒子的势能升高。

因此粒子势场的平均真空能密度或势能密度 ρ'才是造成粒子时间加快的原因,逻辑上即便粒子没有时空膨胀,只要能让粒子的势能密度 ρ'变化,照样可以改变粒子的势能。

人们没必要知道真实的真空能密度 ρ',逻辑上可以设定界面之外的无穷远的势能密度 $\rho_0 = 0$,$\rho' = \rho_0 - \rho_m$ 是粒子势场的相对真空能密度,根据相对真空能密度 ρ'的变化,照样可以算出粒子的相对时间的快慢。粒子势场时空膨胀度越大,质能密度 ρ_m 越低,粒子势场的相对真空能平均密度 $\rho' = \rho_0 - \rho_m$ 越接近粒子势场无穷远的真空能密度 ρ_0,粒子势场时空越平坦。

经典物理是从引力势无穷远为势能零点观察行星与物质运动,引力势无穷远的时间相对比势场有限半径位势的时间快,无穷远是引力势时间最快的位置,因此由 $\rho' = \rho_0 - \rho_m$ 得出时空膨胀度 $\Delta V_m > 0$ 越大,粒子势场的平均时间越接近无穷远的时间,由此得出粒子势场的时间加快,宇宙的时间正在加快。

但只要时空膨胀,实物质势场与宇宙背景时空的真实真空能密度肯定降低,这其实很好办,只要证明实物质势场无穷远的势能密度是降低就可以了,第 16 章将证明实物质势场无穷远的势能密度以及宇宙背景时空的真实真空能密度。

可以用经典物理浮力概念类比对以上进行对比,浮力概念是水对物体的浮力等于物

体在水中体积排水量的重量,结合浮力场原理对引力场进行经典物理概念的类比总结。

设物体全部浸在水中,物体的体积是 V_0,水的重度是 γ,水对物体的浮力是排水体积 V_0 内对应的重量 $\gamma \cdot V_0 = M \cdot g$,而物体的重度是 γ_0,物体重量是 $M_0 \cdot g = \gamma_0 \cdot V_0$,仍以重力方向为正,物体受力为

$$F = \gamma_0 \cdot V_0 - \gamma \cdot V_0 = M_0 \cdot g - \gamma \cdot V_0$$

如果物体的重度与水的重度一样 $\gamma = \gamma_0$,物体合力为零。

当物体本身就是水物质,正好属于物体合力为零。同样重量 $M_0 \cdot g$ 的水物质体积 V_0 与等量外界水的体积一样。

但水物质的重度以及体积可以被人为改变,例如被压缩的水或体积膨胀的冰,压缩水或冰的体积将由常态 V_0 变为 V_m,无论压缩水还是冰的重量不变

$$\gamma \cdot V_m = \gamma_0 \cdot V_0 = M_0 \cdot g$$

与此对应浸没在水中的压缩水或冰的受力为

$$F = \gamma_0 \cdot V_0 - \gamma \cdot V_m = M_0 \cdot g - \gamma \cdot V_m$$

或

$$F/g = \rho \cdot V_0 - \rho \cdot V_m = M_0 - M \tag{10.4}$$

式(10.4)说明压缩水或冰在被浸没的水中受力,受力 F 大小与压缩水或冰相对外界"失重"体积 V_0 的伸缩 ΔV_m 有关,当体积收缩受到"重力",当体积膨胀受到浮力。而且当压缩水或冰在外界水中运动,外界水压会发生变化,外界浮力场与压缩水或冰同样重量 $M_0 \cdot g$的水量体积 V_0 也将发生变化。例如海洋不同深度的水质量 M_0 的体积 V_0 是深度的函数。只要同样重量 M_0 的压缩水或冰的体积 V_m 与外界力场 V_0 一致,压缩水或冰就不受力,这种运动状态称作机械能守恒。

如果以势能表示

$$E_0 = \Phi - \Phi_m = \rho \cdot V_0 - \rho \cdot V_m$$

或

$$\Delta E_0 = \Delta\Phi - \Delta\Phi_m = \Delta(\rho \cdot V_0) - \Delta(\rho \cdot V_m) \tag{10.5}$$

$\rho = \gamma_0 \cdot h$ 就是外界势场的势能密度,以上形式与引力势没有丝毫的差别,外界势场的势能密度肯定空间 h 的函数,势能密度代表外界势场时间的快慢分布。

实际上实物质在外界势场中物理原理与浮力概念雷同,式(10.4)$\rho \cdot V_m$ 代表在浮力场中的物质排水量 V_m 所含外界力场的质量 M,而在引力场代表物质体积 V_m 所含外界力场的质能 $M \cdot c^2$。式(10.4)$\rho \cdot V_0$ 代表外界力场体积 V_0 所含外界力场的质量 M_0,而在引力场代表外界体积 V_0 所含外界力场的质能 $M_0 \cdot c^2$。

在引力场当 $V_m = V_0$,代表 $M = M_0$。在引力场当 $V_m = V_0$,代表 $M \cdot c^2 = M_0 \cdot c^2$。

在浮力场当 $V_m \neq V_0$,代表 $M \neq M_0$,式(10.4)代表浮力场的运动物质受力。

在引力场当 $V_m \neq V_0$,代表 $M \cdot c^2 \neq M_0 \cdot c^2$,代表引力场的运动实物质受力。

在引力场当 $V_m = V_0$,代表物体与外界力场达到平衡态,如果外界 V_0 发生伸缩,物体的惯性造成物体的形变跟不上外界的变化,会造成物体的 $V_m \neq V_0$,所以物体将由平衡态转为受力态。在引力场代表黑洞附近时空膨胀,物质体积 V_m 跟不上外界势场 V_0 的变化,结果黑洞附近大量的星系跌落。

当浮力场由不同密度的介质组成时,例如油水界面清晰可见,当物体 $V_m > V_0$ 上浮,经

过界面由于外界 V_0 发生变化,会发生界面效应,例如加速度变化等。在引力场代表地球发射探测器脱离地球引力界面或脱离太阳系界面,都会发生界面效应。

在浮力场当 $V_m > V_0$ 时代表浮力场中物体浮起,如果物体的体积自发状态会自发收缩 $V_m < V_0$,物体最终会达到平衡态,例如冰块物质在浮起过程最终会变成与外界浮力场 V_0 一样的水。在引力场代表星体向引力场中心跌落,并自发寻求引力平衡态。在星系向黑洞跌落过程最后的平衡态是黑洞视界,届时星系的极限速度就是光速。当黑洞之间互相向对方跌落过程中,由于黑洞的时空膨胀度较大,最终会造成黑洞之间达成双黑洞或多黑洞平衡态,甚至黑洞由于时空膨胀度较大,不排除大质量黑洞之间的跌落可能会发生被反弹的现象。

在浮力场中,物体在平衡点附近会发生震荡。同理行星在引力平衡轨道附近同样会发生震荡,并引起磁场翻转。

势能概念是力场的点函数概念,是受力特性派生出来的点函数,第 16 章根据以上原理证明了万有引力定律。

10.5 质能守恒在宇宙膨胀中的作用

由以上计算可知,引力势半径越大势能密度 ρ' 越大,引力势的时间越快,这应该是客观真实可判断的基础。但宇宙初始"负能空穴"内剩余的真空能 A_0 不会因实物质的伸缩而变化,当实物质的时空膨胀,必然导致粒子真实的真空能平均密度 $\rho' = A_0/V_m$ 是降低的,就无法保证宇宙的时空在加快。

很显然"负能空穴"膨胀而来的实物质势场自身的势能 Φ_m 肯定是升高的 $\Phi_m > A_0$,现在要做的就是如何在物理概念上证明"负能空穴"膨胀必然势能升高。

实物质势场自身的势能 Φ_m 如何变化呢?例如电子吸收光子,电子的静质能 $M_0 \cdot c^2$ 没变,但毋庸置疑电子自身的真空能 Φ_m 增加了,而电子的时空体积增加得不多,因此电子真空能平均密度 $\rho = \Phi_m/V_m$ 提高,所以电子的能级跃迁。

由式(6.13)$\Delta\Phi_m = -\Delta M \cdot c^2$ 可知,实物质的势能升高 $\Delta\Phi_m > 0$,必须伴随质量的变化 $\Delta M < 0$,这部分质能 $\Delta M \cdot c^2 < 0$ 转化为实物质势场的势能 $\Phi_m = \Delta\Phi_m + A_0 > A_0$,从而提高实物质粒子真实的势能平均密度 $\rho' = \Phi_m/V_m$。粒子的静质能 $M_0 \cdot c^2$ 没变,但粒子的相对质能转化为势能,转化的过程粒子势场的负能总和仍是 $M_0 \cdot c^2$,粒子相对静质能仍是 $M_0 \cdot c^2$,这就是物质的势能变化源于物质质能的原因。

但无论质能如何转换,由质能守恒 $M_0 \cdot c^2 = E_k + \Phi_m$ 可知必须保证引力势的负能总和始终是 $M_0 \cdot c^2$,保证在相对静止状态下人们观察实物质的静质量仍是 M_0,这就是质能守恒 $M_0 \cdot c^2 = E_k + \Phi_m$ 的物理意义。所以当实物质势能升高 $\Delta\Phi_m = -\Delta M \cdot c^2 > 0$,粒子势能必然 $\Phi_m > A_0$,所以实物质粒子势场的平均势能密度 $\rho' = \Phi_m/V_m$ 大于宇宙初始"负能空穴"真空能密度 A_0/V_0。

但经典物理是相对势能的概念，由质能守恒以及式(6.13)得出实物质宇宙初始“负能空穴”转化为今天引力势的势能 $\Phi_m = \Delta\Phi_m + A_0$。实物质粒子在外界势场中运动，实物质粒子在外界势场的势能变化为 $\Delta\Phi_m$，证明过程是实物质粒子本身的质能转换 $\Delta\Phi_m = -\Delta M \cdot c^2$，并没有考虑外界势场的影响。同理实物质粒子在外界势场中运动，外界势场势能变化 $\Delta\Phi$ 同样与实物质的势能变化 $\Delta\Phi_m$ 没有任何关系。

质能守恒关系引起的能量转换属于相对质量概念，人们根本观察不到相对静止物质的质能转换关系 $\Delta\Phi_m = -\Delta M \cdot c^2$，观察相对静止物质的静质能不变。但人们直观看到的是粒子在外界势场中运动的势能变化，因此必须从外界势场的角度观察粒子的势能升高，而非简单用质能转换概念。

由势能增量 $\Delta\Phi_m$ 是实物质 M_0 粒子势场空间所含真空能的变化，例如人们观察不到地球的质能转换，但人们能观察到地球在太阳势场的势能变化 $\Delta\Phi$，并由此得知地球的势能 $\Delta\Phi_m$ 也在变化。人们知道地球势场空间所含外界太阳势场的真空能变化 $\Delta\Phi_m$ 就是势能增量。

真空能本身就是时空，真空能密度不均匀就是势场。由势能增量 $\Delta\Phi_m$ 是实物质势场空间所含真空能的变化观点，因此直接计算物质势场空间所含外界势场的真空能变化就是势能增量。

以上证明在逻辑上只要求物质的势能密度 ρ' 与外界势场的势能密度 ρ 进行比较，由此确定物质相对外界势场的时间快慢，从而确定粒子的受力状态，根本无须势能的概念。

所以当 $\Delta\Phi \neq \Delta\Phi_m$ 时只有一种结果，实物质粒子的势能平均密度 ρ' 与外界势场的势能密度 ρ 不一致。

设实物质的静质能为 $M_0 \cdot c^2$，当实物质的体积等于外界势场引力平衡的体积 V_0，达到失重态。并且这时一定满足

$$M_0 \cdot c^2 = \rho \cdot V_0$$

即外界势场充填到实物质体积内的势能 V_0 正好是实物质的静质能 $M_0 \cdot c^2$。

当实物质的体积相对 V_0 伸缩为 V_m，实物质体积 V_m 内所含的外界势场的质能

$$\rho \cdot V_m \neq M_0 \cdot c^2$$

当实物质体积收缩 $\rho_m \cdot V_m < M_0 \cdot c^2$，实物质向低位势跌落或受重力。当实物质体积膨胀 $\rho_m \cdot V_m > M_0 \cdot c^2$，实物质向高位势方向运动或受斥力。

而且可以明显发现实物质受力的原因，当实物质势场时空收缩 $V_m < V_0$，实物质势场的质能均值密度 $\rho_m > \rho_0'$ 增大，ρ_0' 是实物质与 V_0 对应的质能密度，物质势场的相对平均势能密度为

$$\rho' = \rho_0 - \rho_m < \rho_0 - \rho_0' \tag{10.6}$$

这说明当实物质的时空收缩，真空能密度相对降低，相对势能降低，时间减慢。当实物质的时空膨胀，真空能密度相对提高，相对势能升高，时间加快。

至此证明外界势场的势能密度 ρ 可直接计算实物质的势能

$$\Phi_m = \rho \cdot V_m$$

$$\Delta\Phi_m = \rho \cdot \Delta V_m + V_m \cdot \Delta\rho$$

当实物质粒子在外界势能变化,粒子的势能增量 $\Delta\Phi_m=\Delta\rho\cdot V_m+\rho\cdot\Delta V_m$,当粒子在外界势场运动,$\Delta\rho>0$ 代表外界势能密度增加,显然只有粒子向外界势场半径增大方向运动才有可能 $\Delta\rho>0$。而当粒子向外界势场半径增大方向运动,粒子的时空是膨胀 $\Delta V_m>0$,所以粒子向外界势场半径增大方向运动的势能增量 $\Delta\Phi_m>0$,至此把实物质粒子的势能变化机制由粒子本身的质能守恒原则延伸到粒子在外界势场的运动。

上式可表示为

$$\mathrm{d}\Phi_m/\mathrm{d}V_m=\rho+V_m\cdot\mathrm{d}\rho/\mathrm{d}V_m>0$$

由 $M_0\cdot c^2=\rho_m\cdot V_m$ 定义的均值体积 V_m 具有任意性,只要令 V_m 的尺度满足经典物理特定条件下实物质实际的相对势能 $\Phi_m=\rho\cdot V_m$,可直接以外界势场的势能密度 ρ 作为实物质粒子的势能依据 $\Phi_m=\rho\cdot V_m$,由此计算的势能增量 $\Delta\Phi_m$ 准确无疑。

势能密度代表时间的相对快慢,由热二律可知物质与外界在自发状态下具有自动将其调整到 $\rho'=\rho$ 的能力。物质利用尺缩效应,通过调整速度大小,可以控制物质势场的空间膨胀度,即不同的速度以及速度变化可以有不同的 $\mathrm{d}\rho/\mathrm{d}V_m$。而外界势场 ρ 是客观存在的,利用物质速度不同,同样的外界势能空间跨度 $\Delta\Phi$ 可以有不同的 $\mathrm{d}\Phi_m/\mathrm{d}V_m$,从而获得不同的势能增量 $\Delta\Phi_m$。

例如,地球在外界的太阳势场中运动,地球势场空间覆盖的空间含有太阳势场的势能,地球第一宇宙速度涵盖范围内的地球势场空间每一处都有太阳引力势的势能 Φ_i,设 ρ 是外界太阳势场的势能密度,$\mathrm{d}V_m$ 是地球势场分布的空间体积微元,地球势场空间所涵盖太阳引力势的势能就是地球的势能

$$\Phi_m=\sum\Phi_i=\int\rho\cdot\mathrm{d}V_m \tag{10.7}$$

ρ 是外界太阳势场空间位势的真空能密度,而 $\mathrm{d}V_m$ 是地球势场空间体积微元,为了计算方便,地球在太阳势场的势能可表述为均值 V_m 形式

$$\Phi_m=\rho\cdot V_m \tag{10.8}$$

ρ 是地球质心所在空间轨道位置的外界势场的势能密度,V_m 是地球按照实际势能 Φ_m 计算的均值体积,显然满足 $\Phi_m=\rho\cdot V_m$ 的均值体积 V_m 仍满足

$$M_0\cdot c^2=\rho_m\cdot V_m$$

尽管物质的势能 Φ_m 与物质的质能 $M_0\cdot c^2$ 是两个相互独立的不同的物理概念,式(10.8)把实物质的质能守恒与实物质在外界势场的势能 Φ_m 有机地联系在一起,为计算势能 Φ_m 提供了理论依据,本质仍是物质势能源于物质的质能。

外界势场中任一点都有势能 Φ,当实物质粒子在外界的均值体积 V_m 正好等于满足机械能守恒的均值体积 V_0,实物质单位静质量的体积为

$$v_0=V_0/M_0$$

外界势场单位静质量的势能用 Ψ 表示

$$\Psi=\Phi/M_0=\rho\cdot v_0 \tag{10.9}$$

实物质 M_0 粒子单位静质量的均值体积 $v_m=V_m/M_0$,实物质 M_0 粒子单位质量势场空间所涵盖外界的势能

$$\Phi_m / M_0 = \Psi_m = \rho \cdot v_m \tag{10.10}$$

什么叫物质的势能与外界的势能一致？当实物质 M_0 粒子单位质量均值体积 v_m 与外界势场单位质量的体积 v_0 一致，$\Psi_m = \rho \cdot v_m$ 与外界单位质量的势能 $\Psi = \rho \cdot v_0$ 一致，$\Psi_m = \Psi$，$v_m = v_0$ 就是机械能守恒的空间几何意义。

当 $v \neq v_0$ 时，物质的势能 $\Psi_m \neq \Psi$，这时物质在势场中一定受力，经过如此等效转换，就把物质时间的相对快慢用物质的均值体积或尺子的相对伸缩表示。

经典物理观察星系在外界引力势中运动，通常把参照系设在外界，把星系看成在外界引力势中运动的动系，原因是如果把参照系选在星系，静系观察不到自己的运动，将无法计算星系的动能 E_k，也就无法计算星系的势能 Φ_m 与受力。

而式(10.8) $\Phi_m = \rho \cdot V_m$ 给出了静系观察外界势场相对运动引起静系的势能增量计算方法，从而无须再把参照系选在外界势场，只要外界势场的势能密度 ρ 扫过静系，静系就知道自身的势能增量 $\Delta\Phi_m$，从而知道自身的动能增量 ΔE_k。

以上证明说明，在势场中运动的静系观察相对静止物质的势能 Φ_m 必须是真实增量 $\Delta\Phi_m$，质能转换 $\Delta\Phi_m = -\Delta M \cdot c^2$ 仅仅是相对概念，因此实物质势场在时空膨胀过程中必须充填外界的真空能物质 $m \cdot c^2$，充填量正好是物质在外界势场运动的势能增量 $\Delta\Phi_m = -\Delta M \cdot c^2$。

11 正、负电子的产生

11.1 正电子的产生

宇宙初始瞬间产生实物质粒子 M_0，由以上分析宇宙初始带有引力势粒子的时间快慢变化太大，时空畸变度过大引起宇宙极速膨胀。为了抑制产生实物质势阱时间减慢过快引起的时空膨胀过大，宇宙初始会自动产生能抑制宇宙时间变化速度过大的粒子方法。

如果有一种方法能把产生引力势阱的物质 M_0 再变回时间相对较快的真空能，使得粒子势场空间的时间平均减慢程度降低，既可以减缓宇宙初始瞬间产生势阱的时间快慢变化程度，又可以抑制时空膨胀程度，因此必须分析这种方法产生粒子的可能性。

宇宙初始半径为 r 的实物质 M_0 粒子的"负能空穴"势阱总负能正好是 $-M_0 \cdot c^2$，如果再将半径为 r 的等量质能的实物质 $M_0 \cdot c^2$ 相变返回到真空能 $m \cdot c^2$，因为真空能 $m \cdot c^2$ 物质就是时空，再将这部分半径为 r 的真空能 $m \cdot c^2$ 时空填充到半径为 r 的"负能空穴"，由于在数量上真空能 $m \cdot c^2$ 与"负能空穴"时空中的负能 $-M_0 \cdot c^2$ 相等，"负能空穴"时空中的负能 $-M_0 \cdot c^2$ 正好被真空能 $m \cdot c^2$ 填充而相互抵消，减少一个引力势阱就等于减少一个膨胀源，从而抑制了时空的快速膨胀。

但如果真有将等量质能的实物质 $M_0 \cdot c^2$ 相变返回到真空能 $m \cdot c^2$，这部分真空能 $m \cdot c^2$ 的时间相对较快，不会向带有"负能空穴"势阱跌落，当然不会与带有势阱的实物质粒子合并。

但这种思路给宇宙初始抑制时空膨胀提供了一种产生物质种类的模型逻辑，由第 4 章例 1 可知引力势中心的膨胀力度最大，如果在引力势中心如果不是实物质粒子，而是时间相对较快的真空能物质，就可以提高势阱质心的真空能密度，或减缓"负能空穴"势阱的平均时间减慢程度，从而降低引力势时空的膨胀速度。

例如由于宇宙初始时空膨胀速度太快必然带来过大的时间变化速度，实物质惯性为了抵御时间变化速度，引力势中心的实物质粒子质能 $M_0 \cdot c^2$ 完全有可能再次返回真空能 $m \cdot c^2$ 物质。虽然真空能 $m \cdot c^2$ 就是时空，但由于实物质粒子的膨胀度很低，实物质粒子质能密度较大，结果造成实物质粒子质能 $M_0 \cdot c^2$ 再次返回真空能 $m \cdot c^2$ 的密度大大高于引力势空间背景的真空能密度，形成真空能密度不同的界面分明区域，具有引力势场但势场质心是真空能粒子的新粒子就产生了。

而由实物质粒子质能 $M_0 \cdot c^2$ 返回真空能由于密度较大，几乎可以返回到宇宙初始的真空能密度，势场中心真空能粒子的时间相对比引力势的均值时间快得多，这种粒子模型相对无穷远势能零点的平均效果就是粒子中心的真空能 $m \cdot c^2$ 加上原来实物质粒子势场的负能 $-M_0 \cdot c^2$，所以势能均值为

$$-M_0 \cdot c^2 + m \cdot c^2 = 0$$

均值时间与无穷远势能零点的时间快慢一致，如果将这种粒子势场质心的真空能粒子的能量 $m \cdot c^2$ 均匀分布充满原来实物质粒子势场空间，正好填平原来实物质粒子势阱负能 $-M_0 \cdot c^2$，而这种粒子质心的真空能粒子 $m \cdot c^2$ 所占空间很小，这说明这种粒子势场质心的真空能粒子的势能密度相对比原来实物质粒子势场无穷远的势能密度大，这种粒子势场质心的真空能粒子的时间均值相对比原来实物质粒子势场无穷远的时间快，因此减缓了时间减慢程度，进而可以抑制快速膨胀。

这种粒子模型的力学特征如下：

真空能就是时空，而时空中的真空能密度差就是势场。如果这种由势场中心实物质转换而来的粒子的真空能 $m \cdot c^2$ 粒子的密度不均匀，这种粒子的真空能物质区域本身就是势场。只不过由于原来实物质质能 $M_0 \cdot c^2$ 所占空间很小，由实物质质能 $M_0 \cdot c^2$ 转换为真空能 $m \cdot c^2$ 的势场边界远远小于原来实物质引力势空间。因此形成这样的局面，在引力势长程力势场的质心附近又形成真空能短程力场。

为了保证质心真空能短程力势场的时间均值相对比外包引力势无穷远势能零点的时间快，这种粒子质心真空能势场应该是越往质心真空能密度越大，或越往质心时间相对越快。

这种粒子在势场中心的真空能 $m \cdot c^2$ 粒子势能的短程势场之外的空间属于原有的引力势时空，由于这种粒子总体的时空膨胀度相对很低，粒子携带的引力势势能梯度很大或引力很强。实际上实物质粒子势场在宇宙早期力程同样较短，引力同样很强，实物质粒子与这种粒子会向对方质心跌落，这种粒子与实物质粒子结合形成新粒子，例如质子具备这种粒子特性。

由于势场中心真空能 $m \cdot c^2$ 粒子的时间相对比外包的引力势无穷远的时间快，当这种同类粒子相遇，在外包引力势范围，粒子一定向时钟加快的无穷远方向运动，因此这种粒子同性相斥。

但在中心真空能粒子 $m \cdot c^2$ 短程力范围内，越往中心同样时间越快，因此如果这种粒子进入到同类粒子质心真空能粒子 $m \cdot c^2$ 短程范围内，短程势能梯度很大，这类同性粒子在质心相聚会有很强的短程引力。

所以会有大量的这类同性粒子集中在引力势中心短程力范围内，当然这种聚集顺便加强了外包的引力势场强，例如原子序数就是这种同性粒子的数量。

由于这种真空能粒子 $m \cdot c^2$ 粒子的短程力空间半径范围很小，如果势场中心真空能 $m \cdot c^2$ 粒子集聚很多，所占空间范围就有可能超出单个粒子的真空能 $m \cdot c^2$ 粒子短程势垒场而进入外包的引力场，从而形成同性斥力。所以这种粒子的核心同性粒子超过一定数目，这种粒子聚集越多越不稳定，例如超大原子序数的原子都不稳定。

实物质势场组成的宇宙很难见到它独立存在，例如正电子是见不到的。

这种真空能粒子 $m \cdot c^2$ 粒子的短程力空间范围之外是外包的引力势阱,势阱负能总和是负能 $-M_0 \cdot c^2$,没有多余的正能可以被利用,所以这种粒子不可能有辐射普通光子的能力。

由于这种粒子膨胀力度较小,这种粒子引力势阱的力程相对现在实物质引力势的力程短的多,所以实物质粒子在这种粒子的势场中不感觉这种粒子的场力。

这个粒子显然就是正电子,以上逻辑演绎证明如果宇宙时空满足一定条件,确实可以从真空中产生正电子。

由于这种粒子中心有一个正能势垒场,在真空能势垒场内越往中心势能越高,时间越快,所以当引力物质跌入引力势场中心,会受到短程斥力,实物质粒子不可能跌入真空能 $m \cdot c^2$ 粒子势垒场之内,所以中子、质子等在原子核应该距离“核心”有一定距离,因此质子、中子等物质同样可以形成轨道能级。

如果用实物质引力势 $f_0 = M_0 \cdot G/r^2$ 表示正电子力场应该是

$$f_0 = M_0 \cdot G'/r^2$$

但正电子力场中心有质量为 M_0 的实物质粒子吗? 显然没有,所以 M_0 应该称为场能粒子,即与势场势阱的负能 $-M_0 \cdot c^2$ 对应的等效粒子。

11.2 电子的产生

正电子的反对称粒子是电子,因此电子时空结构应该与正电子反对称。所以电子质心应该有一个实物质粒子及其短程势场,而在电子质心实物质粒子短程势场向外延伸的应该是正能势垒场,势垒场越往中心势能越高,是引力势的反对称镜像势场。

所以电子质心必须有一个实物质短程引力场与正电子质心的真空能势垒场对应。

宇宙初始的电子质心是实物质短程势场外包真空能势垒场,同理由于电子质心实物质势场的负能 $-M_0 \cdot c^2$ 与向外延伸的势垒场正能 $m \cdot c^2$ 在数量上一致,但电子质心实物质短程势场占有的体积很小,所以电子质心是实物质短程势场的平均势能密度远远低于外包势垒场无穷远的势能密度,因此这种粒子质心的实物质的时间均值相对比无穷远的时间慢。

由于与正电子同样的原因,电子外包的势垒场的膨胀力度小于实物质引力势,所以电子电场的势能梯度高于外界的实物质引力势,单位质量的力程相对比实物质引力势小得多。

由实物质 M_0 在引力势的特性同样可以得出电子同性相斥。

电子质心短程引力场反过来受到外部势垒场的抑制,电子质心实物质短程引力场的膨胀力度低于通常实物质引力势的膨胀力度,因此电子质心短程引力场的势能梯度大于通常实物质引力势的势能梯度。因此当两个或多个电子在电子质心短程引力场的势场范围内,电子之间会形成相对较大的短程引力。

正、负电子进入对方中心的短程力势场,由时间快慢关系可以得出显示斥力。

电子外包势场由于是正能势垒场，是势能高于外界的真空能，因此电子可以甩出部分质能，因此电子可以辐射普通光子。

11.3 正、负电子同时产生的物理模型

正、负电子碰撞过程正好是以上反过程，正、负电子在双方电场作用下势能降低达到光速，当正、负电子进入对方的短程力范围，双方实际是斥力，由于能量没有损失，回弹同样达到光速，这与弹性碰撞没有区别。

当正、负电子碰撞在一起，电子势垒场与正电子势阱场正好反对称，正电子负能势阱与电子正能势垒互相填平而抵消，电子只剩下一个实物质粒子 $M_0 \cdot c^2$ 及短程引力势，正电子只剩下一个真空能粒子 mc^2，高速碰撞的结果又把实物质 $M_0 \cdot c^2$ 以及势阱压缩后返回给真空能 $m \cdot c^2$，最终结果是两个真空能粒子 $2m \cdot c^2$，真空能就是时空场，所以正负电子碰撞就是淹没为真空能粒子。例如衰变为两个伽马光子，因此真空能粒子 m 就是实物质 M_0 的反粒子。

但是雷击同样有正负电荷碰撞，但雷击未必产生伽马光子，但可以产生真空能粒子，真空能粒子与实物质互为反粒子，因此雷击产生质量较大的真空能粒子会受到斥力而向地球高出运动。

同样道理，两个伽马光子对碰撞产生正负电子的环境必须是外界压缩伽马光子，例如强重力场或磁场等。

以上过程印证了产生正、负电子的物理模型。

宇宙初始时空剧烈膨胀，物质惯性应该有一个抵制膨胀的过程，在抵制时空膨胀过程中应该有大量的实物质粒子返回真空能。

宇宙初始产生实物质“负能空穴”，当实物质包括实物质势场再相变返回真空能，但由于实物质密度较大，由实物质及其势场返回的真空能密度必然高于宇宙背景时空真空能，因此形成真空能密度区域界面分明的真空能粒子。这些粒子实际就是时空，区别仅在于真空能密度不同。

真空能密度越高代表能量越大，本质是时空中再次出现时间快慢度高度不均衡，此时的时空中处于激发状态，随时有可能再次产生新的粒子。

这个时期的宇宙膨胀肯定受到抑制。

实物质势场返回真空能原本是抵制时空不均匀，但由于实物质密度较大，产生真空能粒子的结果又出现时间快慢度高度不均衡。如果能把这些高密度的真空能粉碎成更小的粒子，就会降低真空能不均匀度，如图 11.1 所示，图中 1 代表在真空能背景时空真空能密度 ρ 的基础上，由实物质包括实物质势场再相变返回真空能，结果在宇宙背景时空的基础上再叠加真空能，使得时空真空能密度高度不均衡。

因此当实物质粒子相变再返回真空能的区域界面内外真空能密度差造成界面内的真空能多出电子质量的两倍 $m \cdot c^2$，这时在真空能高密度界面内比外界多出的真空能 $2m \cdot c^2$

就会自动一分为二。

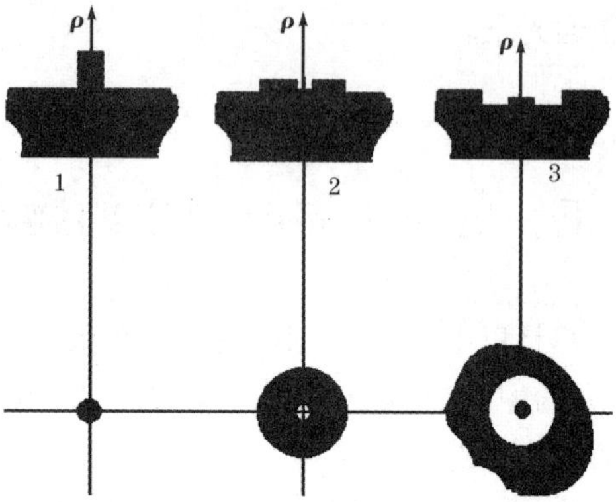

图 11.1

其中一个真空能 $m \cdot c^2$ 粒子再次转化为实物质粒子 $M_0 \cdot c^2$“负能空穴”，如图 11.1 中 2 下边黑圈代表宇宙背景真空能，中心的白空洞代表由分裂的真空能粒子再次产生“负能空穴”。但实物质粒子 $M_0 \cdot c^2$“负能空穴”从两倍真空能 $2m \cdot c^2$ 的高密度的受激时空中分离出来的时候顺便把与实物质粒子 $M_0 \cdot c^2$ 等量的真空能 $m \cdot c^2$ 的时空同时带走。由于此时已经是初始膨胀后的宇宙，外界时空的真空能密度远远低于受激状态的真空能密度，所以与 $M_0 \cdot c^2$ 等量的真空能 $m \cdot c^2$ 所占有的空间体积更大，形成实物质粒子 $M_0 \cdot c^2$“负能空穴”被外包“正能包”势垒场，这是产生电子的模型。

图 11.1 中 2 上边代表被实物质粒子 $M_0 \cdot c^2$“负能空穴”挖走的真空能时空叠加在宇宙背景真空能上，使得被带走的真空能密度比时空背景的真空能高，形成势垒势场，势垒场中心叠加“负能空穴”引力势，所以有一个真空能局部塌陷。

虽然被带走的外部时空的真空能 $m \cdot c^2$ 在数量上与实物质质能 $M_0 \cdot c^2$ 一致，但由于这时的时空已经是从初始时空实物质“负能空穴”膨胀而来的，时空中真空能密度要比分离出来的真空能 $m \cdot c^2$ 粒子的真空能密度低得多，所以等量的真空能 $m \cdot c^2$ 的空间范围显然要比由真空能 $m \cdot c^2$ 粒子转换为电子质心的实物质粒子 $M_0 \cdot c^2$“负能空穴”的空间范围大得多，形成“正能包”势垒场外包电子质心实物质粒子 $M_0 \cdot c^2$“负能空穴”。

实物质粒子 $M_0 \cdot c^2$“负能空穴”把外部等量的半径较大的同心圆分布真空能 $m \cdot c^2$ 的时空带走，必然在外界时空中留下一个没有实物质粒子的“负能空穴”，同时原来时空中激发态两倍的真空能 $2m \cdot c^2$ 还剩一个真空能 $m \cdot c^2$ 粒子，这个粒子正好陷在没有实物质粒子的“负能空穴”的中心，形成正电子。

如图 11.1 中 3 上边，宇宙背景真空能时空被新产生的电子挖走半径较大的真空能空间成为“负能空穴”，中心有一个真空能凸起就是真空能粒子 $m \cdot c^2$，图 11.1 中 3 下就是“负能空穴”质心有一个粒子。

图 11.1 中 3 上被挖走的部分塌陷区正好被图 11.1 中 2 上突出的部分互相填充。

在以后的膨胀过程中图中界线分明的界面演化为今天的势能渐变梯度场。

由此产生的粒子降低了时空不平度，降低了时空膨胀速度，而且不会产生类似黑洞的时空起伏。

所以正、负电子同时产生，并且正、负电子不可能是宇宙初始产生的，而是宇宙初始快速膨胀后某个时期产生，宇宙膨胀减速，之后再次膨胀，但再次膨胀的速度远远低于宇宙初始膨胀速度。

因此宇宙初始应该是震荡膨胀过程。

11.4　正、负电子的短程力

由 11.3 节可知，电子势场势能密度分布示意图，可以看成是电子长程力的真空能势垒场与电子中心实物质粒子的短程引力场叠加而成的势场。当势场半径 $r>r_0$，势场显示势垒场特性，属于长程力范围，半径越大势能越低，显示同性相斥，长程力已分析过了。如图 11.2 所示。

示意图短程力半径 r_0 画得比例比较夸大。当势场半径 $r<r_0$ 时，势场显示引力特性。因为电子向势能降低的方向运动，所以当电子质心进入 $r<r_0$ 时，电子向中心运动，电子显示短程引力。

当电子动能很低时，比如低温下完全有可能构成电子对。

同理可得出，在电子短程力范围内，正、负电子之间是斥力，所以正、负电子在一起构成中性粒子就不太稳定。

同理正电子势场如图 11.3，同样是正电子质心短程力势垒场与引力势的叠加。很明显正、负电子的势场相对半径方向横轴反对称。

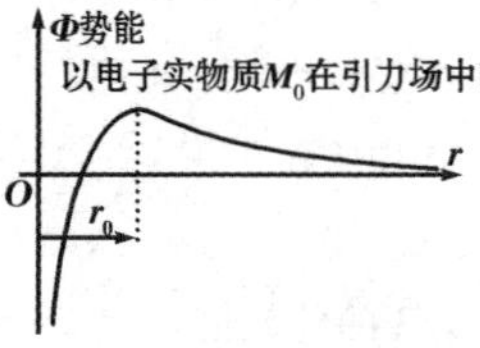

图 11.2

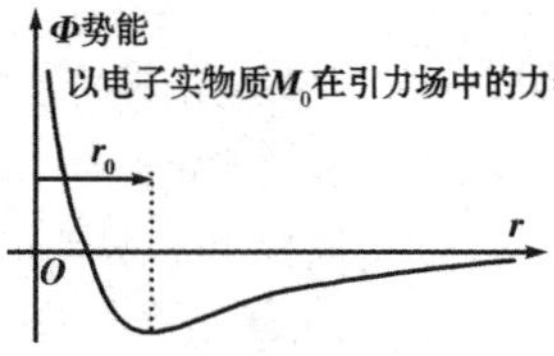

图 11.3

当势场半径 $r>r_0$，势场显示引力势特性，半径越大势能越高。

在正电子势场中，当势场半径 $r<r_0$ 时，势场显示势垒特性。

同样可得在正电子短程力范围内，正电子之间有引力，正、负电子之间有斥力。

12 实物质的反粒子：虚粒子

12.1 反粒子的时空结构反对称性

为了比较互为反粒子的结构特性，可以比较正、负电子的时空结构与外在力学特性，并从中找出规律性。

以电子实物质 M_0 在正电荷电场中的力学行为标准力场，以相对势场无穷远的势能零点或时间为标准，如表 12.1 所示。

表 12.1

	正电子	电子
静态力学特性	同性相斥，异性相吸	
长程力势场	引力势阱	斥力势垒
势场总能	$-m\cdot c^2<0$	$m\cdot c^2>0$
时间分布	半径越小时间越慢	半径越小时间越快
中心粒子	真空能粒子 $m\cdot c^2$	实物质粒子 $M_0\cdot c^2$
短程力	同性相吸，异性相斥	
自旋	1 的整数倍正、负电	1/2 的整数倍
正负电子湮没	伽马光子 $m\cdot c^2$	

以上互为反对称的粒子说明，真空能粒子 m 就是实物质 M_0 的反粒子，湮没为同一种光子。

如果宇宙时空中能产出真空能粒子，以实物质 M_0 在引力势中的力学行为作为可比较的标准力场，以引力势场无穷远的势能零点或时间为标准，真空能粒子 m 与实物质 M_0 的反对称特性如表 12.2 所示。

表 12.2

	实物质 M_0	真空能物质 m
静态力学特性	同性相吸，异性相斥	
长程力势场	势阱	势垒
势场总能	$-M_0\cdot c^2<0$	$m\cdot c^2>0$

续表

	实物质 M_0	真空能物质 m
时间分布	势场半径越小时间越慢	势场半径越小时间越快
中心粒子	实物质粒子 $M_0 \cdot c^2$	真空能粒子 $m \cdot c^2$
自旋	1/2 的整数倍	1 的整数倍
时空伸缩性	自发膨胀	自发收缩
淹没	伽马光子 $m \cdot c^2$	伽马光子 $m \cdot c^2$

可以用真空能粒子相对实物质粒子的时间快慢逐条分析以上反对称特性是否成立,由 $E_0 = m \cdot c^2 \cdot \ln(K_0) = M_0 \cdot c^2 = E_k + \Phi_m$ 可知,假设有朝一日宇宙所有实物质的绝对速度为零 $E_k = 0$,由 $E_0 = m \cdot c^2 \cdot \ln(K_0) = \Phi_m$ 可知实物质的时间快慢最多与宇宙初始时空真空能的时间快慢一样,而宇宙初始时空真空能的时间快慢实际就是"负能空穴"界面之外的时间快慢。所以如果真有实物质 M_0 转换为真空能物质,相当于把实物质的所有能量 E_k、Φ_m 转换为真空能物质的能量 $E_0 = m \cdot c^2 \cdot \ln(K_0)$,所以真空能物质的时间相对要比实物质的时间要快,这与受激跃迁的电子将电子的动能与势能之和 $\Delta E_0 = m \cdot c^2 \cdot = \Delta E_k + \Delta\Phi$ 转化为光子一样。

所以实物质以及携带的引力势时空的消失就是宇宙初始由真空能产生实物质的逆过程,当然真空能粒子的时间必然与引力势无穷远的时间快慢一致,所以当真空能粒子 m 陷在实物质引力势中,必然是远离引力势向无穷远运动,所以实物质与真空能物质满足异性相斥。

实物质之间满足同性相吸是已知的事实,真空能粒子 m 之间相遇是什么状态呢?真空能本身就是时空,只有真空能密度不均匀才是势场。所以如果有真空能粒子 m 按照反粒子之间互为反对称的原理,真空能粒子 m 势场应该是越往粒子中心时间越快,这也是势垒场的含义,真空能粒子 m 相遇一定是向时间加快的方向运动,所以真空能粒子之间满足同性相吸。

在实践中人们把正电子中心的真空能粒子 m 称作正电荷 q,原子核正电荷 q 的集聚实际就是真空能粒子 m 相遇同性相吸的结果。

但真空能粒子 m 是自旋为 1 的整数倍的物质,自旋为零的真空能粒子实际就是时空,时空可以互相重叠嵌套,因此真空能粒子集聚的体积并不按集聚质量 m 的总数增加,所以真空能粒子 m 集聚时体积并不同比增加。真空能物质具有经典物质空间几何概念,体积收缩才有可能提高真空能密度,体积膨胀才有可能降低真空能密度,原因就是真空能物质的能量 $m \cdot c^2$ 并不是"负能空穴"的质能。

所以真空能粒子 m 集聚必然造成真空能密度提高,这与实物质粒子积聚造成质能密度提高概念相同,但质能密度提高必然真空能密度降低。真空能密度提高就是势能提高,所以真空能粒子集聚时一定是向势能升高的方向运动,由于真空能粒子 m 集聚的过程并不按集聚质量 m 倍数增加,真空能粒子的时空实际是自发收缩而非膨胀,这与实物质粒子 M_0 形成另一种反对称,实物质粒子 M_0 向势能高的位置运动是时空膨胀。

如果宇宙中真有真空能物质的集聚，看上去这种物质 m 所占有的时空比实物质 M_0 引力势时空所占据的空间少得多，并且宇宙在这块区域的势能最高，星系几乎没有，成为实物质星系极少空洞区，形成宇宙星系物质的不均匀分布。

真空能粒子 m 在自发状态下向实物质引力势势能升高的方向运动，形成异性相斥同性相吸，这意味着真空能粒子 m 向实物质 M_0 引力势场势能高的时空集聚，积聚过程空间体积增加不多，造成真空能密度增加，这正好与实物质 M_0 向势能降低的时空集聚，时空收缩真空能密度降低形成反对称。这就是真空能物质 m 与实物质 M_0 的时空伸缩性具有反对称性。

真空能粒子 m 与实物质 M_0 的反对称特性都满足。

虽然实物质 M_0 与真空能粒子 m 反对称，但能态变化完全对称，实物质 M_0 粒子是"负能空穴"，自发向外界势能低的方向运动，并且外界势能越低，实物质 M_0 的势能 Φ_m 越低，实物质时空被压缩。而真空能粒子 m 是"正能包"，正好与实物质 M_0 粒子相反，作为对称性自发状态应该向外界势能高的方向运动，并且外界势能越高，真空能粒子 m 的势能 Φ_m 越高，真空能粒子 m 的时空被压缩。

以上逻辑分析证明，实物质的反粒子就是真空能粒子。

12.2 虚粒子的产生

引力势是势能越高势能密度越大，这是"负能空穴"的本性，实物质 M_0 粒子在外界引力势中运动力图将粒子本身的势能密度调整到与外界势场的真空能密度一致，所以自动发生时空伸缩。真空能粒子 m 实际就是"正能包"粒子，在向外界引力势真空能密度高的方向运动必然受到外界挤压，所以真空能粒子 m 的时空被压缩。

由式(10.10)$\Psi_m=\rho\cdot v_m$ 可得实物质向高位势运动的势能增量

$$\Delta\Psi_m=\rho\cdot\Delta v_m+\Delta\rho\cdot v_m\geqslant 0$$

但真空能粒子 m 时空自发收缩 $\Delta v_m<0$，而外界引力势能越高势能密度 ρ 越大，所以真空能粒子 m 向外界势场势能升高 $\Delta\rho>0$ 的方向运动。

由热二律可知真空能粒子 m 将自发降低与外界的势能差 $\Phi-\Phi_m$，原来真空能粒子 m 的时间相对比外界势场的时间快，真空能粒子 m 自发向外界势场势能升高的方向运动过程必然降低真空能粒子 m 相对外界势场的时间快慢差，这并不等于真空能粒子 m 自发向外界势场势能升高的方向运动过程时间相对减慢，真空能粒子 m 自发向外界势场势能升高的方向运动过程时间仍是加快的，只是真空能粒子 m 的时间加快幅度低于外界势场势能升高的时间加快幅度，也就是真空能粒子的势能增量 $\Delta\Phi_m$ 低于外界势场的势能增量 $\Delta\Phi$，由势能增量表示

$$\Delta\Phi_m<\Delta\Phi$$

即真空能粒子 m 势能升高的幅度 $\Delta\Phi_m>0$ 低于外界势场势能升高的幅度 $\Delta\Phi>0$，这就造成真空能粒子 m 的势能 Φ_m 与外界势场的势能 Φ 越来越接近，最终会造成真空能粒

子 m 的势能 Φ_m 与外界势场的势能 Φ 一致,$\Phi_m=\Phi$,从而达成机械能守恒。

真空能就是时空,当 $\Phi_m=\Phi$,实际就是真空能粒子 m 的"正能包"势垒的真空能密度与外界势场的势能 Φ 的真空能密度一致,Φ_m 与 Φ 无法区分,这时的真空能粒子 m 已经是远离实物质时空的宇宙时空。这种状态的时空一定是宇宙势能最高的时空,那里没有实物质星系,宇宙中应该有这么一块区域,在这个区域内没有星系,这就造成宇宙星系分布不均匀,宇宙外观总是有一块时空很"空"。

当真空能粒子 m 向外界势能低的方向运动,由于引力势是势能越低真空能密度越低,而真空能粒子 m 实际是真空能密度相对较高的时空,形成密度差,因此为了降低密度差,真空能粒子 m 要靠时空膨胀来抹平密度差,这与引力势膨胀降低势阱与无穷远的真空能密度差机制一样,只是真空能粒子 m 粒子的伸缩方向与实物质 M_0 粒子正好反对称。

以上说明实物质 M_0 粒子与真空能粒子 m 的在同一方向运动的时延系数 k 相反,例如两种粒子向同一个方向运动,同样的速度,两种粒子的动钟的时间相对快慢正好相反,一种粒子时钟相对加快,一种粒子的时钟相对减慢,粒子的运动趋势以及受力都是粒子的时间相对外界时钟场的快慢所致,必然造成两种粒子在外界势场中运动的受力方向不同,正、负电荷恰恰是这样两种粒子,这就是正、负电荷在磁场中洛伦兹力反向的原因。

由于真空能粒子 m 与实物质 M_0 粒子互为反对称,所以真空能粒子就是实物质的反粒子,由实物质的反对称性称真空能粒子为虚粒子 m。

所以宇宙中如果有虚粒子 m 集聚的空间不但势能最高或时间相对最快,而且真空能密度增大,宇宙中看上去不大的没有实物质的空间可能集聚很大的能量。

但宇宙中能不能产生虚粒子 m 呢?在真空中是不可能产生虚粒子 m 的,在时空中产生时空是逻辑悖论。

但在宇宙初始快速膨胀的过程会造成时间的快速变化,由于惯性的本质就是"物质保持原有时空状态",所以宇宙时空中一旦出现快速膨胀,既可以理解为真空能密度的快速变化,也可以理解为时间的快速变化,宇宙中会自发产生抵御时空快速膨胀的粒子,例如实物质粒子 M_0 会发生相变再返回真空能。如实物质粒子 M_0 返回真空能相当于提高真空能密度,从而抵御时空膨胀造成的真空能降低。但是由于前期的时空膨胀,宇宙时空真空能密度已经降低很多,而实物质粒子 M_0 的膨胀度相对比势场时空膨胀度低得多,所以当实物质粒子 M_0 发生相变再返回真空能,由实物质粒子 M_0 相变产生的真空能密度显然要比外界时空的真空能密度大得多,而这部分比外界时空真空能密度大得多的真空能所占有的空间相对外界就形成密度差,有密度差必然产生可视界面,这就是虚粒子 m。

如果宇宙初始有大量实物质粒子 M_0 相变产生的虚粒子 m,当这些粒子积聚,或不排除宇宙初始不久产生二次时空快速膨胀,这很类似于气体爆炸的震荡。

由第 10 章分析宇宙初始产生实物质粒子 M_0 的过程,真空能的时间相对比实物质粒子的时间加快程度 $K_0=e$,满足 $E_0=m\cdot c^2\cdot\ln(K_0)=M_0\cdot c^2=E_k+\Phi_m$。因此如果实物质粒子 M_0 再相变产生的虚粒子 m,虚粒子 m 的时间肯定相对实物质粒子 M_0 的时间加快 $K_0=e$ 倍。实际由于实物质粒子 M_0 本身也在膨胀,新产生的虚粒子的时间加快程度 K_0 肯定不会那么大,但虚粒子 m 的时间肯定相对比实物质粒子 M_0 的时间加快许多。

12.3 真空能相平衡态

真空能产生实物质可以总结为宇宙初始由高温高密度真空能(或暗能量)组成,宇宙初始之所以能产生实物质,应该是宇宙初始时空收缩度过大,必然造成真空能密度过高,宇宙初始真空能高度收缩超过真空能相平衡态临界点,真空能密度ρ有可能过饱和而远离真空能的相平衡态,宇宙初始真空能处于过饱和态,真空能过饱和态可以通过相变产生引力质量实粒子,目的是降低过饱和的真空能密度。

同理,如果初始快速膨胀过度将会造成真空能密度降低过多,同样可能产生真空能欠饱和,通过实物质相变产生虚粒子的办法提高真空能密度,实物质可以相变蒸发为真空能,以增加欠饱和的真空能密度。

实物质尺度的膨胀速度远远低于时空膨胀速度,引力质能密度并没有降低太多,所以一旦引力质量的质能相变为真空能,产生的真空能密度大于宇宙膨胀背景的真空能密度,表观形成物界分明的高密度真空能粒子,这就是虚粒子。

高密度真空能粒子由于没有引力质量,定义为虚粒子或真空能势垒粒子。

为了解决宇宙初期真空能密度过饱以及由于过度膨胀造成的真空能欠饱和,从而产生不同时空结构的粒子,其目的就是力图使宇宙真空能密度满足相平衡态。

12.4 虚粒子不是稳定粒子

由于新产生的虚粒子m的真空能密度ρ'相对比外界势场的势能密度ρ大,实际代表虚粒子m的时间相对比外界势场的时间快,产生很大的时空不平衡,受到的斥力很大,虚粒子能不能像电子受激辐射甩的真空能物质$m\cdot c^2$那样被加速到光速?

光子之所以可以加速到光速是因为被电子甩出电磁物质m的势能Φ_m比外界的势能Φ低。但由实物质相变新产生的虚粒子m由于时间相对比外界势场快得多,外在效应就是虚粒子m的势能Φ_m比外界势能Φ高。但如果虚粒子m被加速,也就是外界势场给虚粒子m做功,有这种可能吗?在自发状态下总是由高势能向低势能输送能量,而绝不会由低势能向高势能输送能量,这不符合热二律。

虚粒子就处于这种尴尬局面,势能较高受到斥力但不能接受能量被加速,最多只能保持原有速度例如光子那样,但又不具备光子达到光速的外界条件,这样虚粒子在自发状态下永远不可能达到时空平衡态,显然这同样不符合热二律。

虚粒子与外界势场形成极大的时空不平衡或真空能密度差,受到极大的斥力但又速度变化受限,所以虚粒子能量很高是极度不稳定的粒子。

由于虚粒自发收缩,所以虚粒子m都是短程力粒子,而且虚粒子m由于时间相对比外界快的多,与外界形成极大的时空不平衡或密度差,由热二律可知虚粒子 m 将自发朝着向平衡态发展。虚粒子 m 是靠衰变产生新粒子来达到时空平衡,衰变产生新粒子实际是把虚粒子 m 的真空能转换为实物质粒子或伽马光子等,本质是向外界输出能量,由高势能向低势能的外界输送能量,满足热二律。所以通常情况下虚粒子 m 很不稳定,必须衰变。

虚粒子是时空高度收缩的粒子,在地表很不稳定,必须衰变。

由此可以推出虚粒子产生伽马光子的条件,伽马光子与普通光子一样,任何时候光子本身的时间快慢与光子所在外界时空的快慢一致,所以光子本身就是时空,属于虚粒子概念,只不过光子的真空能密度与外界势场的真空能密度一致,光子与外界势场时空融为一体,所以光子的势能与外界势场的势能一致。

而虚粒子的势能 Φ_m 比外界势场的势能 Φ 高,所以虚粒子满足热二律的条件由式(4.2)可得

$$\Delta S = W(1/\Phi - 1/\Phi_m) = W[(\Phi_m - \Phi)/(\Phi_m \cdot \Phi)] = W[\Delta\Phi_m/(\Phi_m \cdot \Phi)] \geqslant 0$$

虚粒子转换为伽马光子的条件必须是 $\Delta\Phi_m = \Phi_m - \Phi \geqslant 0$,虚粒子的势能 Φ_m 必须高于外界势场的势能 Φ,虽然虚粒子本身不能被加速到光速,但能通过衰变转化为伽马光子,W 是虚粒子对外界做功,对外界输出伽马光子就是对外界做功。$\Delta\Phi_m$ 实际就是虚粒子衰变为伽马光子的最低势能差,伽马光子转化为正、负电子也要求不得低于这个势能差。

由此可以得出正、负电子淹没为伽马光子的过程并不是一步到位,而是经过碰撞先将电子的实物质粒子转换为虚粒子,然后正、负电子的两个虚粒子共同转换为伽马光子对。但伽马光子对反过来转化为正、负电子却很难,因为伽马光子对的势能仅仅是外界时空的势能 Φ,正、负电子的势能 Φ_m 必须比外界势能 Φ 低,而且必须保证势能差 $\Delta\Phi = \Phi - \Phi_m$ 至少等于虚粒子衰变为伽马光子的最低势能差,这在今天的引力势往往是很难保证的。

地表重力场的重力势能 Φ_m 要比地表引力势 Φ 低很多,但并不符合虚粒子衰变为伽马光子的最低势能差。早期星体地表的强重力场的势能要比星体地表的引力势 Φ 低得更多,所以正、负电子在早期星体强重力场的势能 Φ_m 要比外界引力势能 Φ 降低很多,伽马光子有可能符合转化为正、负电子的条件。

如果由虚粒子 m 新产生的实物质粒子 M_0 惯性质量很大还没来得及膨胀,新产生的实物质粒子的时间相对很慢,时空梯度或势能梯度很大,所以也属于短程力粒子。而且由于时间相对很慢,直观感觉很重,短程力场很强。

短程力粒子是时空高度收缩的粒子,在地球表面最不稳定。

衰变过程就是产生弱作用粒子的过程,也是产生射线的过程。所以宇宙射线源就是宇宙膨胀源,宇宙在不断的膨胀。宇宙射线源与弱作用粒子可能同源。

正电子实际是引力势阱外包质心虚粒子,只不过这个虚粒子不是今天产生的,正电子质心的虚粒子要比外包的引力势阱时间快得多,这是正电荷相斥的原因。但早期形成的虚粒子由于膨胀度极低,正电子中心虚粒子势场属于短程力,所以正电子很不稳定,不可能独立生存。早期的实物质粒子 M_0 都是短程力,如果短程实物质粒子 M_0 碰到正电子,将会向正电子中心跌落,形成质子,由于短程超重粒子的时间也很慢,实物质粒子势场与正电荷虚粒子势场相互影响,从而降低了正电子中心虚粒子与外界的时间快慢差,提高了正

电子的稳定性。

此外当质子膨胀，自发状态下正电子中心虚粒子也必须被膨胀，而虚粒子膨胀一定降低真空能密度，降低与外界的真空能密度差，本质上是虚粒子时空膨胀时间必然减慢，从而降低正电子中心虚粒子与外界的时间快慢差，提高正电子中心虚粒子的稳定性。所以正电荷的中子或质子都应该比宇宙初始产生正负电子的时间稍晚，经过百十亿年膨胀，形成今天的正电荷。所以今天的正电荷质心虚粒子的时间相对宇宙初始减慢得多，而实物质粒子的时间要比宇宙初始快得多，二者的时间差越来越小，这就是正电荷稳定的原因。所以早期最容易形成的粒子就是质子。

今天的实物质粒子 M_0 由于是长程力，而正电子相对力程较短，因此今天的实物质粒子 M_0 不可能受电场力的影响。但不排除今天仍有短程超重力实物质粒子 M_0。

提高虚粒子 m 稳定度的方法，由于虚粒子 m 是势垒场，与正电荷一样，因此能与电子结合，形成带负电的虚粒子。由于电子也是势垒场，虚粒子 m 相对电子势垒场的时间快慢差相对更小一些，或者虚粒子 m 相对电子的时空不平衡度相对更小一些，也可以认为二者之间的真空能密度差相对更小一些，从而提高了虚粒子 m 的生存时间。

如果带负电的虚粒子的质量正好等于质子的质量，虚粒子不稳定而衰变为实物质粒子，这个带负电的实物质粒子就成了反质子，正电子受到反质子的吸引，就构成反氢原子。

逻辑上从宇宙初始到今天都有虚粒子 m 产生，所以宇宙中应该有虚粒子 m 集聚的空间，这应该是宇宙势能最高的地方。由于虚粒子 m 与引力势空间是斥力，所以这个空间应该没有星系以及光子，外观看上去显得很空的一片区域，如果有实物质粒子 M_0 星系产生，由于相互间的斥力，这些星系看上去联系很少，很孤独。

只要宇宙不断的膨胀下去，所有的实物质都将变成虚粒子，最终宇宙将由虚粒子真空能物质组成，由于虚粒子 m 的自发收缩特性，宇宙最终将收缩，一直收缩到真空能密度过饱和程度，然后继续产生实物质粒子 M_0，如此周而复始永不间断。

12.5 真空能物质与光子时空的伸缩性

为了说明真空能物质的伸缩性，再回过头讨论光子的时空特性，光子是真空能物质种类之一，逻辑上宇宙中应该有各种不同的没有静质量的真空能物质。

真空能物质 $m \cdot c^2$ 本身就是时空，所以真空能物质单位质量的均值体积就是 v_0，真空能物质不是“负能空穴”，不存在静质量的质能守恒概念。真空能 $m \cdot c^2$ 直接代表势能，真空能物质的势能密度就是真空能 $m \cdot c^2$ 的平均密度，因此真空能物质无须像实物质那样计算势能。

如果把真空能物质放入现在的引力势中，并让真空能物质的密度 $\rho = \Psi / v_0$ 与引力势的密度 ρ 一致，真空能物质就融入引力势场中成为时空。

由于真空能物质本身携带的真空能 $\Phi = \rho \cdot V_0 = m \cdot c^2$ 不会因真空能物质的时空伸缩而变化，由真空能物质本身的真空能密度 $\rho = m \cdot c^2 / V_0$ 可知，当真空能物质密度 ρ 越高或时间相对越快,真空能物质的体积 v_0 是收缩的。外界势场真空能密度 ρ 越高真空能物质收缩度越大,反之外界真空能密度 ρ 越低真空能物质膨胀度越大,这正好与实物质势能越高体积 V_m 膨胀形成反对称,这就是真空能物质与实物质粒子的区别。

因此有必要研究真空能物质粒子的运动状态。设真空能物质向外界势场势能升高方向运动 $d\rho>0$,如果真空能物质的势能增量 $d\Psi=v_0\cdot d\rho+\rho\cdot dv_0>0$,可得

$$dv_0>-v_0\cdot d\rho/\rho$$

经典理论的势能是相对概念,由外界势场的势能密度 $\rho=\rho_0-\rho m$ 是相对概念,ρ_0 是外界势场无穷远的真空能密度,设 $\rho_0=0$,而 $\rho_m>0$,$\rho<0$,所以 $dv_0>0$,这符合实物质的时空伸缩特性。

但外界势场真空能密度 ρ 越高真空能物质收缩度越大,所以对于真空能物质 $dv_0>0$ 不可能存在,所以 $d\Psi>0$ 不可能存在。同理设真空能物质向外界势场势能降低方向运动 $d\rho<0$,如果真空能物质的势能增量 $d\Psi=v_0\cdot d\rho+\rho\cdot dv_0<0$,可得

$$dv_0<-v_0\cdot d\rho/\rho$$

所以 $dv_0<0$,而外界真空能密度 ρ 越低真空能物质膨胀度越大,所以 $dv_0<0$ 不可能存在,所以 $d\Psi<0$ 不可能存在,真空能物质的势能只满足

$$\Psi=\rho\cdot v_0=\text{常数} \tag{12.1}$$

满足机械能守恒只要求势场真空能密度与外界势场的真空能密度 ρ 一致即可,但真空能粒子的势能不变 $\Delta\Psi=0$,光子势场空间自身所储存的真空能 $\Phi_m=m\cdot c^2$ 不变,所以势能没有变化。哪种粒子满足 $\Delta\Psi=0$ 呢?这恰恰是光子。

注意 ρ 是外界势场的真空能密度,代表外界势场当地的相对时间快慢,与观察者所在地的时间没有任何关系,所以光子的动能不变 ΔE_k 也是相对外界势场当地观察者,这意味着光速不变并不是相对任意观察者,只相对光子所在地参照系的观察者。

由式(2.3)可得 $x=\Delta\Psi/c^2=\ln(k)$,所以 $k=e^x$,当 $x=\Delta\Psi/c^2\ll1$ 可得

$$k=e^x\approx1+x=1+\Delta\Psi/c^2$$

用光子动能 $m\cdot c^2$ 乘以 $k=1+\Psi/c^2$ 可得

$$m\cdot c^2\cdot k=m\cdot c^2+\Delta\Psi$$

式中,$m\cdot c^2\cdot k=(m/k)\cdot c^2\cdot k^2=m'\cdot c'^2$,$m'=m/k$ 是光子的视质量,与实物质的动质量 M 含义雷同,$c'=c\cdot k$ 是光子的视光速,$m'\cdot c'^2=m\cdot c^2\cdot k$ 是光子的视动能,所以

$$m'\cdot c'^2-m\cdot c^2=\Delta E_k=\Delta\Psi \tag{12.2}$$

式中,$\Delta E_k=\Delta\Psi$ 就是光子的机械能守恒公式,$m\cdot c^2$ 是观察者所在地的光子动能,$m'\cdot c'^2$ 是光子相对观察者的视动能,ΔE_k 是光子视动能增量,根据光子的视动能增量可计算光子的势能增量或时间相对快慢。

例如透明介质中 $m\cdot c^2(k-1)=\Delta E_k<0$,所以 $\Delta E_k=\Delta\Psi<0$,从而知道介质内部的时间比介质外部的时间慢。

由光子视动能观点,光子的势能增量 $\Delta\Psi=m'\cdot c'^2-m\cdot c^2=\Delta(m\cdot c^2)$ 同样来自光子的质能转换 $\Delta(m\cdot c^2)$。但视动能是不同参照系之间的测量概念,随同光子同系运动的观察者没有观察到光子本身的势能 $\Phi_m=m\cdot c^2$ 变化,所以光子的动能 $m\cdot c^2=m'\cdot c'^2/k$ 不

变，由式(12.2) $\Delta E_k = \Delta \Psi = 0$。

光子在外界势场中势能不变是很难理解的，原因是光子的势能高低直接用光子真空能密度表示而非势能高低，由式(12.1) $\Psi = \rho \cdot v_0 =$ 常数，只要能保证光子的势能密度与外界势场的势能密度 ρ 一致，光子时空尺度 v_0 的伸缩自动满足 $\Psi = \rho \cdot v_0 =$ 常数即可。$\Psi = \rho \cdot v_0 =$ 常数的含义是光子时空体积 v_0 内所覆盖的外界真空能不变。

而实物质是"负能空穴"，虽然真空能密度同样代表时间快慢，但实物质满足机械能守恒的时空体积 v_0 越大，真空能密度 ρ 越大，所以不满足式(12.1) $\Psi = \rho \cdot v_0 =$ 常数的概念，但都满足不受力机械能守恒概念。

光子在不同物质内部运动的视光速基本反映物质内部相对外界的势能高低，同种物质内部的视光速越低或相对折射率越大，物质密度相对越大。

12.6　暗物质

以上分析真空能产生不同的惯性质量 M_0，产生粒子的势阱相对无穷远的时间减慢程度都是 $k_0 = 1/e$，显然静质量 M_0 越小，单位质量的时间减慢程度越大，"负能空穴"的质量 M_0 越小，势阱的时空"凹凸不平度"相对越大，所以在宇宙初始产生的粒子质量越小，这种粒子的初始膨胀度越大。

出现这种情况的原因应该是产生实物质的时间最早，真空能密度最大，由此产生的实物质的质能密度最大。同样的质能，实物质质能密度越大势阱越深，"负能空穴"真空能密度最低。这种粒子的势场空间很容易被外界势场真空能充填撑大，因此很容易膨胀。

宇宙初始时空为了降低时空由"正能与负能带来的时空凹凸不平度"，主要是靠膨胀抹平"凹凸不平"。为了降低宇宙初始的真空能密度，宇宙初始应该产生许多惯性很小的微粒子，宇宙初始阶段质量越小的粒子质能密度越大，膨胀力度越大，从而达到最大效率的降低真空能密度。因此这些粒子的静质量 M_0 近乎为零，产生的"负能空穴"极速膨胀为近乎平坦时空，当然带来的结果是势场范围或单位质量的力程很大，势阱梯度或场力近乎为零。因此这种粒子已经丧失了集聚能力，一般都是单独孤立存在的粒子，造成粒子始终被锁在势阱底部所谓的引力势奇点，粒子始终被极限压缩态，所以这类粒子始终以光速运动。

这类粒子由于在宇宙早期快速膨胀，今天几乎为浅势阱时空平坦粒子，在宇宙初始就已经丧失了继续推动宇宙膨胀的能力。

这类粒子的快速膨胀同时带来宇宙初始的时间快速加快，宇宙时空为了抵御时空快速膨胀引起的时间加快，会产生惯性质量 M_0 相对较大的粒子，这种大质量粒子最初势阱的时间减慢程度也是 $k_0 = 1/e$，但质量较大，单位质量的时空"凹凸不平度"明显降低，所以大惯性质量粒子具有较大的抗膨胀性，抵御时空膨胀，从而减缓宇宙初始时空的膨胀力度。

这种大质量物质由于膨胀速度受实物质惯性抑制，势阱相对暗物质较深，单位质量的力程相对较短,正由于膨胀力度被压抑,保留了很强的继续膨胀能力,今天的宇宙膨胀主要是由这类物质推动的,当然今天的膨胀速度相对宇宙初始慢多了。

由于小惯性粒子已经膨胀到极限,所谓极限状态就是平坦时空,也就是从势场中心到无穷远的时间快慢一样,这实际等于粒子势场中心的势能与粒子无穷远的势能一致,没有高低之差。而无穷远的势能等于外界的势能,所以这类粒子的时空外界势场的时空融为一体,已经近乎丧失引力势阱的概念,几乎与真空能物质一样,成为时空的一部分,今天的宇宙应该到处都有这种粒子。

这种实物质粒子的时空性质已经发生了变化,这种粒子本身的真空能密度始终等于外界的真空能密度 ρ,因此这种粒子今天已经不是靠时空膨胀来满足机械能守恒。由于这种粒子与真空能物质一样组成时空,因此具有与真空能物质一样特性。

由于这种实物质粒子的真空能密度始终与外界的势能密度 ρ 一致,由 12. 4 节分析可得这类粒子的势能满足式(12. 1)

$$\Psi=\rho\cdot v_0=\text{常数}$$

无论微中子走到何地,微中子的时间与当地参照系的时间快慢保持一致,没有势能变化就没有动能变化,所以当地人观察这类粒子始终是光速。

尽管微中子近乎为真空能物质,但与真空能物质有很大不同,微中子属于实物质粒子,只不过膨胀力度很大,属于长程力粒子或弱作用粒子范畴。

作用较弱的粒子实际是相对外界时空膨胀度很大的粒子,如果某些弱作用粒子是一些更弱粒子的积聚体,这类粒子的时间相对外界势场的时间加快,时空膨胀度较大,所以受到外界势场的时空压缩,受到时空不平衡力或外力。由于这类粒子的势能较高,由热二律可知这类粒子自发状态不可能从外界获得能量加速降低势能,而是继续分解更弱作用的粒子,表观形成弱作用粒子的衰变,衰变过程分解为速度更大但作用更弱的粒子,这相当于势能较高的粒子对外做功推动衰变后的粒子加速。

通常情况下,相对势能较高的粒子衰变为几个更弱作用粒子相对外界势场的时间加快,应该有极大的时空不平衡。但由热二律可知,自发状态下分裂为更弱作用的粒子将会与外界的时间保持一致,分裂后的弱作用粒子的时间不可能比外界的时间快。为了达到这个目的,粒子自动提高动能,提高动能可以压缩时空,降低粒子与外界的时空不平衡度。所以独立的弱作用粒子速度越高,粒子越稳定,这就是弱作用粒子尺缩时延达到光速的原理。但不能认为这种粒子是时空奇点,也不能认为微中子的动钟相对静钟慢。

微中子就是这种粒子的实例,但不能认为这种粒子是时空奇点,而是长程力粒子。

因此电场以及通常实物质引力势相对微中子势场都属于短程力物质,因此微中子不感受通常的电场力与引力,正由于这类粒子不与原子发生相互作用,这类粒子就容易通过外层电子空间。

原子核尺度相对原子空间尺度很小可以忽略,而电子空间尺度要比原子核尺度小得多,因此原子空间相对电子尺度而言可以看成无限大,所以电子在原子空间畅通无阻。如果微中子的质量或尺度与电子同数量级,由于不与电场相互作用,微中子将以光速在实物质中畅通无阻。

其实应该还有更多种类的粒子,只是它们脱离了人类的可视范围,今天的暗物质应该是宇宙初始极速膨胀的主力军,是实物质的主体。

宇宙初始产生惯性质量相对较大的物质的目的实际就是阻止宇宙时空的过度膨胀,这种惯性质量较大的物质并不占主流,恰恰是这种惯性质量较大的粒子组成了今天的宇宙可视的时空星系。

暗物质就是这样产生的,它们是宇宙早期宇宙快速膨胀的主体,属于畅通无阻不可视的实物质粒子,属于单位质量力程最大的长程力粒子,一般实物质引力势的单位质量力程远远低于这类暗物质粒子,所以这类粒子感觉不到短程力粒子的存在,所以不受引力、电磁力、短程强作用力的作用。

12.7 时空平衡推动黑洞吞吐物质

黑洞是引力势场势能梯度最大的位置,由第 4 章热二律证明势能梯度越大,时空膨胀度越大,所以黑洞的均值体积始终在膨胀 $\Delta V_m > 0$。

由式(10.2)$\Delta \Phi_m = \rho \cdot \Delta V_m + V_m \cdot \Delta \rho$,黑洞的势能 Φ_m 在增加,但黑洞的势能增加必须要不断地由外界充填补充能量 $\Delta \Phi_m > 0$,现在的问题是黑洞是否能保证时空膨胀 $\Delta V_m > 0$ 与由外界势场充填补充能量 $\Delta \Phi_m > 0$ 满足平衡态,使得黑洞不断地吞噬物质长大而又满足时空膨胀而不至于时空真空能欠饱和的要求?

时空膨胀既满足热二律又是惯性定律的需求,所以时空膨胀是主动发生的,但必须与外界势场充填补充能量 $\Delta \Phi_m$ 相联系。

在银河系的银心或银核位置集中了高密度的星系物质,这些星系势场的势能密度不但相互充填了星系时空膨胀所需的真空能,更重要的是充填银河系中心黑洞的引力势时空膨胀所需的 $\Delta \Phi_m > 0$。并且随着高密度星系的轨道迁移,不断的改变银河系黑洞的膨胀力度,这就是星系中心总是大量积聚高密度星系的原因。并且老的星系远离黑洞而去,必然会有新的星系在银心位置产生,不断的周而复始演化,推动着银河系的时空膨胀运动。

如果外界没有能量充填黑洞势场 $\Delta \Phi_m = 0$,由式 $\rho \cdot \Delta V_m + V_m \cdot \Delta \rho = 0$ 可得

$$\Delta \rho = -\rho \cdot \Delta V_m / V_m$$

由 $\Delta V_m > 0$ 可得 $\Delta \rho < 0$,黑洞所含外界的势能密度 ρ 下降,这意味着黑洞的势能降低或时间相对减慢,这肯定是黑洞的外界还有质量更大黑洞的引力势,时钟减慢的黑洞将向外界更大的黑洞跌落,这种情况有没有呢? 完全有可能存在。

实际情况可能更复杂,第 4 章例 1 证明黑洞质心附近膨胀度最大,无节制的时空膨胀而又得不到外界能量 $\Delta \Phi_m$ 的补充,黑洞本身势场的真空能密度 ρ' 过低完全有可能使得黑洞势场视界内部真空能欠饱和。

在这种情况下黑洞视界内部的实物质粒子将有可能相变蒸发为虚粒子以弥补真空能密度过低,因此黑洞将会有大量纯能态的粒子喷出。

黑洞自发状态的膨胀度总是不可避免的,由于黑洞中心真空能密度很低,外界得不到

势能密度的补充,黑洞中心或有大量的实物质蒸发为真空能虚粒子以弥补外界能量 $\Delta\Phi_m$ 的补充不足,这是黑洞自我调节外界势场不足的能力。而虚粒子与引力质量有极大的斥力,这使黑洞内部会有极大压力。如果压力过大,在黑洞内部产生的虚粒子就会被黑洞挤出,形成纯能态粒子喷出。

长期得不到外界势场势能充填的孤立黑洞,由于不断地有纯能态的粒子不断喷出,黑洞最终将萎缩甚至消失,所以今天很难发现孤立的黑洞,但由此可知不排除发现孤立的萎缩后的小质量黑洞。

黑洞质能密度极高,一个尺度很小的虚粒子可能包含有极大的质能。

这些质能粒子射流从黑洞喷出,融入黑洞外界的膨胀时空又会继续衰变为正、负电子、γ 光子、各类射线、弱粒子、引力质量粒子等,这些粒子积聚成团成为宇宙尘埃星云,从而产生新的星系,所以黑洞周围总是伴有大量的星云或星系。这些星系的势场的势能又会反过来充填黑洞的 $\Delta\Phi_m>0$ 的需求。

这些新产生的星系集中在黑洞附近,通过轨道变迁以保证黑洞的引力势时空膨胀所需的 $\Delta\Phi_m>0$。这实际就是黑洞通过吞噬星系,吞吐真空能物质自我补偿黑洞势场时空膨胀所需的真空能,这是自然界时空平衡的必然结果。

这自然会带来星系中心黑洞活动的不规则现象,当黑洞附近的时空膨胀力度能得到外界星系势场势能 $\Delta\Phi_m>0$ 的填充补偿,黑洞就显得寂寞。当外界星系势场的势能 $\Delta\Phi_m>0$ 充填补偿不了黑洞的时空膨胀度,黑洞势场甚至有可能继续收缩而向最近的黑洞跌落。黑洞势场收缩必然带来势能梯度的提高,直接后果就是引力增加,黑洞就显得烦躁不安,例如频繁吞噬星系,同时大量喷射纯能态物质,星系盘中心黑洞的上下方如果有虚粒子喷出,虚粒子会衰变为伽马 γ 光子、弱作用粒子等,因此在星系盘中心黑洞的上下方的伽马 γ 光子密度较大一些。

其中一些弱作用粒子(暗物质)无法探测到,表观将会有宇宙质量的失踪。

当然伽马 γ 光子在强重力场下会产生正、负电子对,正电子与实物质结合成质子,再与自由电子结合成氢原子,因此宇宙早期以及黑洞附近应该有星系喷撒氢原子的现象。

宇宙初期的膨胀应该是时空不平衡最强烈的时期,因此也应该是正、负电子产生最多的时期,也是氢原子产生最多的时期,宇宙初期的氢气密度应该最高。

黑洞势场圈养了很多恒星,由于恒星物质不断的辐射能量,例如太阳有大量的氢、氦原子,这些粒子由以上分析的原因必须辐射光子。恒星储存的势能 Φ_m 在不断地降低,所以恒星的势能是降低的,消耗质能是恒星塌缩的开始。

所以恒星势能会降低,会使得部分恒星向黑洞跌落,星系物质的势场时空必须收缩。同时星系物质的势场储存的真空能也必须降低,势能密度下降,因此星系向黑洞跌落必然伴有光子辐射,越接近黑洞,势能降低越剧烈,星系会有 X 射线。所以星系向黑洞跌落必须有大量光子的产生,所有这些都是保证星系势能增量 $\Delta\Phi_m<0$ 的必要条件。

要保证宇宙时空总体平均仍在膨胀,星系向黑洞跌落过程必须释放大量时空膨胀度较大的粒子来平衡星系物质向黑洞跌落的时空收缩。例如物质的惯性阻止物质的时空收缩,这些物质相对黑洞有一定的时空膨胀度 $k>1$,这些拒绝时空收缩的粒子会向满足粒子时空平衡方向运动，所以恒星向黑洞跌落必然会向宇宙抛洒大量时空膨胀度较大的粒子。星系向黑洞跌落过程应该有大量物质逃离黑洞，这是时空平衡所要求的，因此不排除星系向黑洞跌落，有些物质可以逃离黑洞。

所有这些都使得黑洞势场真空能的欠饱和得到抑制，例如黑洞喷出的虚粒子产生的弱作用粒子微中子的增多，这些粒子会受到黑洞引力而集中在黑洞附近，各类光子也会被黑洞吸收，喷出的虚粒子有可能直接转化为黑洞势场的真空能。黑洞吞噬星系，星系跌入黑洞，不排除有部分实物质直接转化为真空能，所有这些努力都是确保黑洞膨胀过程储存的能量提高，抑制黑洞势场真空能欠饱和，使得宇宙时空膨胀能够得以维持。

不仅要保证黑洞的时空相平衡，黑洞星系势场无穷远的位置的势能密度最高，质量较大的黑洞时空收缩都很大，宇宙总体评价时空膨胀，势场无穷远的真空能密度有可能相对外界很高，有可能过饱和，不排除较大星系势场无穷远的高势能位置“凭空”产生实物质的情况，甚至有可能“凭空”产生星系。

所有这些都需要观察宇宙检验。

13 原子内部的作用力

13.1 粒子为什么稳定

粒子的稳定性与粒子相对外界势场的时空平衡度有关。

一般情况下由于虚粒子的时空相对外界势场 $k>1$,所以虚粒子一般很难生存。

许多微观粒子在原子核引力奇点附近时空是高度收缩的,与原子核中心高度收缩的时空保持平衡。这类时空高度收缩的粒子一旦进入地球表面相对膨胀度极大的时空,这些粒子需要膨胀时空才能与地表的时空尺度保持连续平衡。

原子核内时空极度收缩的粒子突然与极度膨胀的地表时空接触,这些时空极度收缩的粒子必须膨胀。但由于原来原子核与外界的时空不平衡度太大,因此粒子的时空膨胀类似于微型时空爆炸,造成粒子的时空相对地表系高度膨胀。

所以粒子相对地表势场系过大的时空不平衡很不稳定,必须依靠衰变形成时空膨胀度很大的势阱很弱的粒子,会产生新的粒子。

这就是衰变机制,粒子衰变的动力是"物质时空平衡状态决定物质运动状态",衰变的目的就是产生时空膨胀的弱作用粒子,本质仍是热二律。

对于强作用粒子一般都是时空高度收缩的粒子,延长强作用粒子寿命的方法是让外界环境的时空收缩,降低外界时空与粒子的时空不平衡度。

例如施加强磁场,可以提高这类粒子的稳定度。

13.2 正、负电子的电场场强分布不对称

正电子电场属于引力场,与实物质势场一样,自发状态膨胀力度相对较大。

真空能纯能态物质时空自发收缩,电子的电场场强是真空能势垒场,之所以时空膨胀是因为势垒场的势能密度相对比外界引力势的势能密度高,时空膨胀降低势垒场的势能密度,从而降低电子势垒场的均值密度,从这点讲电子势垒场本身具有向势能降低方向运动的趋势。只不过由于电子真空能势垒场的时间相对较快,膨胀力度相对较弱,时空膨胀力度弱,意味着势能梯度相对较大。

所以电子的场强要比正电子的场强略大一些,如图 13.1 所示。

图 13.1 中按正、负电子电势沿半径分布,正电子势阱场相对稍弱,但力程更大。而电子势垒场相对稍强,但力程更小。

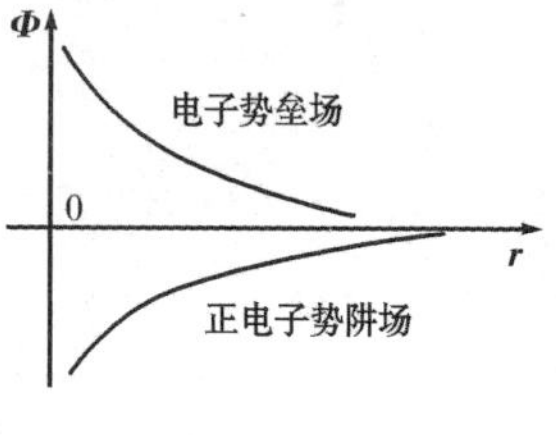

图 13.1

之所以出现这种情况,原子核正电子有实物质,例如质子或中子,这些实物质粒子的势场本身在膨胀,而正电子势阱电场也在膨胀,两种膨胀的力度并不一样,在宇宙历史长河中,两种膨胀度相对变化与动系相对外界势场的运动改变势能的概念一样,使得实物质势场真空能充填正电子的势阱电场。并且正电子势阱电场膨胀度越大,涵盖的真空能越大,势能越高,这与黑洞视界附近集聚大量星系的作用一样。

而电子质心相对没有这么多实物质,只有电子质心实物质短程势场,膨胀力度相对较低。而电子势垒电场的膨胀使得势垒场的势能密度降低,势垒场与电子质心实物质势场叠加的结果同样使得电子质心实物质引力场膨胀力度相对较弱,没有势能密度的充填,电子质心实物质势场只能靠外界势场的势能密度充填来保持膨胀,这种膨胀力度相对就小多了。其本质还是电子势垒场膨胀力度较弱抑制了电子质心的实物质粒子的膨胀,反而使得电子质心的短程引力势很强。

所以随着原子直径尺度越来越大,正电子电场的膨胀度大于电子电场的膨胀度,造成正、负电子的场强略有不同。

正、负电子的电场相对各自质心短程势场是长程力,所以正、负电子电场感觉不到正、负电子的质心位置的粒子的短程力。但正、负电子的质心位置的粒子都是短程力,能感受正、负电子电场的长程力。而正、负电子的质心位置的粒子的短程力势场的相对时间快慢均值简单明确,正电子质心的真空能物质时间相对较快,电子质心的实物质的时间相对较慢,由此形成了正、负电子之间的作用力。

尽管正、负电子是短程力势场感受长程电场力,由于这种作用力的表观对称性,人们感觉是正、负电子之间的作用力。

不仅正、负电子的场强略有不同,正负电子各自质心的短程力场强由于同样原因,正电子质心的短程势垒场的场强更强,而电子质心的短程引力场强相对就很弱,而且二者相差甚至很大。

13.3 地磁分布与正、负电子场强不对称分布的相互印证

如果正、负电子电势沿半径分布不对称,一定会在物理实验中显示出来。

通常实物质呈电中性,原因是正、负电荷的势场相互抵消,所以当实物质运动并不产生磁场。

实际由于正、负电子电势沿半径分布不对称,逻辑上不可能做到正、负电荷的势场相互抵消,只不过这种效应太弱,在地表做实物质运动实验基本呈电中性。

地球作为实物质集聚整体,也是非常庞大的等量的正、负电荷集中集聚的整体,即便正、负电荷势场的不对称非常微弱,微弱到根本无法测试,但如此庞大电荷量的集中效应,

完全可以把这种极其微弱的正、负电子电势沿半径不对称分布在实验中表现出来，尽管这种表现可能同样是微弱到可以忽略不计。

地球自转带动地壳运动，地壳的赤道带动正、负电荷可以产生磁场，如果正负电荷重量相互抵消，正负电荷产生的磁场也相互抵消。如果正、负电子电势沿地球半径不对称分布能产生什么状态呢？

电子的场强略强，地球集聚大量的正、负电荷，赤道自转必然使得正负电荷产生的磁场相互叠加，大量电子产生的磁场相互叠加，使得电子产生的磁场超过大量正电荷产生的磁场，叠加结果使得电子产生的磁场占上风而显示出来。

但由于正电荷的力程更大，在正电荷力程超过电子力程后，正电荷产生的磁场显示出来，如图 13.2 所示。

图 13.2 是大量正、负电荷积聚在地表附近的势能分布，如果以电子产生的磁场为正，由于地壳大量分子的电子被赤道定向运动产生的磁场相对较强，但力程相对较短。而正电荷被赤道定向运动产生的磁场相对较弱，但力程相对较大，结果是正、负电荷产生的磁场在地表附近由电子产生的正方向磁场随着半径增大转为反方向的磁场。可以想象由正、负电子电势沿半径分布不对称产生的磁场极弱。

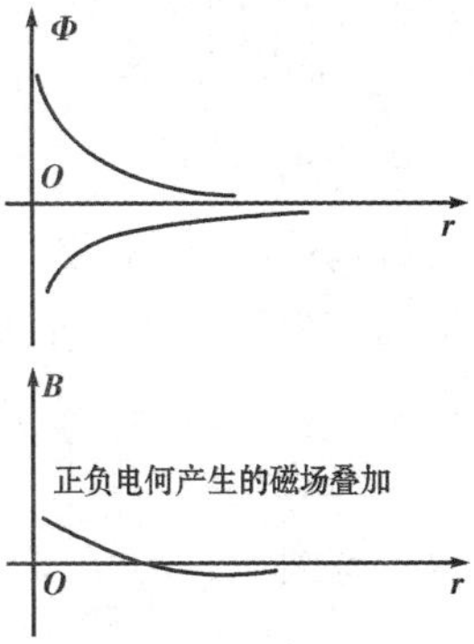

图 13.2

如果赤道实物质相当于负电荷产生的磁场，实物质产生的磁场是随着半径增大逐步减弱。

把赤道实物质产生的磁场与正、负电荷产生的磁场叠加，由于正、负电荷产生的磁场相对比赤道实物质产生的磁场短程，电子产生的磁场与赤道实物质产生的磁场相互叠加更强。随着半径增大正电荷产生的磁场与赤道实物质产生的磁场方向相反相互叠加后抵消，所以磁场继续减弱，这种减弱与实物质产生的磁场随着半径增大逐步减弱方向一致，给人们错觉是正常的磁场减弱。

但由于这种相互叠加抵消很短程，之后磁场又逐步回升恢复到正常的实物质产生的磁场，结果出现地磁在赤道上空半径 r_0 处磁场增强现象，接着磁场继续减弱，如图 13.3 所示。

地磁分布如果在赤道上空半径处 r_0 出现磁场短程增强，接着磁场继续减弱，不但证明正、负电子电势沿半径不对称分布，同时证明实物质同样产生磁场，因为电荷产生的磁场绝不可能在赤道附近上空出现磁场增强现象。

由于太阳势场时间分布的影响，正、负电子势场靠近太阳方向的立体角的势能降低或时间被减慢，直接带来靠近太阳方向的半径发生尺缩效应，力程相对缩短。而背离太阳方向的半径发生尺涨，力程相对增大。这种时空伸缩效应在地表可以忽略不计，但当物质积聚以及大时空积累效应较大，就不能忽略不计。因此正、负电子电场的磁场与实物质磁场叠加效应必然是赤道上空出

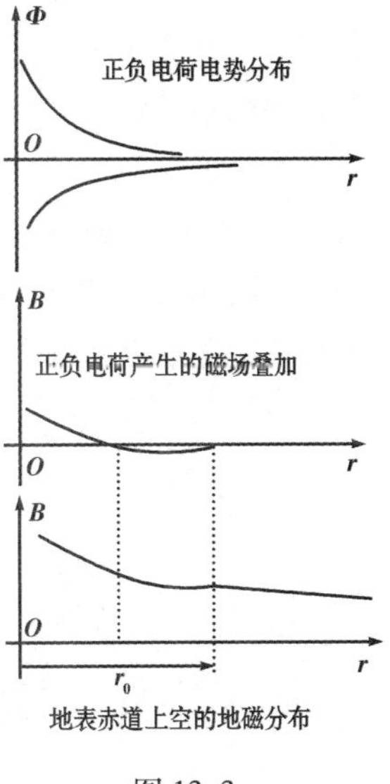

图 13.3

现地磁增强的半径在昼夜会有不同，白天正午赤道上空出现的地磁增强位置距离地表的距离相对比夜间正午赤道上空出现地磁增强位置更近，这是证明引力势空间尺度分布最直接的证据。

同理，由磁场分布公式 $B = u_0 \times f_0'/(kc^2)$ 可得正电荷靠近太阳方向的立体角范围内的 k 值降低，而背离太阳方向的立体角范围内的 k 值增加，造成正电荷电荷产生的磁场并不按照正电荷势场半径均匀分布。正电荷集聚以及大时空积累效应以及地球自转的影响，必然造成正电荷磁场在白天相对比夜间强，实物质磁场与正电荷叠加是抵消的效果，所以实物质磁场被正电荷磁场抵消后又逐步回升恢复到正常的实物质产生的磁场的幅度显得更大一些，因此赤道上空白天地磁短程增强幅度大于赤道上空夜间地磁短程增强幅度。

如果地磁是这种分布还证明正、负电荷相对引力场是短程力粒子，赤道上空半径处 r_0 出现磁场短程增强是从地心到地表所有运动正、负电荷的总和产生的磁场叠加所能涉及的最远距离，而地磁涉及的距离要比正负电荷产生的磁场范围大得多，这说明电荷单位质量的力程要比实物质单位质量的力程小得多。这就在实验中证实电场相对引力场属于短程力，所以实物质不感受正、负电荷产生电、磁场。

地球实物质自转产生的地磁很弱，叠加上述所说的正、负电荷势场很微弱的不对称性短程范围的磁场，可能很难被发现，但只要有正、负电荷势场微弱的不对称性，逻辑上应该有以上效应。

行星空间超出正、负电荷势场很微弱的不对称性短程磁场的时空范围，行星磁场仍是行星自身产生的磁场，星系在宇宙中运动仍是表现为中性粒子。

到本节为止把所有地磁分布异象诸如磁轴与地轴不一致以及磁场强弱分布、磁轴与地轴的倾角以及赤道上空可能出现的短程磁场增强现象证明完毕。

测量地磁是用电荷测量，所以能发现这种由实物质和正、负电荷共同作用产生的地磁，但如果用实物质测量地磁，只能发现实物质产生的地磁，只不过地磁太弱，卫星几乎感觉不到地磁。

在此顺便预言地磁翻转后赤道上空半径处 r_0 出现磁场短程增强的变化，地磁翻转实际等同于正电荷产生的磁场，但正负电荷不会跟着翻转，仍然保持原有的电荷量以及正负性，结果是实物质产生的磁场与正电荷产生的磁场叠加更加增强。

所有证明并不涉及相对论观点，仅仅是把经典物理的低速动能定义域提高到定义域涵盖高速精确动能概念，由此获得了许多与相对论一致的概念但又不同于相对论的相对时空，其中地磁异象分布是物理学之谜，经典物理具有可靠实践实践证明，所以经典物理的魅力并没有被充分挖掘。

13.4 正、负电子之间的短程力关系

13.4.1 正、负电子的相对势能分析

在真空能粒子或虚粒子的时空特性基础上分析正、负电子之间的相对势能更具有逻

辑性与经典物理直观性。

实物质粒子与虚粒子的特性比较：

实物质聚集一定是势能密度相对降低，实物质收缩度越大，势能相对越低，但实物质长期总体效应是时空膨胀。

虚粒子聚集一定是势能密度相对提高，虚粒子收缩度越大，势能相对越高，但虚粒子长期总体效应是时空收缩。

正、负电子势场结构反对称，具有非常直观的经典物理可比性。

正、负电子各自带有引力负能势场，直接比较引力势场的相对时空收缩度就可以比较这两个势场的相对势能高低。电子质心实物质引力场属于短程力，而正电子电场属于长程力引力势场，所以电子质心短程力势场的时空收缩度相对要比正电子电场的时空收缩度大，因此电子引力势部分的势能相对比正电子电场的势能低，或者说电子短程引力势场的时间均值要比正电子电场的时间均值慢。

同理正电子质心短程势垒场的势能均值密度要比电子势垒场的电场的势能均值密度高，所以电子电场的时间均值相对要比正电子的时间均值慢。

综合以上两类势场的比较，电子长短程势场全空间总和的时间均值相对比正电子长短程势场全空间总和的时间均值慢，或者电子的势能相对比正电子的势能低，所以当正、负电子相遇，正电子向电子电场相对时间分布较快的方向运动，而电子向正电子相对时间分布较慢的方向运动，形成异性相吸。

同理正电子在正电子电场势能分布相对较低的引力势场中，正电子向势能相对较高的方向运动，显示同性相斥。电子同样是同性相斥。

以上是正、负电子之间的相对势能比较，并非与实物质势场无穷远势能零点作比较。假设把正、负电子压缩到宇宙初始，正电子势垒场与势阱场正好重合而相互抵消，同理电子也是这种情况，这说明当把正、负电子压缩到宇宙初始正好与宇宙初始实物质“负能空穴”界面外的真空能密度一致。而正、负电子势垒场可以看成是由宇宙初始真空能密度膨胀而来的，所以正、负电子势垒场的势能均值相对宇宙初始实物质“负能空穴”界面外的势能是降低的。而正、负电子的引力势场的势能均值也是比实物质引力势无穷远的势能低，所以正、负电子长短程势场全空间的势能均值相对实物质引力势的势能均较低，因此正、负电子都具有向实物质粒子跌落的趋势，只不过实物质对正电子的引力相对比实物质对电子的引力更弱一些。

今天的实物质势场的引力很弱，例如分子间作用力很弱，所以基本很难见到正电子。

如果把正电子质心真空能物质称作“正电荷”，正、负电荷质心的质能一样 $E_m = m \cdot c^2$，但质能密度 $\rho_m = E_m/V_m$ 并不一样，电子质心的引力势空间相对比正电子质心“正电荷”物质的空间大得多，平均效果是正电子的质能密度相对比电子的质能密度更大一些。

实物质势场是质能密度越大，时间相对越慢。而正电荷的时间相对比电子快，但质能密度反而比电子的质能密度大，这是什么原因？

正电荷质心是真空能物质，质能密度实际就是势能密度，质能密度越大代表势能密度越大，时间相对越快。

这种质能密度与时间快慢的关系恰恰是实物质与虚粒子构成反粒子的例证。

13.4.2 正电子短程力场强远远大于电子短程力场强

虚粒子在自发状态具有收缩性,正好与实物质粒子反对称,所以正电子质心的势垒场的膨胀力度要比引力势的膨胀力度小得多,也就是说正电子质心短程势垒场的膨胀力度远远低于电子质心实物质短程引力势的膨胀力度。所以正电子质心短程势垒场的势能梯度相对比电子质心短程引力势的势能梯度大得多,表现为正电子短程力场强要比电子短程力场强大得多。

在正、负电子质心短程力范围内,正、负电子之间有斥力,但由于各自短程力场强不同,正电子对电子的斥力大于电子对正电子的斥力,斥力不对称造成电子有被原子核弹出的趋势。

中子内有正、负电子,由于电子与正电子是短程斥力,电子有被正电子短程力弹出的趋势,所以中子属于亚稳定,有衰变成质子的可能。

由于正、负电子的短程力以及各自电场的时空特性,造成正、负电子在外界外力作用下的时空伸缩引起的受力状态大相径庭。

正电子的电场膨胀力度大于正电子质心短程力的膨胀力度,正电子电场是势阱场,同样靠时空膨胀加快相对时间。而电子是势垒场,时延系数变化的速率方向肯定与正电子的速度反向,这是造成正、负电荷同样磁场、同样速度方向,但洛伦兹力反向的原因。

13.4.3 正、负电子与虚粒子之间的力程关系

在虚粒子极强的短程力以及正电子长程力电场范围之内,虚粒子感受的是正电子电场的斥力,同理可得虚粒子感受电子长程力电场的引力。

在虚粒子极强的短程力以及正、负电子短程力范围之内,虚粒子受到电子的短程斥力,正电子与虚粒子之间是短程引力。

但正电子质心就是真空能虚粒子,虚粒子与虚粒子相互吸引实际就是虚粒子的合并,这会形成较大质量的正电荷,这通常一般很难见到。

而虚粒子受到电子电场的引力,说明虚粒子向电子质心跌落,但虚粒子受到电子质心的短程斥力,说明虚粒子可以跌落到电子短程斥力半径 r_0,因此自然界可以有带负电的虚粒子,所以带负电的虚粒子一定有自旋。

13.4.4 正、负电子电场与实物质力场的关系

正、负电子电子场强相对很强但相对实物质势场力程属于短程力,在实物质长程力范围电场力程可忽略不计。

正电子电场相对占有很大空间,而正电子电场属于引力势,所以当实物质力程相对较短的早期宇宙,正电子与实物质在自发状态下可以结合生成质子。

而电子电场属于势垒场,即便在宇宙早期实物质力程相对较短的时候,电子与实物质在自发状态也很难结合为反质子。所以正电荷与实物质的结合能力要远远大于电子与实

物质的结合能力,这是造成宇宙有反粒子却没有反物质的原因。

但电子质心的实物质能感受到实物质势场的引力,所以在外力干预下可以形成带负电的质子或称反质子,一般情况下是带负电的虚粒子自发衰变为反质子。

因为虚粒子可以衰变为实物质,而电子质心有实物质短程引力场,所以由虚粒子直接衰变的实物质质心进入到电子质心短程力势场内形成相对较强的短程引力,两个质心重合可以形成带负电的质子。

但电子这种短程引力相对很弱,所以反质子很不稳定,反质子很容易弹出电子衰变为中子。

反质子与正电子可以形成反氢原子,反氢原子同样不稳定。

正电子质心是势垒场,越往中心势能越高,正电子质心与实物质质心在正电子短程力空间内,实物质不可能向高势能方向运动,所以正电子质心不可能与实物质质心重合,是短程斥力,所以实物质质心并不能与正电子质心的正电荷势垒场重叠,而是形成轨道能级。

13.4.5　如何改变正、负电子的相对时空状态

经典物理很成功论证了改变实物质的时空状态原理,利用运动可以改变实物质的势能高低,还可以利用实物质的集聚程度改变分子间的势能,例如截流阀制冷效应。

能不能利用以上两条原理改变正、负电子的相对时空状态,从而改变电子的运动状态?

万变不离其宗,可以利用电子质心的短程引力将两个电子集聚在一起,例如两个电子重叠在一起,电子质心的短程力势场得到叠加,同时电子电场势能密度得到加强。但这不是简单理解为数量叠加,这与实物质集聚势能密度降低具有同等概念,这实际是电子的时空收缩。

如果能直接测量电子在电子质心短程引力的受力,会发现电子所受重力要比电子在地表所受重力大得多。

电子时空收缩相当于将电子向宇宙初始状态压缩,例如将电子压缩到宇宙初始极限状态就是宇宙初始时空的势能密度,这说明电子的集聚可以提高电子的势能,而原子电荷的势能状态并没有改变,这就等于改变了正、负电子之间相对时空状态,从而改变正、负电子之间的受力状态。

今天的正、负电子势场都接近绝对时空,所谓的势能高低都是相对概念。正、负电子之间微小的相对势能变化都将改变人们所熟悉的经典物理概念。

当"电子对"的势能升高,"电子对"完全有可能脱离原子正电荷的束缚而成为自由"电子对",这种自由"电子对"完全不同于原子势场中的自由电子,原子势场中的自由电子是受到正电荷引力的,因此外力拉动自由电子不但需要能量,而且自由电子由于受到正电荷的引力而消耗能量,因此外力必须持续给自由电子能量才能保持电子的有向运动。

而自由"电子对"由于不受正电荷引力,没有损耗,一旦被外力加速运动,将永远的运动,形成奇特的"超导体"效应。

当然电子质心的短程引力很弱,电子很容易逃脱电子质心短程力的束缚。

13.5 原子内的粒子作用

(1)原子空间长程力空间。电子与正电子之间是引力,实物质粒子不受电场力,所以在原子核外大片空间只有电子,而无其他粒子。

(2)质子与中子有能级。正电子核心的虚粒子与质子、中子有短程斥力,因此原子核的质子、中子与正电子质心的虚粒子之间是引力动态平衡,有类似于电子那样的原子核能级。

(3)原子的稳定度。正电子质心虚粒子之间的短程引力极强,远远超过实物质之间的作用力,所以原子核相对很稳定。

经典物理所说的电荷应该包括正电子质心的虚粒子与正电子的引力势整个系统。

质子之间的短程力实际就是正电子质心虚粒子之间的短程力,而虚粒子自旋为 1 的整数倍,虚粒子之间本质属于时空概念。所以虚粒子空间可以互相重叠与嵌套,不会因为质心虚粒子数量的增加而大幅增加原子核的时空范围,因此原子核内正电荷虚粒子聚集的空间很有限。实际是虚粒子越多,真空能密度越大,这将增加原子核短程力势场的势能梯度,短程力场强增加。

同理正电荷的电场力会随着电荷的增量同样获得加强,所以随着原子序数增加,物质稳定度增加,当然物质密度也增加,例如金银类金属密度大,抗腐蚀性强。但由于原子核内部更紧密,外层电子的势能轨道相对被更低,类似于引力场质量越大相对时间越慢,电场的时间分布相对无穷远更慢,折射率相对更大,所以外部观察物质内部视光速更低。

但随着原子内中子、质子越多,中子、质子的实物质空间不可压缩,实物质越多占有空间越大,原子核尺度将会越大。当很多电荷叠加后一旦超过止电子集聚的短程力范围,虚粒子被电荷挤在短程力外部的引力场范围,虚粒子与引力场的同性斥力发挥作用,并且同性斥力同样很大,所以超大原子核不稳定,将分裂为多个稳定的粒子。

中子内有正、负电子,由分析电子与正电子是短程斥力,而中子落在原子核正电子质心短程力边缘,电子受到正电子的短程斥力,所以电子有离开中子的趋势,所以中子不稳定,有变成质子的可能。

由于中子可以衰变为质子,所以许多看似稳定的物质最后都将向某一种可能最稳定的物质转化。

13.6 不存在反原子

目前知道的反粒子只有正、负电子,本文论点推出具有一定凝聚度界面的真空能物质或虚粒子是实物质的反粒子。

那么什么是反物质? 反物质就是由反原子组成的物质。

什么是反原子? 将组成原子的粒子均用各自的反粒子置换就是反原子。

例如氢原子是由质子与电子组成的,那么反氢原子应该是什么样呢?

反氢原子应该是由反质子与正电子组成的,那么反质子应该是什么样呢?

质子是由正电子以及跌落在正电子短程势场边缘的实物质构成的,那么反质子应该由电子以及跌落在电子短程势场边缘的虚粒子构成。

所以反质子根本不是由实物质与电子构成,目前所说的“反氢原子”仍属于实物质世界,距离反质子概念十万八千里。

那么能不能构成反物质世界呢? 首先看电子短程势场空间内能不能充填更多的电子,电子质心实物质属于自旋为 1/2 整数倍的粒子,体积不可挤压,这与正电子质心的虚粒子大相径庭,最起码超过两个负电荷序数的反原子是很难存在的。

仅此一条就足以证明反原子很难成立,除此以外还有反原子核的外层空间正电子轨道的稳定性,总而言之,反粒子可以存在,但反粒子拒绝反原子存在,反物质的存在只局限于反粒子。

14　光速本质、尺缩时延、宇宙距离

14.1　光速本质

由 12.5 节分析得到一个概念,光子的时间快慢始终与外界势场的时间快慢保持一致,这是什么概念?

电荷或物质在外界势场中运动,如果以无穷远为势能零点,当运动满足机械能守恒 $\Phi + E_k = 0$,实际代表电荷或物质的时间快慢始终与"当地"外界势场的时间快慢保持一致,但观察者观察动系的动能 E_k 始终在变,而光子的动能始终不变,这是什么原因?

光子是电子势场时空吸收或释放的真空能物质 m,电子势场时空就是真空能势垒场,因此被吸收或释放的物质应该是真空能势垒场。光子的自旋是 1 的整数倍,所以光子就是真空能场,或者说光子就是时空。

光子与"当地"外界势场的时间快慢保持一致实际就是光子本身的真空能密度 ρ' 与外界势场的真空能密度 ρ 一致。所以当外界势场真空能密度增加,光子时空场的真空能密度自动增加,这意味着光子的时空收缩。

光子本身的真空能密度 ρ' 与外界势场的真空能密度 $\rho(r)$ 一致,物理意义是把光子势场本身所涵盖的空间范围等效为一个体积 V_m,在光子体积 V_m 内充填外界势场的势能密度 $\rho(r)$,所以光子的势能为

$$\Phi = \rho(r) \cdot V_m$$

势能密度 $\rho(r)$ 越大,经典物理认为引力势能 Φ 越高,如何才能保证光子的光速不变,经典物理绝对时空认为除非 $\Delta\Phi = 0$。但在相对时空不同参照系观察动系的视速度可以不同,所以 $\Delta\Phi = 0$ 只是光子动能 $m \cdot c^2$ 不变的条件,不能由此得出视光速不变。由 $\Phi = \rho(r) \cdot V_m$ 可得 $\Delta\Phi = \Delta\rho(r) \cdot V_m + \rho(r) \cdot \Delta V_m = 0$,所以

$$-\Delta\rho(r)/\rho(r) = \Delta V_m / V_m \tag{14.1}$$

当外界引力势真空能密度增加 $\Delta\rho(r) > 0$,例如引力势能 Φ 升高,光子的时空收缩,势能升高时空收缩与实物质粒子 M_0 的势能升高时空膨胀正好相反。

虚粒子与光子都是真空能粒子,真空能物质的时空伸缩性与实物质 M_0 满足反对称性。但光子与虚粒子不同的是,光子的时空伸缩性正好满足 $\Delta\Phi = 0$,这并不等于说光子的时间不变,光子本身就是真空能,势能密度 ρ 的变化本身就代表时间快慢的变化,光子的时空伸缩必然导致光子的时间快慢发生变化,只不过光子的时空伸缩正好满足机械能守恒

但又保持光速不变，这就是光子的时间快慢始终与外界势场的时间快慢保持一致的原因。

光速不变的热二律意义是光子的动能 $m \cdot c^2$ 如果转化为静止的虚粒子 m，这个虚粒子 m 的时间就一定比当地势场的时间快 $K_0 = \mathrm{e}$ 倍，所以光子跑到任何位置都要求光子在当地的速度必须是光速，动能 $m \cdot c^2$ 把光子的时间加快程度 $K_0 = \mathrm{e}$ 正好降为 $k_0 = 1$。从而保证光子的时间始终与光子所在地的时间保持一致。并且光子不可能自发向远离时空平衡态的方向发展。

但是时间的快慢代表能量，只要光子的时间快慢跟随外界势场的时间发生变化，并且时间的相对快慢能被观察带，就应该能发现光子的能量变化，这就是式(12.2)

$$m' \cdot c'^2 - m \cdot c^2 = \Delta E_k = \Delta \Psi$$

$m' \cdot c'^2$ 是视光速，这个效应被表现在光子的波长红移概念。但人们怎么实验光子时间快慢变化后真实能量的高低？自然律没有这个概念，如果用光子轰击原子能级，当地人们发现光子能量不变，原因是光子动能始终是相对动能 $m \cdot c^2$，光子动能的高低必须由当地的实验者来证明，而与当地实验者的时间快慢不一致的观察者无法证明，因为时间快慢本身就是相对概念。

可见同样的机械能守恒状态，光子与实物质 M_0 粒子的运动状态大相径庭。

由于光子始终与“当地”外界势场的时间快慢保持一致，“当地”与光子时间快慢一致的参照系观察光子的能量 $E_0 = m \cdot c^2 \cdot \ln(K_0) = E_k, K_0 = \mathrm{e}$。光子的能量与光子频率 f_0 有关，所以尽管宇宙初始与今天的时间快慢不同，但无论在宇宙何处，“当地”参照系观察当地原子辐射的光子的固有频率 f_0 不变。

14.2 尺缩时延与同系光速不变

地球参照系的原子辐射光子的固有周期为 $T_0 = 1/f_0$，光子的时间与地球的时间快慢一致，当光子由地球运行到其他星系，光子的时间也与星系当地参照系的时间快慢一致。地球参照系与当地星系参照系观察光子从地球运行到当地的频率是多少？

已知地球参照系的时间 T_0 与星系当地参照系的时间 T' 快慢比例关系 k 是

$$T_0 \cdot k = T'$$

T_0 是光子的固有周期，所以当光子运行到其他星系，光子的周期被伸缩为 T'，由 $T_0 \cdot k = T'$ 可知，尽管光子的周期在其他星系被伸缩为 T'，但对应地球的时间仍是 T_0。

所以地球观察光子运动到其他星系的固有周期 T_0 不变或固有频率 f_0 不变。

但星系当地参照系观察由地球发来的光子周期变化了，所以星系当地参照系观察由地球发来的光子的频率 $f' = 1/T' = f_0/k$，这叫频移。

当地观察光子的光速不变，所以地球与其他星系观察光子的光速为

$$c = f_0 \cdot \lambda_0 = f' \cdot \lambda'$$

$\lambda_0 = c \cdot T_0$ 是地球参照系观察当地光子的固有波长，$\lambda' = c \cdot T'$ 是星系观察由地球发来光子的波长，所以 $\lambda_0 \cdot k = \lambda'$。

将 T_0、T'、λ_0、λ'分别由 Δt_0、τ、L_0、L 代替，由 $T_0 \cdot k = T'$、$\lambda_0 \cdot k = \lambda'$、$\lambda_0 = c \cdot T_0$、$\lambda = c \cdot T'$整理后可得

$$L/L_0 = \tau/\Delta t_0 = k \tag{14.2}$$

$$L/\tau = L_0/\Delta t_0 = c \tag{14.3}$$

式(14.2)是相对论尺缩时延公式，k 是时延系数。

式(14.3)是相对论没有的公式，即地球发射的光速是 $=L_0/\Delta t_0$，星系当地参照系观察的光速 $c=L/\tau$，光速 $c=L/\tau$ 只满足光子所在地的当地观察者不变，这就是“光子的时间快慢始终与当地外界势场的时间快慢保持一致的物理意义”。

上式说明，当动系的时间 τ 相对观察者的时间 Δt_0 减慢，动系的尺子 L 也相对观察者的尺子 L_0 变短。

由“时钟的表盘及刻度与参照系无关”，实际也包括“尺子的刻度与参照系无关”，某动系的时间 τ 与尺子的刻度 L 只要满足 $L/\tau=c$，即使尺子有各向异性伸缩变形，但是同一把尺子的“刻度值”与参照系无关且各向同性，在动系观察光速各向同性。

所以 $L/\tau = L_0/\Delta t_0 = c$ 另一层意思虽然尺子有相对伸缩，但动系观察者看到的动尺“长度值”还是 L_0，动系观察动系发射光子扫过动尺长度 L_0 的时间还是 Δt_0。

式(14.3)的基本含义是动系运动过程中，尽管动系的尺子 L 与时间钟 τ 在不断的伸缩，但动系的时空尺度伸缩比例 $L/\tau = L_0/\Delta t_0 = c$ 永远不变，这就是跟随参照系运动观察参照系自身时空坐标的实验光速 c 不变的原因，这也是保证表盘刻度与尺子刻度不变且各向同性的充要条件，因为人类用时间测量尺子长度总是以光速为标准。

L、τ 是同一参照系的时空坐标，参照系时空伸缩坐标比例就是固有光速 c，各向同性，逻辑是时空特性而非运动特性，所以光速是“同系光速不变”，光子具体运动速度是这一时空特性的表观形式。

同系光速不变，两个时间快慢不一致的不同系之间互相观察对方的光速为多少？由式(14.3)同系满足 $L=c \cdot \tau$，L 是光子所在当地参照系的坐标距离，τ 是当地参照系的时间，光子所在当地参照系的时间 τ 相对观察者的时间 Δt_0 快慢比例满足式(14.2) $\tau = k \cdot \Delta t_0$，将 $\tau = k \cdot \Delta t_0$ 带入 $L = c \cdot \tau$ 可得

$$L = c \cdot \tau = c \cdot k \cdot \Delta t_0 = c' \cdot \Delta t_0$$

$$c' = c \cdot k$$

$c' = c \cdot k$ 是观察者用自己的时间测量光子的视光速。

将 $c' = c \cdot k$ 带入光速 $c = f_0 \cdot \lambda_0$ 可得

$$c' = c \cdot k = f_0 \cdot \lambda_0 \cdot k = f \cdot \lambda_0 = f_0 \cdot \lambda' \tag{14.4}$$

$$f = f_0 \cdot k \qquad \lambda' = \lambda_0 \cdot k$$

当观察者发射光子到时间快慢不同的参照系，观察者观察的视光速 $c' = f_0 \cdot \lambda'$。

例如光子进入在透明介质内部是亚光速 $c' = c \cdot k$，说明 $k<1$，透明介质内部的时间 τ 相对透明介质外部的时间 Δt_0 较慢，光子的频率 f_0 不变，但波长 $\lambda' = \lambda_0 \cdot k$ 变短。

而 $c' = f \cdot \lambda_0$ 代表如果介质内部能够发射光子，静系观察介质内部发射光子的视光速。这种情况出现在早期星系发射光子的情况，人们无法观察早期星系发射光子的视光

速,但人们能根据光线的弯曲程度知道早期星系的视光速。

14.3 宇宙距离

如何理解透明介质的亚光速的物理概念? 设一把长度刻度值为光子固有波长 λ_0 的尺子放到宇宙初始星系,宇宙初始星系的时间相对比地球的时间慢 $k<1$,所以尺子缩短为 $\lambda'=\lambda_0\cdot k$。光速是时空特性而非运动特性,地球人观察当地的光速减慢 $c'=c\cdot k$,当地观察者是用减慢的光速 c'测量伸缩后的尺子长度,当地人测量的时间是

$$\lambda'/c'=\lambda_0\cdot k/(c\cdot k)=\lambda_0/c=T_0$$

所以宇宙初始星系当地人用减慢的光速测量缩短尺子长 λ'度的时间还是 T_0,如果爱因斯坦带着地球人定义时间快慢的时钟来到宇宙初始星系当地,告诉当地人光速 c 不变,当地人用这把时钟的时间测量尺子的长度仍是 $\lambda_0=c\cdot T_0$。

实际上缩短的尺子刻度值不会变仍是 λ_0,所以当地人确实认为光速不变,这就是同系光速不变的原因,这也是时钟表盘刻度值以及尺子刻度值与参照系无关的物理原因。

相对论已经涉及宇宙距离与参照系无关的计算,例如式 $u_0=u/k$ 被相对论称作四维速度的空间分量,实际就是视速度 u 与真实固有速度 u_0 之间的换算关系,$L=u_0\cdot\tau=u\cdot\Delta t_0$ 代表动系与静系分别以不同时间 τ、Δt_0 观察动系运动同一固有距离 L 对应的速度不同。

同理相对论 $a_0=a/k^2$ 与 $F=M_0\cdot a/k^2=M_0\cdot a_0=M\cdot a/k$ 也是在动系运动同一固有距离 L 不变的情况下得出的,a/k 被相对论称作四维加速度的空间分量,$M=M_0/k$被相对论称作动质量,本质仍是真实固有加速度 a_0 与动系相对静系的视加速度 a 的关系,代表动系受到的外力 F 是客观存在,不以参照系而变,所有这些都与宇宙距离与参照系无关紧密联系。

只不过相对论是以 $k=\sqrt{(1-\beta^2)}$ 代表 k,但相对论认为 $k=\sqrt{(1-\beta^2)}$,内涵概念是一样的。

只要保证了宇宙距离与观察者无关,真实动能、真实加速度、可变视光速下的质能守恒概念等都具有可视的物理意义。

以上分析应该理解为空间坐标具有伸缩性,坐标的伸缩性并不影响两地之间的固有距离 L_0,宇宙两地之间的固有距离是由刻度值不变的尺子 λ_0 测量的,所以宇宙两地之间的固有距离与参照系无关。

例如测量地球与卫星之间的距离,地球与卫星各自发射光子测量的时间不同,如果按照相对论光速相对观察者不变,地球与卫星各自认为地球与卫星之间的距离因参照系不同而不同,但如果按照视光速概念,距离不变,地球与卫星各自测量的视光速不同。

当光子按照坐标从地球飞向宇宙初始,无论光子走到宇宙何处,虽然坐标按照 $\lambda'=\lambda_0\cdot k$伸缩了,当地观察者感觉不到尺子伸缩仍是 λ_0,当地观察者观察从地球飞来的光子频率与波长分别为f'、λ',并且按照伸缩后的坐标观察光速不变 $c=f_0\cdot\lambda_0=f'\cdot\lambda'$。

频率与波长的变化说明宇宙初始星系的时间确实相对地球的时间减慢，所以按照两地时间的快慢比例关系 k，地球人认为宇宙初始星系当地人用光速 c 测量缩短尺子长度的时间应该是 $T=T_0/k>T_0$，地球人认为宇宙初始星系当地的视光速是亚光速，并且满足$c'=f_0\cdot\lambda'$。

所以宇宙初始星系当地接收地球发来光子的波长 λ'一定比尺子 λ_0 短，这与人们观察透明介质内部的亚光速 $c'=f_0\cdot\lambda'$一致。

如宇宙初始星系当地参照系是光源，当地光子的波长是固有波长 λ_0，光子的固有周期是 T_0，对应地球人观察宇宙初始星系发射光子的视周期应该是 $T=T_0/k$，地球人观察宇宙初始星系当地参照系的视光速 $c'=f\cdot\lambda_0$。

但如果星系光源发射光子来到地表，来到地球的光子频率是 $f=f_0\cdot k$，根据同系光速不变，可得光速

$$c=f\cdot\lambda$$

$$\lambda=\lambda_0/k \tag{14.5}$$

$f=f_0\cdot k$、$\lambda=\lambda_0/k$ 分别是外来光子的频率与波长，波长代表光色，所以波长的伸缩代表红移或蓝移。

f'与 λ'是地球发射光子到宇宙各处的频率与波长，因此在地球无法观察到f'与 λ'，而f与 λ 是从宇宙各处光子到地球的频率与波长，是地球人可以收到的信息，所以地球人比较行星相对恒星势场时空的真实伸缩度用式 $\lambda=\lambda_0/k$。例如满足机械能守恒轨道的卫星发到地球的光子波长为 λ，同一轨道有一个不满足机械能守恒的卫星发到地球的光子波长为 λ''，直接比较 λ''与 λ 的大小即可知道不满足机械能守恒的人造卫星相对势场轨道的伸缩度，从而判断不满足机械能守恒的卫星受力状态。

逻辑推理与实验都证明相对论假设光子相对观察者不变错误。

式(14.2)与式(14.3)涵盖同系与不同系之间的时空关系，逻辑上既可以是空间的相对伸缩，也可以是坐标变换。因此仅从式(14.2)与式(14.3)本身无法判断参照系之间到底是空间的相对伸缩还是坐标变换。

坐标变换一般发生在介质中，即介质的坐标方向单位矢量的长度不是 1 而是 k。坐标变换并不产生物质的伸缩，但介质内部在满足同系光速不变的情况下修改了坐标方向单位矢量的长度，修改的原因是物质分子结构引起的，物质的时间相对快慢本来就是物质势场的时间快慢，电势同样有时间快慢，例如分子间距离越大，时间越快。改变物质的密度可以改变物质内部的相对时间快慢或相对折射率。

但物质内部的时间快慢并不等于物质的时间快慢，物质的时间快慢同样应该是物质在引力势场的反映，而地球表面标准状态下单位质量的势能 Φ_m 都是一样的，所以地表物质的时间相对快慢一样。介质内部的时间快慢并不代表物质的时空有相对伸缩，不产生物理效应。坐标变换未必是各向同性，例如方解石等，但可由此检验相对论的光速不变假设是否正确。

综上所述，“坐标值 L_0”不变的尺子放在不同参照系中长度将会有各向异性的相对伸缩，但“坐标值 L_0”与尺子各向异性的相对伸缩无关，所以同系光速各向同性。但不同系之

间观察视光速可以各向异性，视光速与光子方向有关。

同系光速不变是介于光速相对光源不变与相对论光速相对观察者不变假设二者之间的理论，与二者具有一定的交集但又不同于二者。

14.4　视光速各向异性

如图 14.1 代表地表重力势垂直 y 与水平 x 轴。在两个坐标轴分别取"坐标值"为 $2L_0$ 的长度，相同间隔的"坐标值"沿 x 轴均匀分布，而沿 y 轴方向由于重力势的时空分布不均匀，相同间隔的"坐标值"实际沿 y 轴分布并不均匀，同样的"坐标值"间隔，越接近地面尺子越短，并且时间相对越慢。

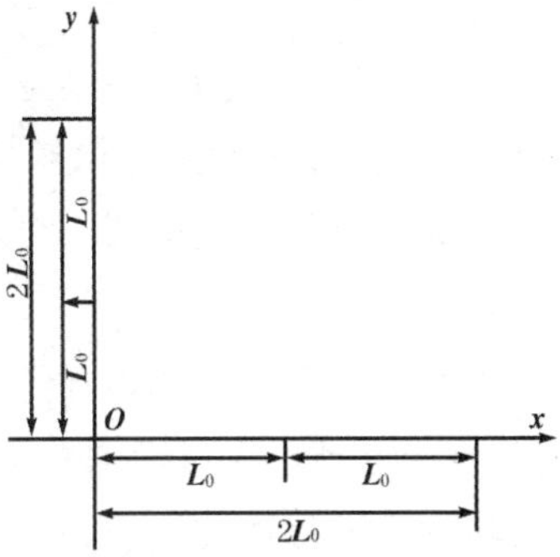

图 14.1

光子沿 x 轴测距 $2L_0$ 所需时间为

$$\Delta t = 2L_0/c = 2 \cdot \tau$$

$\tau = L_0/c$ 是光子测距的固有时。

设 y 轴靠近地面的尺子 L_0 所在位置的时间与地面水平 x 轴的时间快慢一样，高位势的时间相对比低势位的时间较快或 $k<1$，光子在高位势测量 L_0 同样的固有时 τ，对应地表的时间相对更短 $\Delta t = \tau \cdot k < \tau$，光子沿 y 轴测距 $2L_0$ 所需固有时为 $\Delta t = 2 \cdot \tau$，对应地表的时间为

$$\Delta t' = \tau + k \cdot \tau = (1+k) \cdot \tau$$

所以光子沿 y 轴测距 $2L_0$ 所需时间为

$$\Delta t' = (1+k) \cdot \tau < \Delta t = 2 \cdot \tau$$

所以在地表用光子对同样"刻度值"$2L_0$ 的尺子测距，所用的时间并不一样，不满足"同系"的概念。

地表系的人用光子测距不满足光速各向同性。

例如同步卫星的时间相对比地表的时间快，通过光子测距同步卫星与地表之间同样的距离，同步卫星发射光子测距往返所需时间 Δt 肯定相对比地表发射光子测距往返所需时间 $\Delta t'$更长，如果按照光速不变假设测距，同步卫星所测距离相对比地球所测距离更长，这就造成宇宙距离因参照系不同而不同。

如果按照同系光速不变原则，光子的视光速可以不同，同步卫星与地表之间同样的固有距离 L_0 不变。实际上人们从测得透明介质内部亚光速就应该发现光速不变假设的错误。

为了说明这个问题，可以做一个模拟实验，沿地表水平放置边长为光子固有波长 λ_0 的矩形边框，如图 14.2 所示。

当矩形边框静止时，用光速测量边长的固有时周期为 $\tau = \lambda_0/c$，在地表测量矩形两个边长的固有时周期 τ 一样，人们根据光速不变以及固有时周期 τ 或光子固有频率 $f_0 = 1/\tau$，

由此证明矩形边框是正方形。

当正方形边框向西以速度 u 运动，动钟的时间 τ 相对静钟时间 Δt 减慢满足

$$\tau=\Delta t\cdot k$$

与动钟同系运动的人感觉不到动系的运动，在动系上的人用光子测量矩形的两个边长的固有时周期 τ 不变，边长 λ_0 仍满足正方形。

地表静系观察动系发射光子测量矩形边框，却不是正方形，静系观察与动系运动方向平行的边长缩短为 λ，静系观察动系发射光子的频率 f 满足式(14.4)

$$f=f_0\cdot k$$

虽然动系上的人观察正方形边长的固有长度 λ_0 没变，由于静系观察静态的距离 λ_0 没有变，所以与动系运动方向平行的边长相对距离 λ_0 缩短了，因此这时静系观察动系发射光子的测距就不能按照“刻度值”不变的概念，而是根据动尺相对静尺的真实收缩量计算视光速。

按照相对运动原则，静系观察垂直动系运动方向的边长仍是 λ_0。

由 $\tau=\Delta t\cdot k$ 可得动系发射光子周期对应的静钟时间为 Δt，而如图 14.2 所示静系观察动系在平行运动方向的动尺收缩为 λ，如果不考虑多普勒效应，静系在动系前后方观察动系向前后方发射光子的视光速为

$$c'=\lambda/\Delta t=\lambda\cdot k/\tau=\lambda\cdot f$$

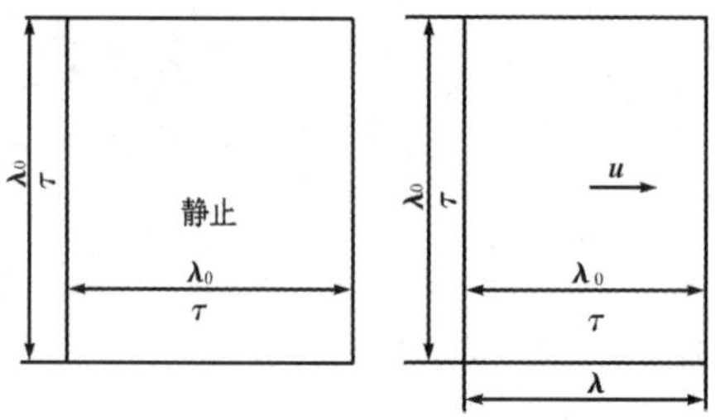

图 14.2

同理可得静系观察动系向垂直运动方向发射光子的视光速为

$$c''=\lambda_0/\Delta t=\lambda_0\cdot k/\tau=\lambda_0\cdot f$$

如果忽略多普勒效应，无论静系在相对动系任何方向观察动系的频率都是 $f=f_0\cdot k$，但静系观察不同方向的波长不同，因此静系在不同方向观察动系发射光子的视光速不同，所以静系观察动系视光速各向异性。

当人们在“同系”内观察“同系光速”各向同性，在不同系观察可能是视光速各向异性。不同参照系之间互相观察没有统一的空间形式，正方形、矩形、圆形等之间可以通过时空变换相互转换。当人们发现光线弯曲，这实际就是不同系之间观察的结果，相对论时空弯曲概念毋庸置疑是正确的，但不同系之间观察时空弯曲必然伴随视光速各向异性同样准确无误。

由于静系观察动系的时空伸缩具有方向性，逻辑上造成动系势场时空的真空能线密度分布具有方向性，真空能线密度各向异性，从而造成静系观察视光速各向异性。

如果透明介质由于某种分子结构原因造成物质密度具有不均匀线性分布，例如在互

相垂直的两个坐标轴物质线密度不一致，这相当于透明介质内部在互相垂直的两个坐标轴的真空能线密度不同。当把已经被定义标称“刻度值”L 的尺子沿着物质线密度不一致的互相垂直的两个坐标轴方向摆放时，无论尺子如何伸缩，尺子的伸缩并不影响尺子的标称“刻度值”或宇宙距离与参照系无关，也不影响时钟表盘刻度值。

由于透明介质互相垂直的两个坐标轴物质线密度不一致是时空伸缩而非机械变形，因此满足同系光速不变，所以在透明介质内部的观察者用光速测量两个互相垂直坐标轴方向的尺子标称“刻度值”长度 L 均满足

$$L/c=\tau$$

由于透明介质内部两个互相垂直坐标轴方向的尺子“刻度值”L 都一样，并且在各自的参照系下都满足同系内光速不变，而两个互相垂直坐标轴测量尺子长度 L 使用同一个时间轴，或在透明介质内部系用同一时钟由光速测量两个互相垂直坐标轴方向的尺子长度 L 所用的时间 τ 一样。

所以透明介质内部系的人认为两个互相垂直坐标轴是“同一参照系”，并且透明介质物质内部系的人将同一尺子按照互相垂直的两个坐标轴方向摆放时其“长度值”L 不变，这与动系人观察动尺长度各向同性一样。

尽管透明介质内部两个互相垂直坐标轴的相对地表系的伸缩度不同，透明介质物质内部的人永远不知道尺子有伸缩，这与动系人感觉不到尺子各向异性伸缩一样。

但透明介质外部的地表系与透明介质内部系并不是同系，透明介质外部的时间 Δt 相对透明介质内部系的时间 τ 满足相对论关系式

$$\tau=\Delta t\cdot k$$

人们发现当光子在透明介质内部沿着两个双折射主轴方向运动，在地表系相同的时间 Δt，光子在透明介质内部沿着两个相互垂直的主轴 i 方向运动的距离 L_i 不一样，于是地表系人得出方解石内部两个相互垂直的主轴 i 方向的视光速不等，或两个方向的折射率不一样。

15 “时空介质”概念与视光速

15.1 多普勒效应

取尺子的长度为 λ_0，静止光源每隔一个光子固有周期 T_0 向静系观察者发射一个光子，光子走的距离是 λ_0，让静系观察者站在长度为 λ_0 的尺子一端接收静尺另一端静止光源发射的光子，静系观察者每秒接收光子的个数就是光子的固有频率 $f_0 = 1/T_0$。

当静尺光源以速度 u 相对静止观察者前进，并向前进方向的观察者发射光子，如果以绝对时空的速度叠加概念，光速属于波，波速 c 相对光媒介质不变，与声波多普勒效应分析一样，光子的经典物理绝对时空多普勒周期为

$$T = (1-\beta) \cdot T_0 = k'' \cdot T_0$$

或经典多普勒频移

$$f = f_0/(1-\beta) = f_0/k''$$

$k'' = 1-\beta$ 类似于时间加快程度或时延系数，但并不代表动系的时间快慢，代表因多普勒效应的光子周期伸缩。

在经典物理绝对时空范畴，光波是经典波，与动系发射声波类似，声波脱离动系后相对空气静止，与声源相对动系有相对速度一样，所谓超音速就是发射声波的动系速度超过空气声源的声速。

引用声波多普勒原理，光速相对静系不变，光源发射光子转换为静止的振动源脱离动系，振动源脱离动系的结果是振动源相对静系静止。

设动系向运动方向发射光子，经过一个光子固有周期 T_0，绝对时空静系观察光子在 T_0 内运行的静系距离仍是 λ_0，但静系观察光子的经典多普勒波长为 λ，动系位移距离 $u \cdot T_0$ 与光子运行的距离 λ 同向。

由于动系运行了一段距离 $u \cdot T_0$，静系实际接收到光子经典多普勒波长 λ 的时间 T 更短了，如图 15.1 所示。

按照经典物理的位移叠加满足

$$\lambda + u \cdot T_0 = \lambda_0 = c \cdot T_0$$

$$\lambda = c \cdot T_0 \cdot (1-\beta) = c \cdot T_0 \cdot k'' = c \cdot T = \lambda_0 \cdot k''$$

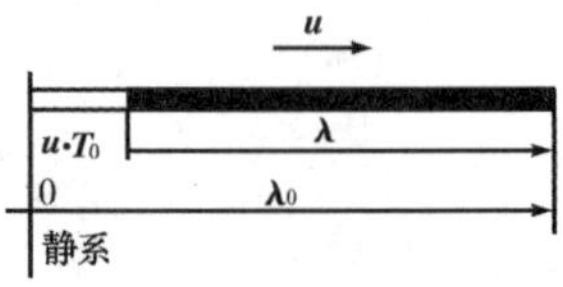

图 15.1

$T = T_0 \cdot k''$ 就是静系观察动系发射光子的经典多普勒周期。$\lambda = \lambda_0 \cdot k''$ 就是静系观察光子的经典多普勒波长，如图 15.1 所示。

在绝对时空,静系接收光波的经典多普勒周期 $T = T_0 \cdot k''$缩短了,并且满足振动源脱离动系相对静系静止且波速不变原理。

两个参照系相互之间的时间相对快慢不同,即便两个参照系没有相对速度也可以存在相对时间快慢比例关系 k,例如在介质中。动系相对静系有时延系数 k,所以静系观察动系发射电磁波的频率 f 满足式(14.4)

$$f = f_0 \cdot k \tag{15.1}$$

式(15.1)的意思是没有多普勒效应仅由尺缩时延引起的频移。

f 是静系观察动系没有多普勒效应的频率。但动系相对静系有相向运动,在此基础上还应该考虑多普勒效应。

如果按照相对论光速不变假设,使用以上同样的方法可得

$$\lambda'' = c \cdot T \cdot (1 - \beta) = c \cdot T \cdot k'' = c \cdot T'' = \lambda \cdot k'' \tag{15.2}$$

$T = T_0 / k$ 与 $\lambda = \lambda_0 / k$ 分别是动系时延系数引起的周期与波长,$T'' = T \cdot (1 - \beta)$ 与 $\lambda'' = \lambda \cdot k''$分别是考虑相对论时延系数的多普勒周期与波长。

经典多普勒效应 k''不改变静系观察光子的光速 c。

由式(15.2)$T'' = T \cdot (1 - \beta)$可得静系观察动系发射光波的相对论多普勒效应

$$f'' = f / k'' = f / (1 - \beta) \tag{15.3}$$

上式是由时延与相对运动共同引起的频移,并将相对论 $k = (1 - \beta^2)^{1/2}$带入式(15.3)可得

$$f'' = f_0 \cdot k / (1 - \beta) = f_0 \cdot (1 - \beta^2)^{1/2} / (1 - \beta) \tag{15.4}$$

将$(1 - \beta) = [(1 - \beta)^{1/2}]^2$ 以及$(1 - \beta^2)^{1/2} = [(1 - \beta)(1 + \beta)]^{1/2}$带入式(15.4)可得

$$f'' = f_0 \cdot (1 + \beta)^{1/2} / (1 - \beta)^{1/2} = f_0 \cdot k_0$$

$$k_0 = (1 + \beta)^{1/2} / (1 - \beta)^{1/2}$$

上式就是相对论推出的静系观察动系光源的相对论多普勒频率 f''。

$1 - \beta$ 符合经典多普勒物理概念,显然是低速有效概念。式(15.4)证明相对论承认经典物理的多普勒效应,只是在此基础上叠加了相对论效应。

实际上运动光源经典物理 k'值与运动光源引起的时延 k 根本不是同数量级的,相对论时延一般可以忽略,所以可直接引用 $f'' = f_0 / (1 - \beta)$。

要保证高速光源前行的多普勒效应有限,尽管多普勒频移增幅 Δf 随速度增量 Δu 的变化率 $B = \Delta f / \Delta u > 0$,但 $B = \Delta f / \Delta u$ 一定是速度越高变化率越低,可以预料在动光源接近光速的时候多普勒频移随速度增量的变化率 $B \to 0$,而这些都应该由 k_0 的变化来承担。所以低速时频移增幅 Δf 随速度增幅 Δu 的最大,速度越高增幅越小,这在星系观测中应该能发现。即数量级每秒上万千米速度的星系与十万千米数量级速度星系之间比较频移增幅 Δf 可能还不如从静止到每秒几千米数量级速度变化引起的频移增幅 Δf 大。

这在相对论多普勒效应中显然没有显示出来。

近代物理学认为当动系速度一定时,动系相对静系的尺缩时延 k 恒定,即不论动系光源相对静系的运动方向是退行还是前行,动、静系之间的时钟快慢比例恒定不变,多普勒效应并不影响这种恒定的时钟关系。

总结相对论多普勒效应。

(1)计算静系观察动光源时延系数的电磁波周期与频率

$$T_0 = T \cdot k \quad f = f_0 \cdot k$$

相对论认为以上周期与频率与动系的运动方向无关,实际与运动方向有关。

(2)计算动静系的经典多普勒周期快慢比例,低速状态下为

$$k'' = 1 - \beta$$

(3)光波的相对论多普勒效应。

由动静系之间的时钟关系式(15.3)以及式(15.1)可得

$$f'' = f/k'' = f_0 \cdot k/k'' = f_0 \cdot k_0 \tag{15.5}$$

$$k_0 = k/k''$$

15.2 “透明时空介质”与动系光速

设动尺长度正好是一个固有波长 λ_0,动系相对静系的时延系数为 k,这时如果能让动系保持时延系数 k 不变的情况处于静止状态,这时称作“静止的动尺”。尽管不可能存在让动系保持时延系数 k 不变的情况处于静止状态,但作为理论分析很重要。借助透明介质的概念,“静止的动尺”的时空状态相当于静止的“透明介质内部”,可以称作“静止动系透明介质”。

动系观察动系发射的光子光速不变,等效为光子在“静止动系透明介质”内部系的光速不变,由式(14.4)可得静系观察“静止动系透明介质”内部系的频率为

$$f = f_0 \cdot k$$

由式(14.4)可得静系观察“静止动系透明介质”内部发射光子的视光速为

$$c' = f \cdot \lambda_0$$

虽然静系观察“静止动系透明介质”发射光子的波长是 λ_0,可以肯定动尺的长度已经伸缩为

$$\lambda = \lambda_0/k$$

“静止动系透明介质”与动系属于同系,让“静止动系透明介质”在运动状态就是动系,k 原本就是静系观察动尺的时延系数,“静止动系透明介质”无论静止还是运动,在静系观察“静止动系透明介质”从静止到运动的频率 f 不变。

动尺运动速度 u 可以看成“静止动系透明介质”以速度 u 运动,“静止动系透明介质”由静止到运动变成“动系透明介质”,动尺的 k 或长度 λ 不变,这相当于把动系时空折算为没有时空伸缩的绝对时空。而动系在绝对时空中正好满足经典多普勒效应,光子在“静止动系透明介质”中运行的固有距离是 λ_0,但静系观察光子运行一个固有波长的时间是 $T = T_0/k$ 而非 T_0,当动系以速度向发射光子的方向运动,动系前方的观察者观察光子的经典多普勒频率为 λ',经典多普勒效应不改变视光速 c',用类似的方法可得

$$\lambda' + u \cdot T = \lambda_0 = c' \cdot T = c \cdot k \cdot T$$

$c'=c\cdot k$ 是静系观察“静止动系透明介质”内部的视光速，这与静系观察透明介质内部的视光速一样。所以

$$\lambda'=c'\cdot T-u\cdot T=c'\cdot T\cdot k'=c'\cdot T'=\lambda_0\cdot k'$$

$$k'=1-\beta/k \tag{15.6}$$

多普勒波长 $\lambda'=\lambda_0\cdot k'$，多普勒周期 $T'=T\cdot k'$。

如果在“动系透明介质”内部发射光子，静系观察动系发射光子的经典多普勒频率为

$$f'=f/k'=f_0\cdot k_0'$$

$$k_0'=k/k' \tag{15.7}$$

由透明介质的实验证明，相对时空肯定发生视光速现象，在静系观察动系发射光子的视光速

$$c'=f'\cdot\lambda'=c\cdot k \tag{15.8}$$

式(15.8)的物理意义：证明了动系发射光子的光速不能保持不变，静系观察动系发射光子的视光速就是静系观察“静止动系透明介质”内的视光速 $c'=c\cdot k$。

如果人类看不到动尺，时空是透明的，人类将永远不知道存在“动系透明介质”，只能看到时空凭空产生的光子在时空中运动，静系观察动系空间实际相当于光子在“动系透明介质内”的时空中运动。这与透明介质一样，区别仅在于“动系透明介质”有相对运动。

人类证明“动系透明介质”的方法就是多普勒效应。例如从早期高速运动的星系发来的光子，肯定不满足光速不变。

“动光源发射光子”这句话的本质就是光源在“动系透明介质”内运动并发射光子，而不是在静系空间运动，人类在地表观察的光子各自都有自己的“动系透明时空介质”而绝非与静系是同一“透明时空介质”。

波长代表色度，$\lambda'=\lambda_0\cdot k'$ 的实验意义是当光源有不规则热运动，发光原子的动系速度大小以及方向都在变化，所有这些都将改变波长 λ'，所以同一颜色 λ_0 的谱线被增宽了。

15.3 “透明时空介质”的类型

每一个参照系都有自己的“透明时空介质”，“透明时空介质”按照时钟关系 k 伸缩，参照系发射的光子只在属于本系的“透明时空介质”内部满足当地光速不变。

动系时空实际与观察者观察介质内部一样，动系的视光速为

$$c'=f'\cdot\lambda'=c\cdot k$$

问题是光子能向介质那样光子穿出介质进入静系满足同系光速不变吗？即动系发射的光子能穿出“动系透明介质”进入静系吗？如果光子能穿出“动系透明介质”进入地表，静系接受从“动系透明介质”穿出的光子满足同系光速不变，人们不可能发现 $c'=c\cdot k$。

静系接受动系发射的光子实际就是接受在动系“动系透明介质”内部运动的光子，因此有关频率、波长、光速计算与光子在介质内部一样，区别仅在于“动系透明介质”是运动的，要考虑多普勒效应。

所以“动系透明介质”与静系的界面就是动系有效空间，逻辑上贯穿宇宙，共同点是视光速的计算雷同。正由于动系的时空“介质”贯穿宇宙，因此静系能够通过光谱仪接收“动系透明介质”的尺缩波长 $\lambda' = \lambda \cdot k'$，这就为通过光谱仪接收尺缩波长 λ'提供了测试基础，并可以通过尺缩波长的光谱色度知道星系的运动情况。

宇宙中动系是唯一能让静系接收多普勒尺缩波长 λ'的信息台。

星系之间如果有相对运动，必须考虑动系时钟与运动方向有关的时延效应，否则必然产生误判。静系观察动系发射光子不满足光速不变，但满足同系光速不变。

例如参照系都是星体引力系发射的光子，“透明时空介质”在不同的引力势按照引力势的固有时钟场被时空拉伸或压缩，“透明时空介质”的伸缩在同一“透明时空介质”内部从光源 f_0、λ_0 到地球 f、λ 满足当地同系光速不变式(14.5)

$$c = f_0 \cdot \lambda_0 = f \cdot \lambda$$

星体势场固有时间分布不同的“透明时空介质”会有不同伸缩，无论“透明时空介质”怎么伸缩，在这个“透明时空介质”内的人观察满足同系光速不变，地表重力系观察外来星体重力系发来的光子都满足当地光速不变。

由尺子的“刻度值”以及时钟的表盘与参照系无关，尽管星系的时空相对地球观察者的时空有伸缩，但星系上的智慧人测量宇宙的尺子的刻度值不变。

星系当地智慧人测量光子的波长、频率、光速分别为 λ_0、f_0、$c = f_0 \cdot \lambda_0$。

星系的空间相对地球空间的伸缩比例为 k，如果地球人测量距离的尺子长度被定义为光子的固有波长 λ_0，为保证宇宙固有距离 L_0 与参照系无关，在星系上伸缩后的尺子 $\lambda = \lambda_0 \cdot k$的长度“刻度值”仍是 λ_0。因此地球人知道星系上的光子每经过一个固有波长 λ_0，根据星系相对地球之间的时钟快慢关系，地球人的时钟测量星系的光频应该是

$$f = f_0 \cdot k$$

所以地球人根据宇宙固有距离不变计算出地球人观察星系上发射光子的视光速应该是

$$c' = c \cdot k = f \cdot \lambda_0$$

f具有可测性，地球人可以收到频率f。光子来到地球的波长为 λ，所以地球人只能收到光频信号 f 以及观察到伸缩后的波长 λ，并满足当地同系光速不变。

但人们知道星系当地的视光速肯定是 $c' = c \cdot k$，光线经过星系当地肯定发生弯曲，而且 λ 的红移越大，当地光线弯曲越严重。

但并不是所有参照系都是重力系或引力势系，例如动系与重力系不是同系，一切动系都是“动系透明介质”。宇宙早期的“动系透明介质”会按照光速被延伸到宇宙各处，地表重力系观察“动系透明介质”内部按照视光速传播光波，“动系透明介质”之间同样有相对运动，相互之间产生多普勒频移。

无数个参照系的“透明时空介质”相互嵌套，互相独立，互不干扰，逻辑上互相独立的各“透明时空介质”的之间不满足“同系”。

人类看不见“透明时空介质”，以为光子都在“同一时空”运动，其实光子各自运行在“不同的时空系统”，不同“透明时空介质”互相观察，根本无法保证视光速不变。

人类无法对这些“透明时空介质”进行检测,例如通过三棱镜介质截流光子,光子进入介质内部系满足同系光速不变,所以地表重力系观测介质内部光子有折射率,但人们无法感觉到“透明时空介质”的存在。但人们可以通过接收光子的波长发现“透明时空介质”的存在。

星系之间的时空或“透明时空介质”通过引力势时空被连续拉伸,光子在星系之间运行相当于在“透明时空介质”内部运行满足当地即时光速不变,例如星系智慧人观察星系地表的光子即时光速不变,地球人观察外星系来的光子即时光速不变。

将相对折射率不同的透明介质叠放,光子在折射率不同的透明介质内部穿行,透明介质内部的即时光速不变,当光子穿出透明介质进入外部地表静系的即时光速不变。相对折射率不同的介质之间互相观察不满足光速不变。

而星系间的“透明时空介质”的相对折射率是被引力势时空连续拉伸变化,相对折射率不同的“透明时空介质”之间互相观察不满足光速不变,但能发现光线弯曲,这与地球人观察透明介质内部一样。

无论是透明介质还是星系间的“透明时空介质”,光子穿出当地“透明时空介质”进入外界另一个相对折射率不同的“透明时空介质”,尺缩波长 λ 必然也跟着变化,所以介质外部收不到当地“介质”尺缩波长 λ 信号,但观察者可以“看到”介质内部因 λ 引起的色度变化。

虽然人们无法观察到星系上的光速,但介质内部的亚光速实验直接验证了人们应该如何计算宇宙星系之间的距离与光速。

15.4 多普勒效应与动系的运动方向有关

$f=f_0\cdot k$ 与 $\lambda=\lambda_0/k$ 是由星系引力势之间的时延场引起的波长伸缩而非运动引起的波长伸缩,相对静止的重力系之间属于同一时空系统向宇宙各处延伸的“透明时空介质”,所以在相对静止的“透明时空介质”内部满足光速不变

$$c=f\cdot\lambda$$

到达地球的光子频率与波长是 f、λ,如果星系之间还有相对运动,就会产生动系时延系数 k 与多普勒系数 k',k 产生频率的频移为 $f''=f\cdot k$,由式(15.7)$k_0'=k/k'$可得

$$f'=f\cdot k_0'$$

同理 $\lambda'=\lambda\cdot k'$

由式(15.8)可得视光速

$$c'=f'\cdot\lambda'=c\cdot k \tag{15.9}$$

结合地表动系向东、西方向运动的时延系数 k 不同,星系远离宇宙初始向地球而来,星系的时钟由运动方向产生的尺缩 $\lambda'=\lambda\cdot k'>\lambda$ 称红移,反之 $\lambda'=\lambda\cdot k'<\lambda$ 称蓝移。

由 $k'=(1-\beta)/k$ 可知,地球观察行星退行速度越大红移越大。大多数情况下星系由运动引起尺缩系数 k 变化很小,主要是引力红移或宇宙红移,所以即便有运动蓝移,星系总

体仍是红移。

光谱仪原本接收的波长应该是宇宙红移波长或引力红移波长 λ，由 $\lambda' = \lambda \cdot k'$可知光谱仪收到光子的波长 λ 被拉伸变形为 λ'，物理含义是光谱仪接收的波长 λ'是由已经被宇宙红移拉伸的波长 λ 再次被多普勒效应拉伸，波长与色度有关，直接效果是光谱沿着 $\lambda' = \lambda \cdot k'$变化的方向被平移。

人们观察光谱线但并不测量频率，频率是按照光速不变计算而非实测。

同理，电磁波是测量频率，波长是按照光速不变计算而非实测。

光子波长的变化 $\lambda' = \lambda \cdot k'$会带来光色的变化，并留在光谱上，例如 $k' = (1 - \beta)/k$ 与星系速度有关的 k 值关系很大，会给测量带来很大误差。

16　势场的产生与万有引力、库仑定律

16.1　实粒子“负能空穴”与实物质势场势能密度

由第 10 章证明宇宙初始实物质“负能空穴”就是引力势的雏形，并得出物质的势能 Φ_m 就是物质势场所含外界势场的真空能，外界势场的真空能密度就是势能密度。物质势能由式(10.7) $\Phi_m = \sum \Phi_i = \int \rho \cdot \mathrm{d}V$，只要能求出势能密度 ρ，万有引力定律就能被推到定理的位置。

外界势场势能密度实际就是实物质势场的势能密度，研究实物质势场的势能密度在引力势的分布，就可以了解引力势的时空特性。引力势是由宇宙初始膨胀发展而来的，因此必须从宇宙初始实物质“负能空穴”开始逻辑推理引力势。

如不考虑势能零点概念，并认为物质的质能具有绝对性，在此基础上设宇宙初始时空在没产生实物质之前的势能密度为 ρ_0，真空能转换为实物质 M_0 粒子后，宇宙初始实物质 M_0 粒子或“负能空穴”的直径为 R_0，真空能密度降低为 $\rho(r_0)$，r_0 是初始“负能空穴”势阱 R_0 内的半径，$r_0 < R_0$，一般情况下无法保证 $\rho(r_0)$ 均匀一致。

宇宙初始时空的真空能 E_0 应该是宇宙初始实物质“负能空穴”的真空能 A_0 加上实物质 M_0 粒子的质能 $M_0 \cdot c^2$，所以

$$E_0 = A_0 + M_0 \cdot c^2$$

“负能空穴”的真空能 A_0 可以表述为

$$A_0 = B_0 \cdot M_0 \cdot c^2$$

B_0 代表“负能空穴”的真空能 A_0 是质能 $M_0 \cdot c^2$ 的倍数。

如果宇宙初始没有产生实物质之前时空的真空能密度是均匀分布，“负能空穴”界面外的真空能密度就是宇宙初始没有产生实物质 $M_0 \cdot c^2$ 的真空能密度 ρ_0。

设“负能空穴”的初始体积为 V_0，宇宙初始没有产生实物质之前时空的真空能密度为

$$\begin{aligned}\rho_0 = E_0/V_0 &= (A_0 + M_0 \cdot c^2)/V_0 \\ &= \rho(r_0) + \rho'_m\end{aligned}$$

ρ'_m是宇宙初始“负能空穴”内的质能密度分布函数，$\rho(r_0)$是宇宙初始“负能空穴”界内半径 r_0 位置的真空能密度或势能密度分布函数，宇宙初始“负能空穴”的真空能密度$\rho(r_0)$加上质能密度 ρ'_m就是宇宙初始没有产生实物质 $M_0 \cdot c^2$ 的真空能密度 ρ_0，所以“负能空穴”

的真空能密度为

$$\rho(r_0)=\rho_0-\rho_m'=\rho_0\cdot[1-u(r_0)] \tag{16.1}$$

$$u(r_0)=\rho_m'/\rho_0$$

即便“负能空穴”内的质能密度分布不均匀，式(16.1)同样符合逻辑。

同理由宇宙初始“负能空穴”内的真空能 $A_0=B_0\cdot M_0\cdot c^2$，$\rho_0=(A_0+M_0\cdot c^2)/V_0$ 可以表述为

$$\rho_0=b_0\cdot M_0\cdot c^2 \tag{16.2}$$

如果将今天的引力势在没有任何能量损失的状态下再压缩到宇宙初始状态的“负能空穴”，以上推理公式形式没有任何变化，变化的仅仅是 ρ_0、ρ_m'、$u(r_0)$ 等的具体数值。而且由于今天的引力势因时空膨胀使得势能密度分布更均匀，因此如果将今天的引力势再压缩回到宇宙初始状态的“负能空穴”，由 $\Phi>A_0$ 这种状态形成的“负能空穴”的真空能分布将更加均匀，式(16.1)以及式(16.2)的精确度更高，以下将以式(16.1)以及式(16.2)为基础推理万有引力公式。

注意：由质能守恒关系必须保证再压缩到宇宙初始状态的“负能空穴”的质能密度必须保证 $M_0\cdot c^2=\rho_m'\cdot V_0$ 不变，否则质能守恒就失去意义了。

宇宙初始“负能空穴”半径 r_0 处的球壳体积为 $\delta V(r_0)$，经过时空膨胀后，宇宙初始“负能空穴”球壳体积 $\delta V(r_0)$ 膨胀为引力势球壳体积 $\delta V(r)$。宇宙初始“负能空穴”半径 r_0 膨胀为引力势的半径为 r，取距离引力势阱中心 r 处的球壳，δr 是球壳的厚度，球壳体积为

$$\delta V(r)=4\pi\cdot r^2\cdot\delta r$$

宇宙初始“负能空穴”球壳体积 $\delta V(r_0)$ 为

$$\delta V(r_0)=4\pi r_0^2\cdot\delta r_0$$

$\delta V(r)$ 是由宇宙初始“负能空穴”对应的同一球壳体积 $\delta V(r_0)$ 膨胀而来的，注意以上概念建立在今天的引力势在没有任何能量损失的状态下再压缩到宇宙初始状态的“负能空穴”，因此“负能空穴”膨胀过程同样与外界也没有能量交换。

由能量守恒，“负能空穴”膨胀为引力势的球壳 $\delta V(r)$ 内的真空能应该与宇宙初始同一球壳体积 $\delta V(r_0)$ 的真空能一致。

设引力势的势能密度为 $\rho(r)$，同一半径球壳的势能密度 $\rho(r)$ 相等，在这个球壳内的势能密度为

$$\rho(r)\cdot\delta V(r)=\delta\Phi(r)$$

由式(16.1) $\rho(r_0)=\rho_0\cdot[1-u(r_0)]$ 以及式(16.2) $\rho_0=b_0\cdot M_0\cdot c^2$ 以及能量守恒可得

$$\begin{aligned}\rho(r)\cdot\delta V(r)&=\rho(r_0)\cdot\delta V(r_0)\\&=\rho_0\cdot[1-u(r_0)]\cdot\delta V(r_0)\\&=b_0\cdot M\cdot c^2\cdot[1-u(r_0)]\cdot\delta V(r_0)\\&=\delta\Phi(r)\end{aligned} \tag{16.3}$$

式(16.3)的含义是今天引力势球壳内的真空能 $\rho(r)\cdot\delta V(r)$ 压缩回宇宙初始“负能空穴”对应球壳内的真空能相等。

由式(16.3)可得

$$\rho(r)=\rho_0\cdot[1-u(r_0)]\cdot\delta V(r_0)/\delta V(r)$$
$$=\rho_0'\cdot[1-u(r_0)] \tag{16.4}$$
$$\rho_0'=\rho_0\cdot\delta V(r_0)/\delta V(r)=\rho_0\cdot K(r)'$$

式(16.4)$\rho(r)=\rho_0'\cdot[1-u(r_0)]$的物理含义是宇宙初始"负能空穴"膨胀为实物质引力势,把实物质势场保持势能密度$\rho(r)$在分布不变的情况下再压缩回宇宙初始,引力势的势能密度$\rho(r)$与宇宙初始"负能空穴"对应半径位置r_0的分布函数关系,ρ_0'不是常量,在"负能空穴"不同半径r_0观察ρ_0'不一样。

ρ_0'是实物质势场再次压缩回宇宙初始"负能空穴"界面等效的势能密度,可以看出在宇宙初始"负能空穴"质能密度分布$u(r_0)$不变的情况下,在引力势任何半径r观察,被再次压缩回宇宙初始的"负能空穴"界面等效的势能密度ρ_0'低于宇宙初始"负能空穴"界面的势能密度ρ_0,并且"负能空穴"等效的势能密度ρ_0'是半径的函数。

式(16.4)$\rho(r)=\rho_0'\cdot[1-u(r_0)]$实际上是比较引力势无穷远真实的势能密度相对过去是降低还是提高的比较概念。

$\delta V(r_0)$是由$\delta V(r)$再压缩到宇宙初始的微元体积,引力势任意半径r与初始"负能空穴"都有各自对应的初始半径r_0,由于初始"负能空穴"不同半径r_0处的膨胀度不一样,造成不同半径r相对各自对应的初始半径r_0有不同的膨胀度$K(r)'$,所以

$$K(r)'=\delta V(r_0)/\delta V(r)<1$$

时空膨胀是为了降低"负能空穴"相对界面外部时空的时间快慢不一致,界面处的真空能发展到今天就是无穷远的势能,无论势阱场还是势垒场时空分布,势场半径越大的势能梯度越小,所以半径越大膨胀力度越低。因此势场无穷远最外层的球壳体积$\delta V(r)$相对初始"负能空穴"最外层$\delta V(r_0)$的时空膨胀度最小。反映在$K(r)'$就是"负能空穴"半径越大$K(r)'$越大,所以$K(r)'$是半径的递增函数

$$\mathrm{d}K(r)'/\mathrm{d}r>0$$

由壳层的体积关系可得

$$\delta V(r_0)/\delta V(r)=4\pi r_0^2\cdot\delta r_0/(4\pi r^2\cdot\delta r)$$
$$=r_0^2\cdot\delta r_0/(r^2\cdot\delta r)=r_0^2\cdot k_0/r^2$$
$$\delta r_0/\delta r=k_0$$

k_0是宇宙初始r_0位置相对引力势半径r处的尺缩系数,将引力势半径方向的尺子δr压缩回初始"负能空穴"对应半径方向的尺子δr_0。

将$\delta V(r_0)/\delta V(r)=r_0^2\cdot k_0/r^2$带入式(16.4)$\rho_0'=\rho_0\cdot\delta V(r_0)/\delta V(r)$可得

$$\rho_0'=\rho_0\cdot\delta V(r_0)/\delta V(r)=\rho_0\cdot r_0^2\cdot k_0/r^2$$

将式(16.2)$\rho_0=b_0\cdot M_0\cdot c^2$带入上式$\rho_0'$可得

$$\rho_0'=M_0\cdot c^2\cdot\xi/r^2 \tag{16.5}$$

$\xi=b_0\cdot r_0^2\cdot k_0$是初始"负能空穴"对应半径$r_0$处的初始参数,例如在地球观察引力势场的$r^2$与宇宙初始势场的半径$r_0^2$对应。同理,与$K(r)'$分析雷同,半径越大膨胀力度越弱,$k_0$同样是引力势半径的递增函数。因此$\xi$随半径增大而增大,所以

$$d\xi/dr > 0$$

宇宙初始的 r_0、k_0 是很小的，例如相对论认为宇宙初始是时空奇点，所以 ξ 总体相对很小，但梯度 $d\xi/dr$ 不一定小。

将 $\rho_0' = M \cdot c^2 \cdot \xi / r^2$ 带入式(16.4)$\rho(r) = \rho_0' \cdot [1 - u(r_0)]$可得

$$\rho(r) = M_0 \cdot c^2 \cdot \xi \cdot [1 - u(r_0)] / r^2 = M_0 \cdot K(r) / r^2 \tag{16.6}$$

$$K(r) = c^2 \cdot \xi \cdot [1 - u(r_0)] = c^2 \cdot \xi \cdot [1 - u(r) \cdot \mu]$$

$$u(r) = \rho_m / \rho_0''$$

ρ_0''是引力势无穷远真实的势能密度，$u(r_0) = u(r) \cdot \mu$ 的概念是当宇宙初始“负能空穴”半径 r_0 膨胀为引力势半径 r，引力势的质能密度分布按照相对密度比例 $u(r) = \rho_m/\rho_0''$ 分布变化。引力势半径 r 处的 $u(r)$ 与宇宙初始“负能空穴”对应半径 r_0 的 $u(r_0) = \rho_m'/\rho_0$ 并不一致，由于时空膨胀，今天引力势的质能密度要比宇宙初始“负能空穴”的质能密度低多了，μ 是二者之间的比例系数

$$\mu = u(r_0)/u(r) > 1$$

由式(16.1)$u(r_0) = \rho_m'/\rho_0$ 是最初“负能空穴”质能密度的分布，ρ_0 是“负能空穴”界面处的真空能，随着时空膨胀，ρ_0 逐步演化为引力势无穷远的势能密度 ρ_0''。

要保证引力势的势能密度 $\rho(r)$ 随半径增大而增大，式(16.6)必须满足

$$dK(r)/dr > 2K(r)/r > 0$$

由于今天的引力势是由“负能空穴”时空膨胀而产生的，$K(r)$ 的含义是引力势半径 r 的势能密度 $\rho(r)$ 与宇宙初始“负能空穴”初始半径 r_0 的时空状态对应相关，所以“负能空穴”初始半径 r_0 的时空状态是引力势半径 r 的函数。

所以宇宙初始的质能密度也逐步演化为引力势势能损失密度

$$\rho_m = \rho_0'' \cdot u(r) \tag{16.7}$$

$$\rho(r) = \rho_0'' \cdot [1 - u(r)] \tag{16.8}$$

$\rho(r)$ 是引力势球面同一壳层的势能密度，ρ_0''引力势真实的势能密度，不同半径 r 的壳层仅仅是将不同半径 r 带入即可，所以势能密度 $\rho(r)$ 是半径的函数。

由式(16.4)$\rho(r) = \rho_0' \cdot [1 - u(r_0)]$与式(16.8)$\rho(r) = \rho_0'' \cdot [1 - u(r)]$相等联立 $\mu = u(r_0)/u(r) > 1$ 可得

$$\rho_0''/\rho_0' = [1 - u(r_0)] / [1 - u(r)] = y(r) < 1 \tag{16.9}$$

ρ_0'是实物质势场再次压缩回宇宙初始“负能空穴”界面等效的势能密度，ρ_0' 比宇宙初始“负能空穴”界面势能密度 ρ_0 低，所以引力势无穷远的势能密度 ρ_0''比宇宙初始“负能空穴”界面势能密度 ρ_0 低。

由式(16.8) $\rho(r) = \rho_0'' \cdot [1 - u(r)]$可直接得出势能

$$\Psi = \rho(r) \cdot v_0 = \rho_0'' \cdot v_0 \cdot [1 - u(r)]$$

而势场的势能梯度

$$\nabla \Psi = \rho(r) \cdot v_0 = \rho_0'' \cdot \nabla \{v_0 [1 - u(r)]\}$$

所以势能增量

$$d\Psi = \rho(r) \cdot v_0 = \rho_0'' \cdot \nabla \{v_0 [1 - u(r)]\} \cdot dr$$

将式(16.9) $\rho_0''=\rho_0'\cdot y(r)$ 以及 $\rho_0'=M\cdot c^2\cdot\xi/r^2$ 代入上式可得

$$d\Psi=M\cdot c^2\cdot\xi\cdot y(r)\cdot\nabla\{v_0[1-u(r)]\}\cdot dr/r^2=M\cdot G(r)\cdot dr/r^2$$

$$G(r)=c^2\cdot\xi\cdot y(r)\cdot\nabla\{v_0[1-u(r)]\}$$

$G(r)=c^2\cdot\xi\cdot y(r)\cdot\nabla\{v_0[1-u(r)]\}$ 是变量，$\mu=u(r_0)/u(r)$ 是宇宙初始“负能空穴”r_0 与引力势对应半径 r 的质能密度的比例，时间越早 $\mu=u(r_0)/u(r)$ 越小，宇宙初始瞬间 $\mu=u(r_0)/u(r)=1$，所以时间越早 $y(r)=[1-u(r_0)]/[1-u(r)]$ 越大，v_0 是引力势的空间分布，$1-u(r)$ 与势能分布对应，所以梯度 $\nabla\{v_0[1-u(r)]\}>0$，并且时间越早梯度越大，因此时间越早引力常数 $G(r)>0$ 越大。

当时空膨胀越大时空越平坦，梯度 $\nabla\{v_0[1-u(r)]\}$ 以及 $y(r)$ 包括 ξ 越小，并且 $G(r)$ 越小越接近常数，例如当 $\nabla\{v_0[1-u(r)]\}=0$，$G(r)=0$，所以在近似绝对时空的现在，$G(r)$ 基本可以看成近似接近零的常数，因此以实验为基础的经典物理势能

$$\Psi=-M\cdot G(r)/r$$

16.2　实物质的时空均值体积 v_m

实物质 M_0 粒子的势场真空能密度很不均匀，实物质 M_0 粒子自身的势阱越深，被外界势场充填的势能越多。例如地球势场时空范围是第一宇宙速度所覆盖的空间，但地球势场这个空间所含外界太阳势场的势能的权并不一样，例如地球势场半径越大，所含外界的势能越少。

为计算方便，必须寻找能代表实物质 M_0 粒子的平均体积 V_m。

由式(16.7)实物质 M_0 粒子的势场损失密度为 ρ_m，ρ_m 是由宇宙初始实物质 M_0 粒子质能密度演化而来的，所以

$$\int\rho_m(r)\cdot dV=\rho_m\cdot V_m=M_0\cdot c^2 \tag{16.10}$$

对实物质 M_0 粒子势场真空能损失密度 $\rho_m(r)$ 的全时域积分就是实物质 M_0 粒子的质能，ρ_m 是实物质 M_0 粒子势场的平均真空能密度，V_m 是实物质 M_0 粒子势场的均值体积。

粒子势场时空场 dV 内都被充填外界场源的势能密度 $\rho(r)$，在设定参考点观察，粒子势场存储的外界势能应为

$$\Phi_m=\int\rho(r)\cdot dV$$

由于外界势能分布不均匀，以实物质 M_0 粒子质心所在外场的势能密度 $\rho(r)$ 为计算标准，求实物质 M_0 粒子体积均值 V_m。所以实物质 M_0 粒子质心所在外场的势能

$$\int\rho(r)\cdot dV=\rho(r)\cdot V_m=\Phi_m \tag{16.11}$$

$\rho(r)$ 是已知条件，实物质 M_0 粒子的势能 Φ_m 也是已知条件，由此求得实物质 M_0 粒子体积均值 V_m。式(16.11)与式(10.8)含义一致。

取粒子单位静质量 M_0 的均值空间 $V_m/M_0=v_m$，所以粒子单位质量存储的外场的势能

$$\Psi_m(r)=\rho(r)\cdot v_m \tag{16.12}$$

定义：$v_m=V_m/M_0$ 为粒子单位质量的体积均值！

如果粒子单位质量的体积均值 v_0 正好满足粒子的势能正好是外界势能

$$\Psi(r)=\rho(r)\cdot v_0 \tag{16.13}$$

定义：$v_0=V_0/M_0$ 为外界势场单位质量的体积均值！

v_0 与 v_m 分别是粒子与外界势场单位质量的体积均值，当粒子与外界势场单位质量的体积均值不一致 $v_m\neq v_0$，粒子与外场势场比较 v_m 与 v_0 的大小，由热二律可知粒子力图运动到 $v_m=v_0$ 的位置，这种趋势就是粒子之间的表观外力 f_0。

16.3 力是物质之间时空不平衡的度量

当粒子与外场势场保持时空连续一致时 $v_0=v_m$ 有 $\Psi=\Psi_m$，如果粒子时空与外场势场时空不一致，$v_0\neq v_m$ 或 $\Psi\neq\Psi_m$，粒子受力。

令粒子相对外界势场的时空不平衡度为 $E(r)$

$$E(r)=\Psi(r)-\Psi_m$$

$$\mathrm{d}E(r)=\mathrm{d}\Psi(r)-\mathrm{d}\Psi_m \tag{16.14}$$

式(16.14)的含义是当粒子在外界势场时空运动时，由于粒子时空尺度 v_m 没有同步跟随外场时空尺度 v_0 的变化，粒子与场源形成一定的时空尺度不协调一致。取式(16.14)的梯度

$$\mathrm{d}E/\mathrm{d}r=\mathrm{d}\Psi/\mathrm{d}r-\mathrm{d}\Psi_m/\mathrm{d}r$$

经典物理定义势场场强

$$f_0=\mathrm{d}\Psi/\mathrm{d}r$$

粒子惯性力为

$$f_m=\mathrm{d}\Psi/\mathrm{d}r$$

经典物理的 f_0、f_m 的方向都与势能梯度反向，外力 f 为

$$\mathrm{d}E/\mathrm{d}r=f=f_0-f_m \tag{16.15}$$

16.4 场强

场强 $f_0=\mathrm{d}\Psi/\mathrm{d}r$，对式(16.13) $\Psi(r)=\rho(r)\cdot v_0$ 求梯度

$$f_0=\nabla\Psi=\nabla[\rho(r)\cdot v_0] \tag{16.16}$$

同理

$$f_m=\nabla\Psi_m=\nabla[\rho(r)\cdot v_m]$$

由式(16.8) $\rho(r)=\rho_0''\cdot[1-u(r)]$ 以及无穷远势能密度 $\rho_0''=$ 常数可得

$$\nabla\Psi=\nabla[\rho(r)\cdot v_0]=\rho_0''\cdot\nabla\{v_0[1-u(r)]\} \tag{16.17}$$

将式(16.9) $\rho_0''=\rho_0'\cdot y(r)$代入式(16.17)可得

$$\nabla\Psi=\rho_0'\cdot y(r)\cdot\nabla\{v_0[1-u(r)]\} \tag{16.18}$$

将式(16.5) $\rho_0'=M\cdot c^2\cdot\xi/r^2$ 带入式(16.18)

$$\nabla\Psi=M\cdot c^2\cdot\xi\cdot y(r)\cdot\nabla\{v_0[1-u(r)]\}/r^2 \tag{16.19}$$

$$\nabla\Psi=M\cdot G(r)/r^2 \tag{16.20}$$

$G(r)=c^2\cdot\xi\cdot y(r)\cdot\nabla\{v_0[1-u(r)]\}$

$f_0=\nabla\Psi$是场强,$G(r)=c^2\cdot\xi\cdot y(r)\cdot\nabla\{v_0[1-u(r)]\}$是引力常数。

宇宙早期的引力常数应该很大,但衰减的很快,例如“负能空穴”界面之外就衰减为零。

例如距离太阳越近引力常数越大,表现在椭圆轨道远日点与近日点的曲率半径不同,形成椭圆轨道的进动,并且距离太阳越近,引力越大代表引力势时空梯度变化越大,引力常数变化越大,所以靠近太阳的行星进动最大。

又比如越接近宇宙早期,引力常数越大,所以宇宙早期的行星形成速度要比今天大得多。另外黑洞附近也是时空高度收缩的空间,在那里如果有高密度物质从黑洞喷出来,应该也是形成星系最快的地方。

从引力常数的数量级看,ξ 含有初始势阱半径 r_0^2 以及 k_0,经过137亿年膨胀,r_0^2 相对现在对应的引力势半径 r^2 可以看成时空奇点,所以现在地球观察的引力常数 $G(r)$的数量级应该很小,这与实际一致。

对于势阱型势场由式(16.20)可得场强

$$f_0=M_0\cdot G/r^2$$

在引力场中,引力势质量 M_0 取正号显示引力,所以实物质就是正物质。

虚粒子是实物质的反粒子,所以虚粒子的质量等效为负质量 $m_0=-m$,虚粒子在引力势中显示斥力 $F_0=m_0\cdot M_0\cdot G(r)/r^2=-m\cdot M_0\cdot G(r)/r^2$,负号代表斥力。

这代表虚粒子的时间相对比实物质势场的时间分布快,所以向势能升高的方向运动。

由于正、负电子电场的势能梯度与实物质引力势的势能梯度不同,G'代表电子势垒场的引力常数与实物质势场的引力常数不一样。

实物质产生势阱场,电子势垒场是实物质的反粒子产生的,所以产生电子电场的物质等效为负质量 $m_0=-m$。在电子电场中,电场并不是电子质心的实物质 M_0 粒子产生的,而是与实物质 M_0 粒子等量的真空能质量 $m=-m_0=M_0$ 产生的。

m 是电子势垒电场等效的场能质量,实际就是电磁质量。

$m_0=-m$ 的意思是电子电场相当于一个负质量 $-m$ 产生的势场,也可以从电子势垒型势场考虑势能梯度方向后可得场强

$$f_0=m_0\cdot G'/r^2=-M_0\cdot G'/r^2 \tag{16.21}$$

负号显示对电子质心实物质 M_0 是斥力,电子电场 f_0 对电子 M_0 作用力为

$$F_0=-M_0\cdot M_0\cdot G'/r^2$$

正电子中心的虚粒子是实物质的反粒子,显示负质量 $m_0=-m=-M_0$。

电子电场 f_0 对正电荷 $-M_0$ 作用力为

$$F_0 = m_0 \cdot f_0 = M_0 \cdot M_0 \cdot G'/r^2$$

正、负电荷之间作用力是正号，代表异性相吸。

同理正电子势阱场应该是实物质产生的，所以等效正质量 $m_0 = M_0$ 产生的引力场，也可以按照引力势的势能梯度方向计算场强为

$$f_0 = m_0 \cdot G'/r^2 = M_0 \cdot G'/r^2 \tag{16.22}$$

M_0 是势阱场对应的场能质量，对电子质心的正质量 M_0 显示引力。

同理正电子电场并不是正电子质心的虚粒子 m 产生的，M_0 与正电子中心的虚粒子 m 毫无关系，正电子质心的虚粒子等效为负质量 $m = -M_0$，正电荷之间作用力为

$$F_0 = -M_0 \cdot M_0 \cdot G'/r^2$$

负号代表同性相斥。

以上方法与经典力学确定用电荷的正负号来确定受力的概念一样，这说明电荷与实物质具有相同的力学特性。

因为不能保证场源之间的引力常数一致，因此不能证明两粒子之间的场力大小相等，场力是势场的时空特性，直接反应势场的时延系数 k 的梯度分布概念，用经典物理证明要比相对论证明更为可靠，总归经典物理是经过实验检验的真理。

16.5 时空不平衡 $\Delta v = v_0 - v_m$ 的反作用力意义

当粒子的空间尺度 v_m 与外界场源的时空尺度 v_0 不一致的物理含义是什么？

将 $f_0 = \nabla \Psi = \nabla[\rho(r) \cdot v_0]$ 以及 $f_m = \nabla \Psi_m = \nabla[\rho(r) \cdot v_m]$ 带入式(16.15) $f = f_0 - f_m$ 可得

$$\begin{aligned} f &= \nabla[\rho(r) \cdot v_0] - \nabla[\rho(r) \cdot v_m] \\ &= \nabla[\rho(r) \cdot (v_0 - v_m)] \\ &= \nabla[\rho(r) \cdot \Delta v] \end{aligned} \tag{16.23}$$

粒子的速度和运动方向不同，有不同的尺缩效应，尺缩不一样，如果 $\Delta v \neq 0$，粒子受外力 f 的大小与方向不一样，这就是外力包括洛伦兹力产生的原因。

当 $\Delta v > 0$ 时，说明粒子的尺度 v_m 小于场源的尺度 v_0，粒子自发状态下向场源时空收缩方向运动，引力质量表现为重力，这就是重力的源泉。

当 $\Delta v < 0$ 时，说明粒子的尺度 v_m 大于场源的尺度 v_0，粒子自发状态下向场源时空膨胀方向运动，场势显示斥力。

当 $\Delta v = 0$ 时，粒子与场源的时空尺度一致，粒子不受力，称为失重状态。

不考虑场力 $f_0 = \nabla \Psi$，可得

$$f = -f_m = -\nabla \Psi_m = -\nabla[\rho(r) \cdot v_m]$$

或

$$F = -F_m \tag{16.24}$$

可以证明(16.24)式就是牛顿第二定律，所以时空不平衡力 F 就是外力。

牛顿第三定律只适用于满足式(16.23)的所有作用力，场强 $f_0 = \nabla \Psi$ 是势场时空特性，

所以场力不满足牛顿第三定律。

16.6　无穷远势能零点的相对时间

由式(16.9)$\rho_0''/\rho_0' = [1-u(r_0)]/[1-u(r)] < 1$ 可得

$$\rho_0'' < \rho_0' < \rho_0 \tag{16.25}$$

式(16.25)说明引力势无穷远的势能密度随着时空膨胀相对宇宙初始是降低的，而势能密度代表时间快慢，所以引力势无穷远的时间相对宇宙初始的时间减慢，这是时间快慢的绝对概念，即真实的时间快慢比较。

时空膨胀致使真空能密度肯定降低，所以引力势无穷远的时间相对宇宙初始“负能空穴”界面的时间减慢是毋庸置疑的。

通常是以引力势无穷远为势能零点为标准，即无须知道无穷远的绝对势能高低，以引力势无穷远为零势能标准观察动系相对势能变化，在效果上与以绝对势能为标准效果一样。

但在宇宙物理领域内，必须研究宇宙时空的真实时间快慢，因此必须知道宇宙背景时空的时间变化规律。

由 $\mu = u(r_0)/u(r) > 1$，半径越小 μ 值越大，今天的引力势的 $u(r)$ 要比宇宙初始“负能空穴”的 $u(r_0)$ 小多了。

由式(16.8)$\rho(r) = \rho_0'' \cdot [1-u(r)]$ 与式(16.1)$\rho(r_0) = \rho_0 \cdot [1-u(r_0)]$ 可知

$$\rho(r) - \rho(r_0) = u(r_0) - u(r) - (\rho_0 - \rho_0'')$$

$\rho_0 - \rho_0''$ 是引力势无穷远势能密度比宇宙初始实物质“负能空穴”界面势能密度降低的幅度，在宇宙初始实物质“负能空穴”向引力势发展过程，只要引力势半径 r 对应“负能空穴”r_0 位置的质能密度降低幅度 $u(r_0) - u(r) > \rho_0 - \rho_0'$，与宇宙初始“负能空穴”$r_0$ 对应引力势所在半径 r 位置的势能相对宇宙初始势能就是升高的。

由第 4 章例 1 可知引力势无穷远的膨胀力度最弱，引力势无穷远的势能密度降低最少，引力势无穷远势能密度比宇宙初始时空势能密度降低的幅度 $\rho_0 - \rho_0''$ 很低。而引力势势能梯度越大，实物质势场质能密度相对宇宙初始降低幅度 $u(r_0) - u(r)$ 越大，所以引力势实物质势场大部分时空的势能升高，而初始光子都是初始实物质原子发射的，因此今天实物质星系相对宇宙初始的实物质势场的势能提高，时间相对比宇宙初始实物质势场的时间加快。

从热二律的概念出发，引力势属于不平坦时空，引力势的膨胀目的就是降低引力势的时空不平度，因此实物质势能梯度较大位置对应的势能比宇宙初始实物质势场对应的势能提高，而引力势无穷远的势能相对比宇宙初始背景时空的势能降低，造成实物质引力势的时间快慢变化程度被抑制，这符合惯性定律，同时势场的时空更加平坦，符合热二律。

本节总结，实物质势场的势能均值相对比宇宙初始实物质势场的势能均值高，光子都与实物质势场有关，所以光子都有红移。但实物质在宇宙背景时空中运动，宇宙背景时空实际就是宇宙初始实物质“负能空穴”界面外的时空,对应实物质势场无穷远以外的势能,时空膨胀肯定造成宇宙背景时空的势能密度相对比宇宙初始的势能密度低,或宇宙背景时空的时间相对比宇宙初始的时间减慢。

这就是热二律的作用,宇宙初始实物质势场与外界时空的势能差很大,或时间快慢差很大,经过宇宙膨胀,实物质的势能升高,宇宙背景时空的势能降低,势能差被降低,实际是实物质的时间与宇宙背景时空的时间快慢差被缩小。

实物质世界自发向着平衡态发展,只要宇宙时空继续膨胀,一定会发展到实物质势场质心的时间与势场无穷远的时间快慢一致,没有时间快慢差就没有势能差,宇宙各处的势能密度满足

$$\rho(r_0) < \rho(r) = \rho_0'' < \rho_0 \tag{16.26}$$

$\rho(r_0)$是宇宙初始实物质势场的势能密度,没有势能差就没有引力势,没有引力势还有实物质吗?这就是时空膨胀的极限状态,那时宇宙将停止膨胀。

当然那时整个宇宙的势能密度$\rho(r)$将比宇宙初始背景时空的势能密度ρ_0低,比宇宙初始实物质势场对应的势能密度$\rho(r_0)$高,届时宇宙将重新开始新的轮回。

17　时空特性与电荷物质

17.1　时空惯性与量子纠缠

由于实物质粒子势场的时空尺度 V_m 在运动过程始终在变动，式(16.10)$M_0 \cdot c^2 = \rho_m \cdot V_m$可知粒子的质能密度$\rho_m$ 也在变化，注意ρ_m 并不是按照实物质粒子的可视有界体积 V 计算的质能密度，而是按照式(16.11)计算的均值时空均值体积 V_m 计算的质能密度，本质是真空中损失的真空能密度。但时空均值体积 V_m 的伸缩必然反映在实物质粒子的可视有界体积 V 的伸缩，物质的尺缩实际是势场时空的伸缩在实粒子体积的相互对应。

粒子的质能由式(2.10)$M_0 \cdot c^2 = E_k + \Phi_m$ 以及式(16.10)$M_0 \cdot c^2 = \rho_m \cdot V_m$ 可得

$$\mathrm{d}E_k + \mathrm{d}\Phi_m = V_m \cdot \mathrm{d}\rho_m + \rho_m \cdot \mathrm{d}V_m = 0$$

由式(6.11)$\mathrm{d}E_k = (c'^2/k) \cdot \mathrm{d}M$ 可知动质量 M 的变化必然伴随质能密度 ρ_m 的变化，所以 $\mathrm{d}E_k = V_m \cdot \mathrm{d}\rho_m$ 以及 $\mathrm{d}\Phi_m = \rho_m \cdot \mathrm{d}V_m$。

由 $M_0 \cdot c^2/V_m = \rho_m$ 可得

$$\mathrm{d}E_k = V_m \cdot \mathrm{d}\rho_m = -\rho_m \cdot \mathrm{d}V_m = -M_0 \cdot c^2 \cdot \mathrm{d}V_m/V_m$$

将式(6.12)$M_0 \cdot c^2 = M \cdot c'^2/k$ 以及式(6.11)$\mathrm{d}E_k = (c'^2/k) \cdot \mathrm{d}M$ 代入上式可得

$$\mathrm{d}E_k = (c'^2/k) \cdot \mathrm{d}M = -(M \cdot c'^2/k) \cdot \mathrm{d}V_m/V_m$$

所以

$$\mathrm{d}M/M = -\mathrm{d}V_m/V_m$$

两边积分 $M/M_0 = V_{m0}/V_m$

由 $M_0/M = k$ 可得

$$V_m = V_{m0} \cdot k$$

V_{m0}是实物质静止势场的均值尺度，与实物质静止的可视有界体积 V_0 对应。

V_m 是实物质运动势场的时空尺度，与实物质运动的可视有界体积 V 对应。

所以

$$V = V_0 \cdot k \tag{17.1}$$

动体积与静体积的关系 $V = V_0 \cdot k$ 与相对论静尺与动尺的关系 $L = L_0 \cdot k$ 对应。

由 $M_0 \cdot c^2/V_m = \rho_m$ 以及 $\mathrm{d}\Phi_m = \rho_m \cdot \mathrm{d}V_m$ 可得

$$F_m = \mathrm{d}\Phi_m/\mathrm{d}r = (M_0 \cdot c^2/V_m) \cdot \mathrm{d}V_m/\mathrm{d}r \tag{17.2}$$

所以

$$\mathrm{d}\Phi_m = M_0 \cdot c^2\mathrm{d}V_m/V_m$$

所以 $$\Phi_m = M_0 \cdot c^2 \cdot \ln(k)$$

上式就是式(2.3),但注意以上证明与式(2.3)的证明相互独立,以上是通过物质的势场时空空间体积均值 V_m 证明,实际是势场空间,所以粒子的时间快慢实际就是粒子势场时空时间快慢的均值。

由式(17.2)$F_m = (M_0 \cdot c^2/V_m) \cdot \mathrm{d}V_m/\mathrm{d}r$ 可知,$\mathrm{d}V_m/\mathrm{d}r$ 代表动系空间尺度的变化的梯度概念,与动系的速度变化相关,所以 $\mathrm{d}V_m/\mathrm{d}r$ 与加速度对应。F_m 是物质的惯性力,因此质能密度 $M_0 \cdot c^2/V_m = \rho_m$ 代表动系物质的惯性。

V_m 与实物质的可视体积 V 对应,所以密度越大的物体惯性越大,而 V_m 与物质的伸缩度 k 有关,例如 k 越小物质的惯性质量 $M = M_0/k$ 越大,这代表物质的质能密度越大,所以惯性 $\rho_m = M_0 \cdot c^2/V_m$ 与相对论动质量具有同义词。

由于 V_m 代表粒子的势场时空,所以时空也有惯性,时空的势能密度 ρ 越大惯性越大,例如势能越高势能密度越大,引力势半径越大的时空惯性越大,表现在引力势从中心到无穷远的时空膨胀度不一样,惯性越大,时空抗伸缩能力越强,例如引力势势能越高,时空膨胀相对越弱,这就是 $\mathrm{d}K(r)'/\mathrm{d}r > 0$ 的原因。

电子是势垒场,平均势能密度较大,惯性较大,膨胀力度较小。

而正电子是引力势,平均势能密度较小,惯性较小,膨胀力度相对比电子时空大,所以电子的场力应该比正电荷略大一点。

显然正电子中心的真空能虚粒子密度最大,惯性也最大,膨胀力度最小,势能梯度显然很高,场力极强,在短程力范围内对正电荷或虚粒子有极强的引力。但对电子以及实物质有极强的斥力,所以实物质粒子进入不了正电荷中心短程力范围之内。

时空抗伸缩能力代表时空具有弹性刚度,刚度越大代表抗伸缩能力越强,这就是惯性的概念。并且当粒子质量不同、速度不同,粒子时空的弹性刚度不同,类似于弹性共振系统,粒了时空系统有自己的共振频率,当两个粒子的时空刚度一致,具有相同的共振频率,就会互相感应运动,这就是量子纠缠。

时空的惯性就是时空中的势能密度 ρ,势能密度 ρ 越大惯性越大,时空抗变形性能力越强,任何粒子从中心到无穷远具有势能态的时空都具有惯性。

牛顿第一定律更准确的定义是"物质具有保持原有时空状态的性质叫惯性,惯性等于 $M \cdot c^2/V$",这就是牛顿第一定律的本质。

当粒子时空被压缩,粒子具有抗压缩的能力。反之粒子时空被拉伸膨胀,粒子具有抗拉伸膨胀的能力,因此粒子的时空惯性很像一个弹性皮球或弹簧,具有一定的量子震荡频率。

通俗解释如下:

(1)由惯性定律知道粒子有抵抗时空变形的能力,与弹簧抵抗变形的能力雷同。

(2)弹簧有共振频率,根据同一律,同样概念必有同样的结果,所以粒子的时空也有共振频率。

(3)粒子之间有量子态共振联系,这种共振联系使得粒子之间可以通过共振感应传输共振态行为。

(4)粒子抵抗时空变形能力的表观形式是经过实践检验的牛顿第一定律与牛顿第二定律,所以粒子相互感应隐形的传输行为是真实的。

粒子的量子震荡频率与粒子的时空收缩度或惯性 $m \cdot c^2/V$ 有关,只有相同惯性的粒子才有相同的量子态,相同质量、相同速度才有一致的时空收缩度 k,从而有相同的量子震荡频率。

粒子之间的行为感应传输速度应该满足

$$c' = c \cdot k$$

即同态粒子之间互相观察的传递速度应该是固有光速 c,而静系观察粒子由于膨胀度 k 不一样,量子纠缠传输会有不同的视向光速 c'。

如果存在某种弱作用粒子,弱作用粒子的时空膨胀度相对地球很高 $k >> 1$,因此弱作用粒子如果发生量子纠缠,将会有很高的视向超光速现象发生。

光子的作用力最弱,设想如果能将光子囚禁在低速状态,被囚禁的光子相对地表时空膨胀度最大,释放动能转化为势能,时间相对加快,光子的量子纠缠应该有最大的超光速。

17.2 粒子的时空结构种类

宇宙中只有势阱与势垒这两类时空结构的粒子,而每一类时空结构的粒子有两种可能的质能形式,即实物质粒子引力势与纯能态质能或虚粒子,所以穷尽宇宙所有粒子的时空结构种类数

$$\Omega = 2^2 = 4$$

宇宙包括场能粒子(光子)的不同时空结构物质粒子种类数只有 4 种。

目前这 4 种粒子的时空结构全部被发现,实粒子与虚粒子,正、负电子对,包括各类光子以及暗物质。

17.3 粒子时空变化的温度效应

由 $dE_k + d\Phi(r) = 0$,粒子动能与温度成正比,即 $dE_k = k \cdot dT$。

由式(16.10)$M_0 \cdot c^2 = \rho_m \cdot V_m$,$dE_k = -\rho_m \cdot dV_m$,以及 $\rho_m =$ 常数$/V_m$ 可得

$$-k \cdot dT = \text{常数} \cdot dV_m/V_m$$

合并常数并积分可得

$$e^{k \cdot \Delta T} = V_0/V$$

绝热状态下粒子时空尺度的变化总是伴有温度的变化,而且应用相当广泛。

比如当高压气体降压时,可以看成粒子间的势能增加 $d\Phi > 0$,势能增加必有微观粒子的体积增加,即 $V_0/V < 1$,或动能降低。代入公式可得 $\Delta T < 0$,表观反映就是温度下降,所

以压缩气体经过节流使制冷剂膨胀可以获得制冷量。

不同物质连接处两侧由于真空能密度的不同,会有真空能梯度或势能的不同,表观就有电势差。电子在连接处两边的时空状态不一样,在无源回路中两种不同物质焊接处形成大小相等但电势相反的回路,所以回路不产生电流。

当回路有源时有电流,当电子经过连接处时,电子时空会有体积 V 的变化,也有温度的变化,两焊接处电子时空的收缩与膨胀正好相反,所以两焊接处制冷与制热大小相等,这就是温结效应。

V 的变化代表时钟的变化,所以温度的变化可以调整物质时钟的快慢,而重力就是时钟效应,所以温度变化可以调整重力的大小。

17.4 电荷守恒与质电换算

$f_q = Q/(4\pi\varepsilon \cdot r^2)$ 是正电荷场强,电荷场强 f_q 方向与场能质量 M_0 场强 f 方向相反,这符合电场定义。由式(16.21)以及式(16.22)可得以质量表示电荷之间的作用力

$$F = G' \cdot M_0^2/r^2 \text{ 或 } F = -G' \cdot M_0^2/r^2$$

由静电公式

$$F' = Q^2/(4\pi\varepsilon r^2) \text{ 或 } F = -Q^2/(4\pi\varepsilon r^2)$$

由受力相等可得 $Q^2 = 4\pi\varepsilon \cdot G' \cdot M_0^2$,由此推出质电换算系数

$$Q/M_0 = \lambda = \pm(4\pi\varepsilon \cdot G')^{1/2}$$

λ 是单位静质量对应的电荷量,已知 λ,质量与电荷之间的关系

$$M_0 = Q/\lambda = Q \cdot \lambda/4\pi\varepsilon G' \tag{17.3}$$

所以单位电磁质量的场强

$$f = G' \cdot M_0/r^2 = Q \cdot \lambda/(4\pi\varepsilon \cdot r^2)$$

换算成单位电荷的场强

$$f/\lambda = f_q = Q/(4\pi\varepsilon \cdot r^2) \tag{17.4}$$

注意:

(1)正负电子场能质量 M_0' 是真空能势阱或势垒场的积分值式(16.10),不要将场能(电磁)质量 M_0' 与正、负电子携带的实、虚粒子质量混为一谈。

(2)电荷之间的"引力常数"G' 远远大于引力质量实粒子之间的 G。质能 $M_0' \cdot c^2$ 本质是势场时空总能之和,表观就是电荷守恒,并具有受力特性。

(3)实物质根据受力方向不同,可以在正、负电荷之间相互转换。

17.5　如何用经典物理测试时空的物质性

以上所有的相对势能或相对时间快慢都是势场空间均值概念，并认为这种均值概念就是可视物质实体的相对势能或相对时间。

可以用时空的物质性对以上内容进行总结。

宇宙时空含有真空能或暗能量 $m \cdot c^2$，如果能把真空能 $m \cdot c^2$ 以某种方式以经典物理的概念显示出来，时空的物质性具有可视性，以上理论才具有可信性。

如果能将地球上的时空放在宇宙初始星系上，时间与空间将会同比例 k 伸缩，尽管时空有伸缩，但地球人定义的时钟表盘以及尺子的“刻度值”与参照系无关，例如地球静尺 L_0 的长度“刻度值”定义是一个光子固有波长 λ_0，把尺子放在宇宙初始星系，尺子相对地球静尺 λ_0 伸缩为 $\lambda' = \lambda_0 \cdot k$，但是宇宙初始星系上的人观察尺子的“刻度值”长度还是 λ_0。

假设地球人能把宇宙初始星系相对伸缩为 $\lambda' = \lambda_0 \cdot k$ 的时空“间隔”搬到地球上来，地球人观察长度为 $\lambda' = \lambda_0 \cdot k$ 的时空“间隔”在地球上应该有什么特性？

当然星系上相对伸缩为 $\lambda' = \lambda_0 \cdot k$ 的时空“间隔”搬到地球上来肯定恢复为长度为 λ_0 的时空“间隔”，这是毋庸置疑的。

但是如果通过某种约束把星系相对伸缩为 $\lambda' = \lambda_0 \cdot k$ 的时空“间隔”搬到地球并保持伸缩状态不变，这相当于把星系上的“透明时空介质”搬到地球上来，时空可以重叠相互嵌套，“透明时空介质”相互重叠，地球人能从地球表面的时空中区分出没有固体界面透明无暇从星系上搬来的时空“间隔”吗？如图 17.1 所示。

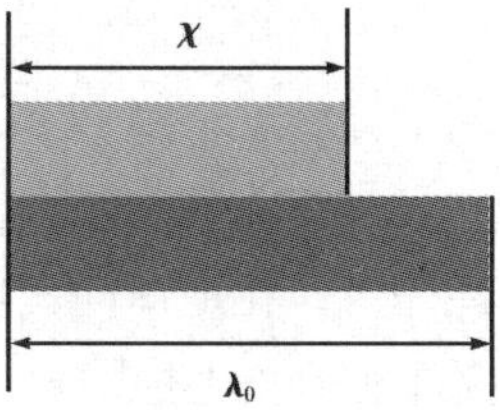

图 17.1

地球人拿着长度为 λ_0 的尺子和时钟可以随意出入这块从星系搬来的时空“间隔”，地球人进入星系上搬来的“透明时空介质”后地球人的尺子缩短了，但尺子刻度值 λ_0 不变。进入“透明时空介质”内的地球人感觉星系上搬来的“透明时空介质”的长度也是 λ_0。于是“透明时空介质”内外的人可以根据可视的缩短的尺子 $\lambda' = \lambda_0 \cdot k$ 证明“透明时空介质”的存在。

当地球人在“透明时空介质”之外的地表发射波长为 λ_0，周期为 T_0 或频率为 f_0 的光子进入星系上搬来的“透明时空介质”中，地球人在“透明时空介质”内部测试光子波长自动伸缩为 $\lambda' = \lambda_0 \cdot k$，光子周期为 $T' = \lambda'/c$，在“透明时空介质”内的地球人发现外部来的光子进入“透明时空介质”内部光速 $c = \lambda'/T'$ 不变。

由地球与星系时空的时延关系 $T' = T_0 \cdot k$，在“透明时空介质”之外的地球人测得“透明时空介质”内部的光子周期是固有周期 T_0，因此地球人观察光子进入“透明时空介质”中的光子频率仍是 f_0。所以在“透明时空介质”之外的地球人会发现光子在透明无暇没有固体界面的星系上搬来的“透明时空介质”中会产生亚光速 $c' = f_0 \cdot \lambda'$。或者说地球人会发现“透明时空介质”中有折射现象，并根据折射现象能够观察到星系上搬来的时空“间隔”的界面，尽管触摸这块时空是“空”的，没有任何实物质。

地球人发射光子观察“透明时空介质”内光子的频率是光子固有频率f_0，而“透明时空介质”的长度虽然伸缩为λ'。但进入“透明时空介质”内部观察尺子的刻度值仍是λ_0，这与地球人在地表观察光速$c_0=f_0\cdot\lambda_0$一样。于是由此可以得出无论宇宙时空怎样伸缩，只要固有距离λ_0不变，用当地光子测距λ'的时间永远是固有周期T_0，所以用光子测距宇宙固有距离的时间一定满足当地光速不变。

但$T'=T_0\cdot k$是“透明时空介质”内部参照系相对地表参照系的时间快慢关系，是两个参照系时钟表盘“刻度值”之间的真实比例关系。而$\lambda'=\lambda_0\cdot k$是“透明时空介质”全长$\lambda'$与地表尺子全长$\lambda_0$的空间比例关系而非两个尺子“刻度值”之间的比例关系，这是两个根本不同的概念。所以进入“透明时空介质”内部的人以光速c测距的“刻度值”距离是$\lambda'=T'\cdot c<\lambda_0$，因此“透明时空介质”内部的人在周期$T'$内看到光子测距不是“透明时空介质”全长$\lambda_0$。因此地球人发射光子观察在一个固有周期$T_0$内测距$\lambda'$并不是“透明时空介质”全长，当然也就不满足光速不变假设。

所以亚光速$c'=f_0\cdot\lambda'$准确无误，这与介质内部的亚光速$c'=f_0\cdot\lambda'$雷同。

然而还有更离奇的现象，星系上搬来的时空“间隔”居然受重力，如果用手触摸“透明时空介质”的下面，会感觉到有一个东西压在手上，感觉“透明时空介质”并不“空”，人们发现这块时空受重力。

出现这种现象的经典物理解释是“透明时空介质”原本就在势能很低的星系上，把它放到势能较高的地球上来，“透明时空介质”就会向属于这块时空“间隔”的低势能方向跌落。

真空能就是时空，星系上搬来伸缩后的“透明时空介质”所占空间内所含外界的真空能$m\cdot c^2$比地球同一块伸缩前的时空“间隔”所占空间内所含外界的真空能质量m少，星系上搬来的“透明时空介质”空间相对地球收缩，单位质量容纳地球引力势的势能相对更少，所以星系上搬来的“透明时空介质”单位质量的势能Ψ_m降低。

可见让星系上搬来的“透明时空介质”失重的充要条件就是让“透明时空介质”膨胀到地球原有时空状态，所以机械能守恒的基本概念就是动系的时钟快慢与势场时空的时钟快慢一样。

由于星系上搬来的“透明时空介质”与外界之间存在势能差，所以地球实物质物体在“透明时空介质”与外界的界面之间受到向“透明时空介质”方向的推力，这相当于界面两侧是“势能电极”，其实电极电场的本质就是这个原理。

由以上分析，如果能做到以上条件，时空的物质性具有可视性，可视性就是称量时空的重量。其实人们已经做到，实物质的质能Mg本身就是由宇宙真空能$m\cdot c^2$转换而来的，从而形成引力势阱，只不过实物质界面具有可视性，所以实物质本身就是时空的物质性。

但人们更希望能测试时空的物质性而不是实物质。

由以上分析，如果能让地球表面的时空发生伸缩，同样可以达到同样的效果。

电场就是在改变时空的伸缩状态，把原来没有时空梯度的平坦时空通过电场拉伸为具有一定时空梯度的势场，这必然改变电场力作用范围的时空伸缩度，进而改变这部分受电场影响的时空的受力状态。

所以当电容器充电，必然改变电容器的重量，这应该可以被发现。只不过这种效应可能太微弱，很难检验罢了。

同理磁场也应该可以改变时空的受力状态。

实物质受到机械压力弹性变形，逻辑上也可以改变实物质的重量。

速度可以改变动系的时空状态，所以速度也可以改变实物质的重量，并检验相对论理论的正确性。例如相对论推出转盘半径越大时钟越慢，因此转盘的重量应该增加，如果转盘不是重量增加，说明相对论有错。

所以时空的物质性具有可视性。

18　洛伦兹力、磁场

18.1　运动物质相对场源的时空不平衡度 Δv

由式(16.23)$f=\nabla[\rho(r)\cdot\Delta v]$，只有当粒子的时空尺度 v_m 相对外界势场的时空尺度 v_0 不一致 $\Delta v=v_0-v_m\neq 0$，粒子将会受 f。

两个电子之间有相对运动，并且运动速度不同，相互之间的时间快慢不一样，如何确定二者之间的作用力？因此必须研究两个粒子之间的相对时间快慢或两个粒子之间的时空不平衡度 $\Delta v=v_0-v_m$ 关系。

设有相对地表静系运动的两个动系，分别定义为试验粒子与标准粒子。

静系观察试验粒子的速度为 u

$$\beta=u/c$$

静系观察标准粒子的速度为 u_0

$$\beta_0=u_0/c$$

静系观察两个粒子不同的伸缩度 k，就可以计算两个粒子之间的时空不平衡度 $\Delta v=v_0-v_m$。

式(6.4)$k=f(\beta)=A\cdot\beta+[1-\eta\beta^2]^{1/2}$ 是自变量 β 的函数，当自变量 β 增量 $\Delta\beta$ 很小时，试验粒子的 $k=f(\beta)$ 应该是以标准粒子 $\beta_0=u_0/c$ 为中心做泰勒级数展开的近似式，自变量的增量 $\Delta\beta=\beta-\beta_0$ 不能太大，这一般是满足的，因为固有光速 c 很大。

取试验粒子的位置在通过标准粒子质心且与标准粒子速度的垂线上，试验粒子与标准粒子的速度同向或反向，这样无须考虑 A 与 β 之间的方向余弦，例如对于实物质 A 与 β 同向一定满足 $A\cdot\beta>0$，根据级数或微分可得

$$k=f(\beta)=f(\beta_0)+f'(\beta_0)\cdot\Delta\beta \qquad \Delta\beta=\beta-\beta_0$$

$f'(\beta_0)$ 是 $f(\beta)$ 对 β 的一次导数在 β_0 的导数值，$\Delta\beta=(\beta-\beta_0)$ 是自变量 β 的增量，对 $k=f(\beta)=A\cdot\beta+[1-\eta\cdot\beta^2]^{1/2}$ 进行泰勒级数展开，经过计算可得

$$f(\beta_0)=A\cdot\beta_0+k_0 \qquad k_0=[1-\eta\cdot\beta_0^2]^{1/2}$$

$$f(\beta_0)'=A-\eta\cdot\beta_0\cdot[1-\eta\cdot\beta_0^2]^{-1/2}=A-\eta\cdot\beta_0/k_0$$

所以

$$\begin{aligned}k&=f(\beta)=f(\beta_0)+f'(\beta_0)\cdot\Delta\beta\\&=f(\beta_0)+A(\beta-\beta_0)-\eta\cdot\beta_0\cdot(\beta-\beta_0)/k_0\end{aligned}$$

$$=f(\beta_0)+A(\beta-\beta_0)-\frac{\eta\cdot\beta_0\cdot\beta}{k_0}+\frac{\eta\cdot\beta_0^2}{k_0}$$

$$=f(\beta_0)+A(\beta-\beta_0)-\frac{\eta\cdot\beta_0\cdot\beta}{k_0}+\frac{[1-(1-\eta\cdot\beta_0^2)]}{k_0}$$

$$=f(\beta_0)+A(\beta-\beta_0)-\frac{\eta\cdot\beta_0\cdot\beta}{k_0}+\frac{[1-k_0^2]}{k_0}$$

$$=f(\beta_0)+A(\beta-\beta_0)-\frac{\eta\cdot\beta_0\cdot\beta}{k_0}+\frac{1}{k_0}-k_0$$

$$=f(\beta_0)+A\cdot\beta-\eta\cdot\frac{\beta_0\cdot\beta}{k_0}+\frac{1}{k_0}-f(\beta_0)$$

$$=A\cdot\beta+\frac{(1-\eta\cdot\beta_0\cdot\beta)}{k_0}$$

$$=[1+(A\cdot k_0-\eta\cdot\beta_0)\cdot\beta]/k_0 \qquad (18.1)$$

为了说明式(18.1)的物理意义,以地表平动例如汽车为标准粒子参照系,汽车对动点试验粒子做功 E' 产生运动,试验粒子相对汽车参照系的时延系数 k' 满足

$$E'=M_0\cdot c^2\cdot\ln(k')$$

静系观察动点试验粒子的时延系数还应该加上汽车的相对动能动能

$$E_0=M_0\cdot c^2\cdot\ln(k)=-M_0\cdot c^2\cdot\ln(k_0)+M_0\cdot c^2\cdot\ln(k')$$

k_0 是汽车相对动能产生的时延系数,所以

$$k\cdot k_0=k''$$

静系观察试验粒子动钟时间快慢的比例 k 值是真实的,是由真实的引力势在地表的势能零点推理而来的,而标准粒子观察静系相对标准粒子有相对动能,相对动能具有减慢动钟的快慢效应,所以标准粒子观察试验粒子的动钟时间还应该将静系的相对动能减慢的比例 k_0 考虑在内,所以标准粒子观察试验粒子的时延系数为

$$k\cdot k_0=k''=1-\eta\cdot\beta_0\cdot\beta$$

上式的物理含义是静系与标准粒子之间存在相对运动,标准粒子与静系观察试验粒子动钟的相对快慢比例的换算关系,而且换算关系的方向不可逆,既不能由 k'' 得出地表静系观察试验粒子 $k=k''\cdot k_0$,原因是地表的势能零点是计算的基准,并由此推出 $k\cdot k_0=k''$,这实际就是式(3.2)的物理含义。

所以 $k\cdot k_0=(1-\eta\cdot\beta_0\cdot\beta)$ 是标准粒子观察试验粒子动钟的相对快慢比例,例如标准粒子取地球自转带动的地表赤道,静系取没有地球自转的地表,试验粒子取相对静系运动的动系。当动系相对静系的速度正好是标准粒子的自转地表,静系观察地表试验粒子的时延系数正好是 k_0,当 $\eta=1$ 正好是相对论时延系数 $k_0=[1-\beta_0^2]^{1/2}$。

由式(6.6)可将式(18.1)写为

$$k=(1+\Delta k)/k_0$$

$$\Delta k=(A\cdot k_0-\eta\cdot\beta_0)\cdot\beta$$

Δk 是标准粒子观察试验粒子动能增量对应的时延系数增量,$1+\Delta k$ 是标准粒子观察试验粒子的时延系数。

由式(6.14)$u'=u_0/k'$,k'值是势场各点相对势场质心时延系数,可知以上还差一项由标准粒子势场的速度 u'分布产生的时延系数,A'是地球自转牵连运动造成势场的速度场 u'分布的函数,所以试验粒子与标准粒子势场的速度场相互作用同样产生的时延系数增量

$$\Delta k'=A'\cdot\beta \tag{18.2}$$

$\Delta k'=A'\cdot\beta$ 是试验粒子在外界势场运动过程自发完成的,因此自动满足热二律与惯性定律,所以 $\Delta k'=A'\cdot\beta$ 的正负可以根据试验粒子的时空状态确定,标准粒子 A'与试验粒子 β 的同向或反向运动确定 $\Delta k'=A'\cdot\beta$ 的正负更简单。

由于 $u'=u_0/k'$或 A'是标准粒子势场各点的速度分布,所以 $\Delta k'=A'\cdot\beta$ 是标准粒子在势场对应 k'点的位置观察试验粒子运动到该点的时延系数增量。

因此标准粒子观察试验粒子的时延系数为

$$k''=1+\Delta k+\Delta k' \tag{18.3}$$

所以标准粒子观察试验粒子的时延系数共由 2 部分组成,Δk 是试验粒子动能增量对应的时延系数增量,$\Delta k'$是与动能增量无关但由势场速度分布产生的时延系数增量。

弄清 $k''=1+\Delta k+\Delta k'$的物理含义,从静系观察式(18.3)的含义就容易理解了,k_0 是相对运动产生的时延系数,标准粒子观察静系做功推动试验粒子的时延系数为 k,由于静系本身相对标准粒子有相对运动 k_0,而相对运动具有消耗静系做功降低静系给试验粒子的时延系数 k,由式(3.2)可得标准粒子观察试验粒子的时延系数被静系相对运动降低为 $k''=k\cdot k_0$,所以

$$k=k''/k_0=(1+\Delta k+\Delta k')/k_0 \tag{18.4}$$

当 $\Delta k'=0$,式(18.4)就是式(18.1)。

式(18.4)的 $\Delta k'$值是试验粒子与势场各点的速度 u'分布相互作用而增加的时延系数,通常情况下试验粒子与引力势场的速度分布项 $\Delta k'=A'\cdot\beta$ 相对比刚体动能增量引起的时延系数 Δk 小得多,式(18.2)可以忽略不计,但作为基础理论,式(18.2)是研究地磁的最基本公式。

但 $\Delta k'=A'\cdot\beta$ 代表试验粒子在势场中受力,而受力意味着试验粒子不满足机械能守恒,所以满足机械能守恒的试验粒子不产生 $\Delta k'=A'\cdot\beta$。

在地球表面,如果试验粒子以及标准粒子是电荷运动,由地表自转牵连运动产生的 $A'\cdot\beta$的时延系数相对很弱,并且忽略静系牵连运动项 $A\cdot\beta$,只需考虑电荷之间 β_0 与 β 产生的时延系数,所以式(18.1)为

$$k=(1-\beta_0\cdot\beta)\cdot\gamma_0$$

$$\gamma_0=1/k_0=[1-\beta_0^2]^{-1/2}$$

不能将式 $k=(1-\beta_0\cdot\beta)\cdot\gamma_0$ 简单理解为试验电荷相对标准电荷质心的时延系数,因为试验电荷在标准电荷势场中运动,电场质心具有速度 u_0,电场各点都有速度 $u'=u_0/k'$,β_0'同样代表标准电荷势场的速度分布,k'是电场的时延系数分布或势能分布,所以试验电荷的时延系数为

$$k=(1-\beta_0'\cdot\beta)\cdot\gamma_0 \tag{18.5}$$

由式(18.5)计算试验电荷的尺缩比例关系,设 v_0 是电场在对应 k'的势能位置的势场

空间单位质量的固有体积，v_0 是场源分布特性，与 k'分布或势能分布是同义词。

由式(17.1)$v = v_0 \cdot k$ 可知，在标准电荷的电场在对应 k'的势能位置观察试验电荷的均值体积是 $v_m = v_0 \cdot k$，$\Delta k' = \beta_0' \cdot \beta$ 是试验电荷的时延系数增量，所以

$$v_m = v_0 \cdot k = v_0 \cdot (1 - \beta_0' \cdot \beta) \cdot \gamma_0 = v_0' \cdot (1 - \Delta k') = v_0' - \Delta v \tag{18.6}$$

$$\Delta v = v_0' - v_m = v_0' \cdot \beta_0' \cdot \beta$$

$$v_0' = v_0 \cdot \gamma_0$$

v_0 是标准电荷在势场各点的固有体积分布，静系观察标准电荷势场时空固有体积相对伸缩为 $v_0' = v_0 \cdot \gamma_0$，$v_0' = v_0 \cdot \gamma_0$ 概念是静系观察标准电荷空间有真实的相对变形。标准电荷的势场时空相对静系发生伸缩，标准电荷的势能梯度也会发生变化，所以标准电荷作为运动场源的场力也将发生变化。

$\Delta v = v_0' - v_m$ 是试验粒子均值体积 v_m 相对标准电荷势场各点固有体积分布 v_0'的差值，v_m 是试验电荷势场整体的均值体积，而 v_0'是外界势场分布概念，所以不能将 Δv 简单理解为试验粒子的均值体积 v_m 相对标准电荷势场整体均值体积的差值。

实际上 $v_0' = v_0 \cdot \gamma_0$ 或 $\Delta v = v_0' - v_m$ 应用很普及，γ_0 并非必须由粒子运动产生，对物质进行时空收缩变形就可以改变组成物质的原子荷电场的分布，例如机械压缩、加温、加磁等都可以改变组成物质的原子核电场分布，而 $\Delta v = v_0' - v_m$ 代表电子相对电场的时空不平衡，从而改变电子的受力状态。

18.2 经典物理的洛伦兹力与磁场

以自转的地球为例，标准粒子直接设为地表实物质，设试验粒子所在外界势场对应位置的固有体积为 v_0，因 $\Delta k = A' \cdot \beta$ 是试验粒子相对所在外界势场对应位置的时延系数增量，由 $\Delta k' = A' \cdot \beta$ 的物理意义可得试验粒子的均值体积 v_m

$$v_m = v_0 \cdot k = v_0 \cdot (1 + \Delta k + \Delta k') = v_0 - \Delta v + \Delta v'$$

$$\Delta v = -v_0 \cdot \Delta k \quad \Delta v' = v_0 \cdot \Delta k'$$

Δk 是试验粒子的经典物理宏观动能增量引起的时延系数，例如试验粒子在跌落过程 $\Delta k < 0$，同理 Δv 是试验粒子的经典物理宏观动能增量引起的尺缩或均值体积增量。$\Delta v = v_0 \cdot \Delta k$ 代表试验粒子均值体积 v_m 与势场固有体积 v_0 不一致引起的时空不平衡，与动系的势能相对势场势能不一致是同一物理概念。

当试验粒子在地球势场中满足机械能守恒 $\Delta k = 0$，试验粒子单位质量的均值体积 v_m 与势场的固有体积 v_0 分布一致，$v_m = v_0$。

Δv 是试验粒子的动能增量 ΔE_k 产生的时空不平衡，代表试验粒子不满足机械能守恒。而 $\Delta v'$是试验粒子在势场中运动自发产生的时空不平衡，自发状态要满足热二律，即 $\Delta v' = v_0 \cdot \Delta k'$将自发降低试验粒子的时空不平衡状态，使得试验粒子朝着满足机械能守恒的方向发展，所以 $\Delta v'$不可能在试验粒子满足机械能守恒的状态下产生。

所以必须有试验粒子的动能增量 ΔE_k 部分产生的时空不平衡 Δv，随同 Δv 产生 $\Delta v'$，

产生 $\Delta k'$的目的是降低 Δv。例如 $\Delta v=v_0-v_m>0$ 代表试验粒子的均值体积 v_m 相对比外界势场的固有体积 v_0 小,或试验粒子的势能 Φ_m 相对比外界势场的势能 Φ 低,因此试验粒子将产生 $\Delta v'>0$ 以提高试验粒子的均值体积 v_m,从而降低 Δv,力图使得试验粒子朝着满足机械能守恒的方向发展。

当试验粒子不满足机械能守恒 $\Delta k\neq 0$,由式(16.23)$f=\nabla[\rho(r)\cdot\Delta v]$ 以及式(18.2)$\Delta k'=A'\cdot\beta$ 可得

$$\begin{aligned} f_m &=\nabla[\rho(r)\cdot v_m]=\nabla[\rho(r)\cdot v_0\cdot(1+\Delta k+\Delta k')] \\ &=\nabla[\rho(r)\cdot(v_0-\Delta v+\Delta v')]=f_0-f+f_L \end{aligned}$$

$$f'=\nabla[\rho(r)\cdot\Delta v]\quad f_L=f_0\cdot A'\cdot\beta$$

用矢量表示

$$\boldsymbol{f}=\boldsymbol{f}_0-\boldsymbol{f}_m+\boldsymbol{f}_L$$

实物质引力势通常 $\boldsymbol{f}_L$ 可以忽略不计,但当试验粒子的外力 f 很小,$\boldsymbol{f}_L$ 就不能忽略不计。

$\boldsymbol{f}_L=f_0\cdot A'\cdot\beta$ 的方向根据 A'与 β 的方向是斥力或引力来确定,由式(6.14)$u'=u_0'/k'$ 可得

$$\boldsymbol{f}_L=\boldsymbol{u}\times\boldsymbol{B}$$

$$\boldsymbol{B}=-\boldsymbol{u}_0\times\boldsymbol{f}_0/(k'c^2)$$

式中,$\times$是矢量积,$B=-u_0\times f_0/(k'c^2)$称作磁感应强度,f_L 已经考虑 A'与 β 的方向,u_0 是地球实物质作为场源的牵连运动速度矢量,经典物理是绝对时空 $k'=1$。

目前地球与太阳之间的磁场力就是洛伦兹力 f_L,所以地球的向心力 f_m 满足

$$f=f_0-f_m+f_L\neq 0$$

f_0 是太阳势场的场力,$f_m\neq f_0$ 证明地球公转轨道并不满足机械能守恒,目前地球受到外力 f,地球的受力与经典物理的重力概念雷同

$$f'=f-f_L=f_0-f_m$$

上式的含义是 $v_m=v_0\cdot k=v_0-\Delta v'<v_0$,所以 $k<1$,即地球的时间相对比太阳势场的时间分布慢,这证明 $\Delta k'=A'\cdot\beta>0$,受力方向是斥力。

例如地表重力 $mg=f_0-f_m$,重力 $mg=f-f_L$,重力实际含有洛伦兹力 f_L,只不过实物质的洛伦兹力相对比重力以及加速度弱得多,可以忽略不计而已。

可以看出 A 是作为实物质场源的运动速度,所以 A 可以直接作为标准粒子的场源速度,并将其延伸到实物质势场的速度分布 A'。

当标准粒子就是电子场源,场源的速度为 u_0,由式(16.13)可得场源不同位势有不同的固有体积 v_0,且在不同位势有不同的势场速度 u',当试验电子以速度 u 进入运动场源势场,实验电子的均值体积 v_m 与场源不同位势的时空固有体积 v_0 不一样,形成时空不平衡 $\Delta v=v_0-v_m$ 或引力不平衡,由式(16.23)$f=\nabla[\rho(r)\cdot\Delta v]$给电子造成外力。

由式(18.6)可得

$$\begin{aligned} f_m &=\nabla[\rho(r)\cdot v_m] \\ &=\nabla[\rho(r)\cdot(v_0'-\Delta v)] \end{aligned}$$

$$=\nabla[\rho(r)\cdot v_0'] - \nabla[\rho(r)\cdot \Delta v]$$
$$=f_0' - f$$

β_0'代表电子场源势场的固有速度分布 $u' = u_0/k'$，所以

$$
\begin{aligned}
f_m &= \nabla[\rho(r)\cdot v_m] \\
&= \nabla[\rho(r)\cdot v_0\cdot(1-\eta\cdot\beta_0'\cdot\beta)\cdot\gamma_0] \\
&= f_0\cdot(1-\eta\cdot\beta_0'\cdot\beta)\cdot\gamma_0 \\
&= f_0' - f_0'\cdot\beta_0'\cdot\beta \\
&= f_0' - \frac{f_0'\cdot u\cdot u_0'}{k'c^2} \\
&= f_0' - u\cdot B \\
&= f_0' + f_L \qquad (18.7)
\end{aligned}
$$

$$\boldsymbol{f}_L = \boldsymbol{u}\times\boldsymbol{B}$$
$$\boldsymbol{B} = -\boldsymbol{u}_0\times\boldsymbol{f}_0'/(k'c^2)$$
$$\boldsymbol{f}_0' = \boldsymbol{f}_0\cdot\gamma_0$$

$\boldsymbol{B} = -\boldsymbol{u}_0\times\boldsymbol{f}_0'/(k'c^2)$负号代表电子产生的磁感应强度，上式是单位电荷的磁感应强度，式(18.7)$\boldsymbol{f}_m = \boldsymbol{f}_0' + \boldsymbol{f}_L$ 与式(6.20)物理意义一样，绝对时空 $k' = 1$。

$\boldsymbol{f}_L = \boldsymbol{u}\times\boldsymbol{B}$ 以及$\boldsymbol{f}_L = -\nabla[\rho(r)\cdot\Delta v]$，说明洛伦兹力是由试验电子 v_m 相对外界运动场源 v_0'有尺缩效应，形成均值体积的不一致 Δv，实际是电子相对运动场源的时间快慢不一致，根据时空不平衡的时间快慢不一致，试验电子在动场源中不满足机械能守恒。

由热二律可知在自发状态下物质之间向时空平衡态发展，因此电子受到力图与外界场源时间快慢达成一致的驱动力，这就是产生洛伦兹力的概念，性质与重力一样，区别是重力是引力势的球型力场，而洛伦兹力与电子相对动场源的相对运动方向有关。

为什么洛伦兹力与运动方向有关？因为尺缩效应 k 是运动方向的函数，尺涨与尺缩代表运动方向不同。

为什么正、负电荷同一运动方向受力方向反对称？这恰恰是互为反粒子的时空特性，正、负电荷在同一运动方向的尺缩系数 k 正好反对称，粒子的尺涨或时间加快与粒子尺缩或时间减慢相互反对称，形成受力反对称。

电荷的特性：正、负电荷的尺缩系数 k 相对同一运动方向相互反对称，当同性电荷速度方向相反必然引起尺缩系数 k 相反，并且只要运动方向不变，由尺缩或尺涨引起的时空不平衡 $\Delta v = v_0' - v_m$ 的趋势不变。

在牛顿绝对时空 $k = 1$，实物质的尺度 v_m 与运动无关，这种情况称作中性物质。在相对时空，实物质的尺度 v_m 或 k 与运动方向有关，从而使得实物质同样具有电荷性，但实物质粒子在运动方向不变的情况下，由 k 引起的时空不平衡 $\Delta v = v_0' - v_m$ 并不具有唯一性，从而造成实物质粒子的电荷正负性发生转换，造成实物质很难用电荷概念分析受力，其实这是磁场反转的主要原因。

所以实物质粒子的力学状态分析使用牛顿力学相对更简单，而使用电荷性分析显得更复杂。

但是$k=A\cdot\beta+(1-\eta\cdot\beta_0\cdot\beta)/k_0$非常明确磁场应该包含$A'\cdot\beta$这一项,这一项就是电荷在地球势场中的洛伦兹力,所以地球势场A'必须产生磁场,这是公式本身的物理含义,人们承认了$(1-\beta_0\cdot\beta)/k_0$这一项,却不承认这一项,逻辑不合理,当然出现这个矛盾是人们根本就不知道式(6.4)$k=f(\beta)=A\cdot\beta+[1-\eta\beta^2]^{1/2}$。

与本章18.1节分析雷同,$f_0'=f_0\cdot\gamma_0$的应用很普及,绝非仅运动场源的场力发生变化,只要给物质施加时空收缩的外力,例如机械变形、温度、施加电磁场等都将改变组成物质的原子电场的时空分布,而f_L改变电子在原子正电荷电场的受力状态,从而改变电子的能级状态,当然在电子能级分裂的受力不叫洛伦兹力,但$f_L=-\nabla[\rho(r)\cdot\Delta v]$同样是电子相对场源的时空不平衡引起的。

至此由经典物理将洛伦兹力以及磁场概念证明完毕。

实物质M_0之所以感觉不到实物质磁场产生的洛伦兹力f_L,是因为实物质的比值f_L/M_0与电荷的比值f_L/M_0根本不在同一数量级,这说明实物质的时空收缩度越大,动场源产生的磁场越大,比值f_L/M_0相对越大,洛伦兹力越强。在宇宙初始以及黑洞附近的时空收缩度很大,磁场相对很强,从黑洞内部喷出的纯能态虚粒子物质更愿意从黑洞磁场的两极喷出就应该是磁场的作用,因为从黑洞内部喷出的纯能态虚粒子物质的静质量M_0几乎为零,比值f_L/M_0相对更大。

18.3 磁场的物理概念

18.3.1 磁场是时空旋度

设标准粒子本身就是场源,试验粒子相对场源运动。磁场都是运动场源产生的,而场源的运动实际是牵连运动,场源牵连运动产生磁场。

磁场计算涉及试验粒子相对场源的尺缩关系k,因此根源仍在式(6.4)$k=f(\beta)=A\cdot\beta+[1-\eta\beta^2]^{1/2}$。其中$A=-u'/c$,$u'$是牵连速度,磁场与场源时空系数$A$直接相关,$A$实际就是场源势场的速度分布概念。

为了说明磁场的物理概念,经典物理的刚体运动必须与相对时空概念结合论证更容易理解,例如动系运动与场源牵连运动方向一致,场源牵连运动的速度为u',动系的绝对速度为$u+u'=u-c\cdot A$,所以在低速状态动系的绝对动能为

$$E_k=-M_0\cdot c^2\cdot\ln(k)=M_0\cdot(u-c\cdot A)^{2/2}$$

动系受到的外力为

$$F'=\mathrm{d}E_k/\mathrm{d}L=M_0\cdot a-M_0\cdot c\cdot\mathrm{d}A/\mathrm{d}t$$

$\mathrm{d}L=(u-c\cdot A)\cdot\mathrm{d}t$是绝对运动的位移,$a$是静系观察动系的相对加速度,$-c\cdot(\mathrm{d}A/\mathrm{d}t)$与源的牵连加速度对应。

例如,在地表自转的地壳有动能,由于太阳势场的影响,白天赤道最靠近太阳的位置的时钟最慢或k相对最小,由$E_k=-M_0\cdot c^2\cdot\ln(k)$可知地表自转的赤道白天的动能相对

最大，由式(6.4)的矢量式可得赤道地壳质点圆周运动的切向力

$$F' = \mathrm{d}E_k/\mathrm{d}L = -M_0 \cdot c \cdot \mathrm{d}A/\mathrm{d}t$$

$$f_L = F'/M_0 = -c \cdot \mathrm{d}A/\mathrm{d}t = a \tag{18.8}$$

式中，f_L 是单位质量的受力。

相对论形象的解释为地壳不是刚体，而是柔性可伸缩的软体物质，在地球自转运动过程中，赤道圆周不同位置的时空伸缩不同。在赤道当地静系观察赤道质点运动同样的空间间隔 ΔL，当地观察者用伸缩后的尺子 L 以及时钟 τ 测量弧长间隔的速度 $u' = \Delta L/\tau$ 会因位置不同而不同，从而形成切向加速度 a，当然这个切向加速度 a 并不是地球自转真的有角加速度，而是时空伸缩造成的。

当沿赤道圆周环路切向的合力 $\sum F' \neq 0$，相对地心形成力矩，将引起地球的自转加速，物质受到的切向力 F'沿地球赤道圆周环路做功 $\mathrm{d}\varepsilon$

$$\oint \mathrm{d}\boldsymbol{\varepsilon} = \oint \boldsymbol{F}' \cdot \mathrm{d}L = M_0 \cdot \int \nabla \times \boldsymbol{f}_L \cdot \mathrm{d}\boldsymbol{s}$$

将式(18.8)$\boldsymbol{f}_L = -c \cdot \mathrm{d}\boldsymbol{A}/\mathrm{d}t$ 代入上式可得

$$\begin{aligned}\oint \boldsymbol{F}' \cdot \mathrm{d}\boldsymbol{L} &= M_0 \cdot \int \nabla \times \boldsymbol{f}_L \cdot \mathrm{d}\boldsymbol{s} \\ &= -M_0 \cdot \int \mathrm{d}[\nabla \times (c \cdot \boldsymbol{A})]/\mathrm{d}t \cdot \mathrm{d}\boldsymbol{s} \\ &= -M_0 \cdot \int \mathrm{d}\boldsymbol{B}/\mathrm{d}t \cdot \mathrm{d}\boldsymbol{s}\end{aligned}$$

$$\boldsymbol{B} = c \cdot \nabla \times \boldsymbol{A} \tag{18.9}$$

所以 $$\nabla \times \boldsymbol{f}_L = -\partial \boldsymbol{B}/\partial t$$

∇是矢量算子，$\mathrm{d}s$ 是面积微元矢量，s 是地表系沿地球半径一圈的环路内的的面积，上式的意思是对环路内的面积积分。

很显然，$\nabla \times \boldsymbol{A}$ 证明 $\boldsymbol{A}$ 是矢量的概念。

电子被圆周环路切向加速$\oint \mathrm{d}\varepsilon \neq 0$ 怎么解释？实物质同样被圆周环路切向加速$\oint d\varepsilon \neq 0$ 又该怎么解释？

由电磁学可知 $\boldsymbol{f}_L$ 与磁场变化感应电势场强 $\boldsymbol{E}$ 对应，磁场 $\boldsymbol{B} = c \cdot \nabla \times \boldsymbol{A}$，地表 $\boldsymbol{A}$ 与重力对应，所以地表磁场的变化与重力变化同步对应。

式(18.9)是由式(18.8)直接证明牛顿力学与电磁理论是对同一物理现象的不同直观实验解释，所以电磁学的一切定律在实物质均可使用，区别仅在于电荷单位与引力质量的单位换算以及使用的方便性。

当地壳质点沿圆周一圈有做功趋势，在电磁理论叫电磁感应，即当线圈面积内有磁场变化，就会在线圈中产生感应电势 E，这应该理解为地球在太阳势场中有径向运动，而太阳的磁场是沿着径向变化的，所以地球在垂直太阳磁场的平面内引起磁场的变化，产生切向力或“感应电势”，引起地球自转角速度的变化。

例如地球向远日点运动，外界太阳磁场减弱，这应该理解为外界时间快慢的变化，地球抵御外界磁场的变化，这应该理解为地球具有惯性，抵御时间快慢的变化，因此地球会增加自身的磁场，由公式 $\boldsymbol{B} = c \cdot \nabla \times \boldsymbol{A}$ 就是地球赤道自转线速度 $\boldsymbol{u}_0$ 增加，所以从近日点到远日点地球自转加速，磁场增强，中国的夏天磁场增强。

以上过程是通过牛顿第二定律以及引力证明的电磁场理论，所以任何物质运动都可

以产生电磁场与时空波,地球的磁场由地球物质的运动产生,地球的磁场代表地球物质相对太阳势场的时空不平衡度,所以磁场不是相对概念。

A 的物理概念相当于动系相对静系参考点的速度 $-\boldsymbol{u}'/c$,所以

$$\boldsymbol{B} = -\nabla \times \boldsymbol{u}'$$

上式的意思是速度与位移的矢量点积环路积分 $-\oint \boldsymbol{u}' \cdot d\boldsymbol{r} = \int \boldsymbol{B} \cdot d\boldsymbol{s} \neq 0$。

例如,封闭环路为微质流源,封闭环路的圆面积为 $s = \pi \cdot r^2$,封闭环路微质流源封闭面积 s 内的磁场按照 $\int \boldsymbol{B} \cdot d\boldsymbol{s} = B \cdot \pi \cdot r^2$ 被均值,不均匀磁场经过均值看成均匀分布,如果环流速度 u' 不变,u' 可表示为

$$u' = \omega \cdot r$$

$$-\oint u' \cdot dr = -u' \cdot 2\pi \cdot r$$

$$\int \boldsymbol{B} \cdot ds = B \cdot \pi r^2$$

所以

$$\boldsymbol{B} = -2\boldsymbol{\omega} = -\boldsymbol{\Omega}$$

$\boldsymbol{\Omega} = 2\boldsymbol{\omega}$ 实物质的刚体旋度,由电磁学右手螺旋定律可知,$\boldsymbol{B} = -2\boldsymbol{\omega}$ 说明实物质产生的磁场与正电荷产生的磁场正好相反,实物质具有电负性。

当实物质以速度 $\boldsymbol{u}$ 进入磁场,实物质的受力满足科氏力

$$\boldsymbol{f}_L = 2\boldsymbol{\omega} \times \boldsymbol{u} = -\boldsymbol{u} \times 2\boldsymbol{\omega} = \boldsymbol{u} \times \boldsymbol{B}$$

磁场 $\boldsymbol{B} = -2\boldsymbol{\omega} = -\boldsymbol{\Omega}$ 与势场旋度反向,实物质的洛伦兹力就是经典力学的哥氏加速度,并且与正电荷的洛伦兹力方向一致。

这恰恰证明地磁与电荷产生的磁场不是同型磁场,因为在地表同样的磁场方向,但如果是运动电子产生的磁场,$\boldsymbol{f}_L = \boldsymbol{u} \times \boldsymbol{B}$ 的方向对正电荷是斥力,而电子势场是势垒场,斥力代表 $k < 1$,说明正电荷向电子势场时间分布减慢的方向运动。而同样的磁场方向,在地表观察正电荷向东运动的 $\boldsymbol{f}_L = \boldsymbol{u} \times \boldsymbol{B}$ 的方向指向引力势势能升高方向,所以是斥力,斥力代表向东运动的正电荷 $k > 1$。

同样的磁场方向,正电荷同样的速度,却得出正电荷的时延系数 k 相反,这在经典物理电磁场中绝不可能发生,这只能说明地磁要么是电子电场产生的磁场,实物质感受不到短程力势场产生的地磁,要么地磁根本就不是电荷产生的。

18.3.2 由时空旋度直接证明磁场

实物质磁场应该能通过 $\boldsymbol{B} = -\nabla \times \boldsymbol{u}' = -\boldsymbol{\Omega}$ 直接加以证明。

当物质势场各点的 v_0 分布因为运动而发生变化,物质的时钟场也将随着物质的运动状态而重新分布,场源粒子势场的时间快慢同样也将会重新分布。

物质势场就是真空能密度分布场,也可以称势能密度分布场。真空能本身就是时空物质质能,时空属于物质的一种,逻辑上与实物质质能一样。

当场源粒子质心运动的距离为 L,粒子势场各点的位移都是 L,由场源带动的势场各点真空能物质的固有速度为

$$u' = L/\tau$$

由于粒子势场各点的时钟 τ 分布沿半径不一样,物质时钟场运动同样的空间"间隔"

L,势场各点的固有速度 u' 并不一样,例如粒子势场各点的时间分布近似为等半径圆,如图 18.1 所示。

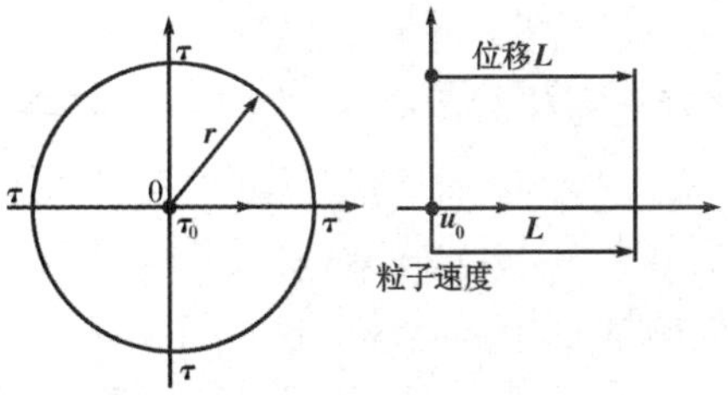

图 18.1

为了分析简便,重点分析在垂直于场源运动方向通过场源质心的轴线。由于真空能物质垂直于场源运动方向过质心轴线的垂线各点的平动固有速度 u' 方向一致,仅仅是速率 u' 不一样,形成切向速率 u' 的梯度,粒子势场时空的速率梯度本质是场源运动与时空梯度 $\mathrm{d}k/\mathrm{d}r$ 的相互作用,类似于流体力学的层流切向速率梯度,真空能物质就是时空,会产生速率梯度引起的时空涡旋场 ω,如图 18.2 所示。

势场中只要有切向速率梯度,就会产生"时空涡旋",就会有磁场,这就是 $B = -\nabla\times\boldsymbol{u}' = -2\boldsymbol{\omega} = -\boldsymbol{\Omega}$ 的物理意义。这是物理定律的同一律性所决定的,适用于各种满足此原理的场合,当然包括时空中的真空能物质。

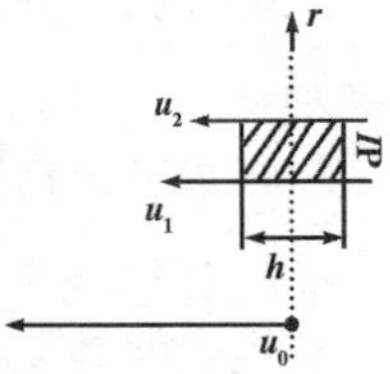

图 18.2

在场源质心运动的前后方,同样发生时间 τ 的伸缩,同样有固有速度 u' 的不同,也有速率梯度,但不是切向速率梯度,而是沿场源速度方向的纵向速率梯度。如果物质时空场是弹性物质,运动物质的前后方速度不同只会发生弹性时空的压缩或拉伸,但不会发生切向速度引起的流体涡旋,因此场源质心运动的前后方不会有磁场,所以磁场与相对场源运动方向的角度有关,前后方磁场为零,垂轴磁场最强。

将势能参考点设在场源质心,场源质心的时间是 τ_0,质心的固有速度为 $u_0 = L/\tau_0$,场源质心观察势场各点相对静止,所以势场各点运动的空间 L 必须一致,由势场的时间相对关系 $\tau = \tau_0\cdot k'$ 可得垂线各点的固有速度

$$u' = L/\tau = L/(\tau_0\cdot k') = u_0/k'$$

$u_0 = L/\tau_0$ 是场源质心的速度,由 $\boldsymbol{B} = -\nabla\times\boldsymbol{u}' = -\boldsymbol{\Omega}$,在垂线沿半径方向取一矩形环路面积 $\mathrm{d}\boldsymbol{s} = h\cdot\mathrm{d}\boldsymbol{r}$,如图 18.2 所示。

由图按照旋度的定义 $-\oint\boldsymbol{u}'\cdot\mathrm{d}\boldsymbol{r} = \int\boldsymbol{B}\cdot\mathrm{d}\boldsymbol{s}$ 以及 $\boldsymbol{u}' = \boldsymbol{u}_0/k'$ 可以得出垂线的微元环路磁场方向 j 与速度旋度反向,所以

$$\begin{aligned} B &= -\nabla\times\boldsymbol{u}' = -(u_2 - u_1)/\mathrm{d}r\cdot\boldsymbol{j} \\ &= -\mathrm{d}u'/\mathrm{d}r\cdot\boldsymbol{j} = -u_0\cdot\mathrm{d}(1/k')/\mathrm{d}r\cdot\boldsymbol{j} \\ &= u_0\cdot(\mathrm{d}k'/\mathrm{d}r)/k'^2\cdot\boldsymbol{j} \end{aligned}$$

如果以质心势能 $\Psi = 0$ 为零势能参考点,由式(2.3)$\Phi = M_0\cdot c^2\cdot\ln(k_0)$ 可得在势场中 $k' = \exp(\Psi/c^2)$,注意 k' 就是势场势能的 k_0 值,所以

$$\mathrm{d}k'/\mathrm{d}r = k'\cdot(\mathrm{d}\Psi/\mathrm{d}r)/c^2$$

$$=k'\cdot f_0/c^2$$

由经典力学势场场强$f_0=\mathrm{d}\Psi/\mathrm{d}r$,所以垂线的磁场值

$$B=u_0\cdot f_0/(k'c^2)$$

如果场源本身相对观察者还有相对运动,由式(18.7)可得

$$B=u_0\cdot f_0'/(k'c^2)$$

$$f_0'=f_0\cdot\gamma_0$$

由$\boldsymbol{B}=-2\boldsymbol{\omega}$可得运动实物质产生的磁场矢量

$$\boldsymbol{B}=-\boldsymbol{u}_0\times\boldsymbol{f}_0'/(k'c^2) \tag{18.10}$$

例如,地表赤道同样的自转速度,白天靠近太阳时间较慢或k'分布相对较小,实际上由式(6.4)$k=f(\beta)=A\cdot\beta+[1-\eta\beta^2]^{1/2}$可知,$[1-\eta\beta^2]^{1/2}$代表相对动能$\gamma_0$项,$\gamma_0$也是与势场速度分布$\eta$有关的,如果把太阳的势场速度分布$\eta$考虑在内,显然白天的$\gamma_0$相对夜里的$\gamma_0$较大,大量物质产生磁场的叠加,造成白天磁场相对较强。

另外由$\boldsymbol{B}=-\boldsymbol{u}_0\times\boldsymbol{f}_0'/(k'c^2)$可知,赤道靠近太阳的正午时间势能最低或$k'$最小,每一个实物质质点的势能分布在太阳势场的影响下都具有这个特性,所以地球白天的磁场最强。

地表电磁物质与实物质近似为平直时空$k'\approx1$,所以运动实物质产生的磁场

$$\boldsymbol{B}=-\boldsymbol{u}_0\times\boldsymbol{f}_0'/c^2$$

上式就是经典电磁场负电荷产生的磁场公式,实物质产生的磁场很小,实物质动系速度很低,由此产生的洛伦兹力$\boldsymbol{f}_L=\boldsymbol{u}\times\boldsymbol{B}$可以忽略不计,但在时间漫长的星系退行以及星系向黑洞跌落过程可以看到实物质磁场的作用。

以上证明了磁场的物理概念就是运动场源产生时空涡旋,而洛伦兹力的本质是时空旋度的科氏力$\boldsymbol{f}_L=\boldsymbol{u}\times\boldsymbol{B}=2\boldsymbol{\omega}\times\boldsymbol{u}$。

刚体旋度$\boldsymbol{\Omega}=2\boldsymbol{\omega}$可以产生科氏力,时空旋度$\boldsymbol{\Omega}=2\boldsymbol{\omega}$同样产生科氏力,其实经典物理实物质质心的势能就是实物质势场的均值,实物质势场时空旋度分布与实物质旋度结合产生同样的科氏力。

所以时空不平衡力f即可以用经典物理式(16.23)$f=\nabla[\rho(r)\cdot\Delta v]$解释,也可以用电磁场解释,用电磁场解释简单实用,而用式(16.23)$f=\nabla[\rho(r)\cdot\Delta v]$解释实际就是牛顿力学。

用电磁场解释更适用于没有宏观运动的时间快慢变化,用牛顿力学解释更适用于宏观运动引起的时间快慢变化。

经典电场定义是电荷单位的电场力,如果将引力场强换算成单位电荷的场强,引力场强f_0太弱了,几乎可以忽略不计,因此B经过质量与电荷的单位换算后就是地磁,由此可知,地磁是很弱的。

为计算简便不特殊声明一般不做质量与电荷单位换算。

18.4 磁场的时空结构

场源必须运动，这意味着场源势场的时空有相对伸缩，这种伸缩具有方向性，如果静止势场是球型对称分布，运动场源的势场一定是非球形对称分布。

磁场是时空旋度，势阱场与势垒场的时空尺缩系数 k 正好反对称，所以同样的运动方向，电子与正电荷的磁场互为反对称。

所以磁场一定改变时空分布，没有磁场的时空是球面对称分布，当有磁场时，时空一定不是球形对称分布，凡是与引力势球面分布时空不一致的时空就是磁场，也称为时空皱折，运动产生时空皱折。

所以当时空有磁场，就一定是时空发生了伸缩。

磁场的变化不仅是时空旋度的变化，还包括场源时空伸缩性的变化，即势场时空尺度或时间快慢的变化。由于时空具有保持原有时空状态的惯性，这将引起时空的惯性反应。

例如将铁磁物质置于外磁场中，当外磁场变化，这势必引起铁磁物质内部的时空伸缩性变化，时空具有惯性，会产生抵御时空伸缩变化的感应电势，感应电势产生电流，电流产生的磁场方向一定是抵御外磁场的变化。

电磁学中电流的变化反对磁场的变化，磁场的变化反对电流的变化实际就是时空惯性的概念。

在经典物理中电场的变化被称作“位移电流”，“位移电流”的变化同样产生磁场变化，而磁场的变化又在时空中感应电场的变化，这种电磁场的变化必然在时空中互相感应而传播，这就是电磁场。

所以引力场也应该有引力波，引力波之所以很难发现是因为实物质的场力很弱。还有一个非常重要的原因就是式(18.8)$f_L=-c\cdot \mathrm{d}A/\mathrm{d}t=a$，只有当场源受力，场源的运动才能产生磁场，如果场源的运动满足机械能守恒，根本不可能产生磁场。而实物质在外界势场中偏离机械能守恒很小，在物质的跌落中基本都很难辐射引力波。

由式(18.10)$\boldsymbol{B}=-\boldsymbol{u}_0\times\boldsymbol{f}_0'/(k'c^2)$，公式中有许多经典物理不曾揭示的信息，由于宇宙早期与今天的时空膨胀度不同，早期势场时空梯度要比今天大得多，造成场力 $\boldsymbol{f}_0'$ 较大，例如实物质早期的的“负能空穴”的时空梯度近乎无穷大。

另外 k' 代表势场不同位势相对场源中心的时空伸缩度，这些都影响磁场的强弱与分布。例如电子是势垒场，半径越大势能越低或 k' 越小，电子产生的磁场沿半径增大衰减的程度较大。而势阱粒子由于半径越大势能越高或 k' 越大，磁场沿半径增大衰减的程度较小，实物质磁场就属于这种状态。

此外 $f_0'=f_0\cdot\gamma_0$ 代表运动场源的势场位势相对观察者的伸缩度的影响，另外还有星系自转线速度 u_0 的影响，这些都应该显示在星际磁场中。

在宇宙早期或宇宙收缩度较大的时空，那里的时空膨胀度较低，例如黑洞附近，因此场源的时空梯度较大，必然磁场很强，甚至不排除超出人类可预见的高强磁场星系，凡高强磁场星系，一定是时空收缩度很大且自转速度很高的星系。

宇宙早期星系自转速度大，同样的质量，质能密度极大或惯性极大，惯性越大越不容易达成机械能守恒，需要产生磁场维持星系不跌落，宇宙应该有大量的极高磁场强度的磁星，但这类磁星一定是磁场沿半径增大衰减的程度极大，可以看成短程磁星。

现在的实物质粒子由于膨胀比较充分 $k' \approx 1$，因此实物质粒子的场强 f_0' 很小近乎为零，所以实物质粒子运动几乎不产生磁场。但当实物质积聚较大，时空收缩较大，仍会有磁场产生，星系磁场应该是星际物质的自转形成的。

正、负电子由于时空结构抑制了粒子的时空膨胀，因此时空梯度较大，场力 f_0 很强，因此运动电荷的磁场很强。

正、负电荷产生的磁场具有明显的区别，电子是势垒场，而正电子是势阱场，力程略有区别，所以同样的速度，电子产生的磁场相对略大一些。

地球自转方向不变地磁翻转，什么原因呢?

由 $\boldsymbol{B} = c \cdot \nabla \times \boldsymbol{A} = -\nabla \times u' = -2\boldsymbol{\omega}$ 可知，磁场翻转要么速度 u' 反向，要么改变正负号。实际上只要改变时空系数 $\boldsymbol{A}$ 的正负号就足以了。当 $\boldsymbol{A} = \boldsymbol{u}'/\boldsymbol{c}$，$\boldsymbol{B} = c \cdot \nabla \times \boldsymbol{A} = \nabla \times \boldsymbol{u}' = 2\boldsymbol{\omega}$，这相当于正电荷产生的磁场。这说明实物质实际是在正、负电性之间来回转换，当行星满足机械能守恒，保持电中性。当不满足机械能守恒，会根据受力方向情况自动转换实物质的电荷正负性，最终结果地球自转方向不变，但磁场翻转了。

由质电转换 $M_0 = Q/\lambda$，实物质可以根据受力方向确定静质量的电荷性以及电荷量的大小，因此实物质的电荷性或质电转换系数 λ 是变量。

从洛伦兹力与场源的时空结构看，由式(18.7)的推理可以发现，洛伦兹力是由试验粒子 v_m 相对运动场源 v_0 有尺缩效应，形成时空不平衡造成洛伦兹力。如果直接将标准粒子设为满足机械能守恒状态的粒子，这是标准粒子本身的时空尺度就是 v_0，这与场源性质一样，当试验粒子不满足机械能守恒 $\Delta v = v_0 - v_m$，根据式(16.16)同样能推理出洛伦兹力以及磁场。

19 星体之间的相对时空膨胀度对磁场翻转的作用

19.1 实物质转换为正、负电荷的条件

显然当实物质满足机械能守恒是电中性。

当实物质不满足机械能守恒时,可以产生磁场,产生磁场的电荷正负性与实物质相对外界势场的时延系数 k 有关。

例如,当地球的时间相对比所在太阳势场的时间分布慢 $k<1$,地球受到太阳的重力,地球自转产生的磁场相当于负电荷产生的磁场。当地球的时间相对比所在太阳势场的时间分布快 $k>1$,地球受到太阳的斥力,地球自转产生的磁场相当于正电荷电荷产生的磁场。并且相当于洛伦兹力的正、负电荷的变换与地磁的翻转同步转换。

当地球的时间与所在太阳势场的时间分布一致 $k=1$,地球满足机械能守恒呈电中性。

这就保证了地球自转以及地表物质以及卫星运动无须任何变化即可改变磁场的方向。

行星公转轨道方向:达到引力平衡失重速度的卫星相对势场轨道的时间快慢程度 $k=1$,这种情况卫星的电荷性呈中性,失重卫星不受力,这是机械能守恒的物理含义。

当行星公转方向与自转方向不变,行星相对恒星势场的相对势能或 k 值发生变化,受力大小发生变化,等效电荷量将发生变化。如果受力方向也发生变化,等效电荷的正负性将发生变换。只不过卫星这种磁场以及洛伦兹力很微弱罢了。

19.2 恒星与行星势场的膨胀速度比较

由式(16.25) $F_m=\mathrm{d}\Phi_m/\mathrm{d}r=(M_0\cdot c^2/V_m)\cdot \mathrm{d}V_m/\mathrm{d}r$ 可知质能密度 $\rho_m=M_0\cdot c^2/V_m$ 代表物质的惯性,单位质量的均值体积 $v_m=V_m/M_0$ 或均值比容,所以物质的惯性为

$$\rho_m=c^2/v_m$$

太阳系的行星围绕太阳公转,由于行星与恒星各自的引力势在继续不断膨胀,现在是恒星的膨胀力度大还是行星的膨胀力度大?

恒星的引力势从质心到无穷远都有单位静质量的均值体积的分布 v_0,当把行星放在

恒星的引力势中，行星一定能通过速度调整从恒星引力势找到合适的位置满足 $v_m = v_0$，这种状态称为机械能守恒。

所以对于行星，在机械能守恒状态下，处在恒星半径越大的行星的质能密度 $\rho_0 = c^2/v_0$ 越低，反映在实物质比容 v 增大。

引力势时空是真空能时空场或势能场，由势阱场分析可知引力势时空是半径越大势能密度 ρ 越大，这已经在前分析过了。

由于引力势时空是半径越小势能密度 ρ 越小，因此引力势半径越小，时空自身的惯性越小，惯性本身就是保持原有时空状态的能力，惯性越小抵御时空变形的能力越低，所以引力势总是内层低位势的时空膨胀度大于外层高位势的时空膨胀度，这已经在第 4 章热二律实例 1 得到证明。

引力势半径越小，势能梯度越大，代表引力势时空相邻两个壳层之间的时间快慢变化越大，由热二律的本质是自发状态下物质之间力图保持时钟快慢一致的观点，内层的膨胀度大于外层的膨胀度可以降低两个壳层之间的时间快慢差，引力势自发朝着降低时间快慢差的方向发展。

尽管行星与恒星都在膨胀，但最终还是恒星势场低位势的时空膨胀力度大。

星体的时空膨胀必然带来势能梯度降低，引力下降，所以星体时空膨胀力度大带来两个结果，首先就是星系之间相互退行，其次是如果行星始终满足机械能守恒，满足机械能守恒的行星公转轨道半径必定是相对恒星退行。

19.3 行星公转轨道大部分时间不满足机械能守恒

当恒星时空膨胀，势能梯度下降，引力自动下降，能满足引力降低的失重速度肯定降低。而在原公转轨道满足机械能守恒失重速度的行星由于恒星引力降低，原有速度显然超过引力降低后的失重速度，这意味着引力降低后保持原来速度的行星并不处于机械能守恒状态，经典物理称行星的惯性离心力大于引力。

外界势场的时间加快或均值体积 v_0 发生膨胀，在膨胀前原公转轨道满足机械能守恒的行星由于惯性仍维持在原有的均值体积 v_m，外界势场的时空体积 v_0 发生膨胀，而行星的均值体积 v_m 仍维持不变，形成行星的均值体积 v_m 比所在外界势场 v_0 还低的局面，因此行星不满足机械能守恒，所以行星在恒星公转轨道更多的时间并不满足机械能守恒。

但行星的惯性离心力却大于引力，而原本行星的惯性离心力大于引力与行星的 v_m 大于所在引力势轨道的 v_0 是同一概念，这种矛盾如何解决呢？

这实际已经在式(6.5) $k = A \cdot \beta + [1 - \eta\beta^2]^{1/2}$ 解决了，例如当行星公转轨道方向与外界势场主星系的自转方向反向，由 $A' \cdot \beta < 0$，行星 $k < 1$ 或势能 Φ_m 比外界势场势能 Φ 低，形成时空不平衡 $E_0 = \Phi - \Phi_m > 0$。由 $\Delta E_0 = \Delta\Phi - \Delta\Phi_m$ 可知，外界将产生外力 F 将行星拽到低位势满足引力平衡的速度更高的公转轨道，由于外界势场时空连续膨胀，公转方向与外界势场主星系的自转方向反向的行星经过几十万年不断的向低位轨道的调整，最终将被恒星吞噬。

当行星公转方向与外界势场主星系的自转方向一致，由 $A' \cdot \beta > 1$，公转方向与外界势场主星系的自转方向一致代表行星如果不满足机械能守恒，行星的时间将加快，即行星会根据运动方向补偿恒星势场时间加快的程度，正好与行星的惯性离心力大于引力一致，因此行星新的公转轨道的半径显然比原来更大。

在原公转轨道满足机械能守恒的行星，将会稳定在新的半径更大的公转轨道，这是行星的稳态运行，所以当行星公转方向与外界势场主星系的自转方向一致，行星将远离恒星。

行星向新的满足机械能守恒的公转轨道靠近的过程并不是稳态的，当恒星时空膨胀造成恒星引力降低后，行星所在公转轨道的失重速度跟着降低，注意行星所在势场轨道的新的失重速度不是行星本身原有公转轨道的速度，由于惯性，行星原有的速度并没有降低而是维持原有速度。

但原有速度肯定比引力降低后所在轨道的新的失重速度高，行星惯性离心力大于引力，或者保持原速度的行星的时间要比该点所在引力势轨道的时间快，或星系的势能 Φ_m 比点所在引力势轨道的势能 Φ 高，$\Phi_m > \Phi$ 是什么概念？

这时行星的时间加快程度 k 相对比所在外界势场轨道位置的时间加快程度高，这就是行星惯性离心力大于引力的原因，所以行星将向新的公转轨道靠近。

由于行星的时空均值 v_m 大于恒星引力势的时空均值 v_0，或者行星的势能 Ψ_m 大于外界引力势的势能 Ψ，如果行星达到机械能守恒轨道 $\Psi = \Psi_m$，行星的势能必将与外界引力势一致，由于满足机械能守恒的公转轨道是引力平衡点，行星在满足机械能守恒的公转轨道处于失重状态。

所以行星的势能增量

$$\Delta\Psi_m = \Psi - \Psi_m > 0$$

实物质向着势能升高 $\Delta\Psi_m > 0$ 的方向运动，自发状态圆周速度自然降低。

但行星向新公转轨道靠近时，实际是相对太阳做径向运动。当行星达到新的引力平衡公转轨道，行星由于惯性并不是停在公转轨道，而是冲过满足机械能守恒的公转轨道向外界势能更高 $\Delta\Psi > 0$ 的方向运动。

行星冲过满足机械能守恒的公转轨道一定不满足失重状态，这时的行星一定受力，表现在地球的重力之和包括地表切向力之和叠加后的合力不为零，合力方向应该指向机械能守恒平衡点，行星有向机械能守恒平衡点跌落的趋势。这代表此时的行星的时间相对外界引力势的时间慢，或行星的势能 Ψ_m 相对外界的势能 Ψ 偏低，这与地球产生重力的概念一样。

当行星冲过满足机械能守恒的公转轨道向势能高的方向径向位移越大，行星的时间相对外界引力势的时间越慢，行星的“重力”越大，行星向机械能守恒轨道跌落趋势越强。

以上物理过程是行星冲过满足机械能守恒公转轨道，向外界势场势能更高 $\Delta\Psi > 0$ 的方向运动，行星的势能满足 $\Delta\Psi_m > 0$，但由于惯性，行星的势能增量赶不上外界势能的增量

$$\Delta\Psi_m < \Delta\Psi$$

如果以机械能守恒轨道为势能零点，行星的势能低于外界势能 $\Psi_m < \Psi$，自发状态行星将向满足机械能守恒公转轨道跌落的趋势。

如果以行星相对机械能守恒公转轨道的径向位移 $y = \Delta r$ 为变量，受力总是与位移反向，指向机械能守恒公转轨道，所以行星的径向加速度 $a = -\omega^2 \cdot y$，这正好是简谐振荡运动，所以行星将以机械能守恒公转轨道为中心做相对恒星的径向位移震荡。

19.4 产生地磁的以及磁场翻转的条件

以上运动是否满足热二律呢？

当行星冲过满足机械能守恒的公转轨道向势能高的方向相对太阳的径向绝对位移 $\Delta r > 0$，行星的势能 Ψ_m 相对外界的势能 Ψ 偏低。按照热二律，自发状态下外界对行星做功，而不是行星对外界做功。但"重力"做负功，行星的动能下降也是做负功，行星总效果应该是做负功，也就是行星总是输出功，自发状态下由低势能向外界高势能输出功，这显然不符合热二律。

如何解决这个问题？借助地表重力现象，地表重物的时间相对地表失重物体的时间较慢，或重物的势能 Ψ_m 比外界引力势的势能 Ψ 更低，所以有重力。当地球人把重物向上搬起，显然外界对重物做正功。同理当地球人发射卫星，一定是利用外力推动卫星上天，外界对卫星做正功。

所以如果能产生外力推动行星沿着径向绝对位移 $\Delta r > 0$，这与地球人把重物向上搬起一样，外力对行星做正功，这符合热二律。而这个外力就是地磁与太阳的磁力，今天的地磁方向正好满足推动行星沿着径向位移 $\Delta r > 0$。

而且距离满足引力平衡的机械能守恒公转轨道越大，偏离机械能守恒更大，地球受力更大，所以偏离机械能守恒公转轨道越远地磁越强，例如远日点地磁更强，近日点地磁相对较弱。

当地球从势能最高位置向机械能守恒轨道返回时，如果不考虑满足机械能守恒的公转轨道本身相对太阳的牵连径向位移，地球相对满足机械能守恒的公转轨道径向位移 $\Delta r < 0$，而地磁方向不变，这显然不满足热二律。为满足热二律，只有一种可能，地球从势能最高位置返回时，相对机械能守恒点的径向速度低于满足机械能守恒的公转轨道本身相对太阳的牵连径向速度，所以当地球从势能最高位置返回向机械能守恒点靠近时，相对太阳的绝对位移 $\Delta r > 0$，所以满足热二律。

当地球达到机械能守恒轨道，地磁为零。接着由于惯性地球再次反向冲过机械能守恒公转轨道，出现与以上反对称的现象，地磁反向，这时地球的势能 Ψ_m 相对比外界引力势的势能 Ψ 高，地表重力之和与地表切向力之和的叠加合力的方向一定指向满足机械能守恒的公转轨道，分析雷同，行星距离太阳的公转轨道半径如图 19.1 所示。

可以将地表重物的重力与地球受到太阳的"重力"做比较。地表重物的重力的失重平衡点在地心，地球的失重平衡点在满足机械能守恒的公转轨道。当重物向地心跌落，重物由于惯性通过地心的重力方向会发生变化,但重力方向总是指向地心。

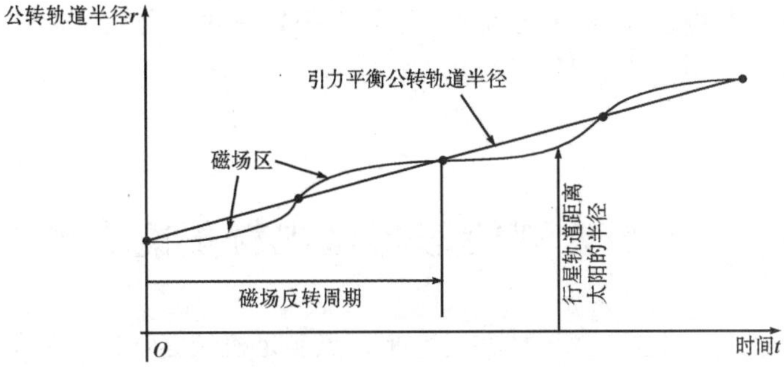

图 19.1

地球由于惯性通过满足机械能守恒的公转轨道的"重力"方向会发生变化,但"重力"方向总是指向满足机械能守恒的公转轨道。地表重物的重力受到地球的支撑力,地球的支撑力的方向总是背向地心方向。同理地球的"重力"受到地磁受到太阳磁场的支撑力,磁力的方向总是背向满足机械能守恒的公转轨道。所以地磁的翻转与地球对重物的支撑力的翻转一样,区别在于地球在做运动。如果地心的牵连速度大于重物跌落的相对地心的速度,并且二者速度共线,重物的绝对速度一定是在地心牵连速度的方向,并且速度是脉动变化。

由此得出一个现象,地球相对满足机械能守恒的公转轨道的径向相对速度是周期运动,但满足机械能守恒的公转轨道本身的径向牵连速度大于地球的相对速度,所以行星相对太阳的退行速度是脉动的,退行速度时大时小。

这应该具有普适性,行星围绕恒星的平均公转半径相对恒星的脉动退行速度具有普遍性,包括大时空尺度范围宇宙空间,所有星系或星系团相对宇宙初始的时空膨胀同样有时空不平衡,因此星系团相对宇宙初始的减速退行速度同样具有脉动性。由于相对宇宙初始不同半径星系团的退行速度不同,会造成不同时期星系团之间形成不同的相对速度,会形成相对速度不同的光子多普勒频移效应,而多普勒波长从而造成视觉误差。如果没有退行速度的脉动性,地球人观测距离越近的星系相对退行速度越慢,但由于退行速度的脉动性,并且时间越早宇宙膨胀速度越大,脉动越剧烈,甚至有相对很大的退行速度,于是会发现相对较晚时期的星系比更早时期星系相对地球的退行速度更快,人们得出宇宙膨胀速度加快,这显然是错误的。所有星系相对宇宙初始的退行速度都是减速运动,所以宇宙膨胀是减速的,仅仅是星系团相对宇宙初始推行速度的脉动性造成这种误差,所以关于宇宙加速膨胀的诺奖是笑话。

行星早期的时空不平衡度比今天大,所以行星早期的磁场比今天强得多。

不要把这种周期运动看成行星公转年周期,行星年周期是看不出外界时空膨胀的,但可以根据行星年周期的磁场变化判断时空平衡点位置,例如地球夏季远日点磁场较强,而冬季近日点磁场较弱,说明地球的时空平衡点更靠近太阳,现在地球的磁场正在减弱,说明地球正在向时空平衡点机械能守恒轨道靠近。

地球之所以没有向太阳坠落,是因为地球与太阳之间磁场力 f_L 平衡了时空不平衡产生的外力 f。

现在地球的轨道会逐步达到时空平衡态，表观就是磁场逐步减弱，而现在恰恰是地磁减弱的过程，逻辑上将改变 A、η 的分布，而 A 与磁场有关，因此磁轴相对地轴也将发生变化。

19.5 星系宏观能态与微观粒子能态的共性

在太阳势场无穷远观察，设地球在时空平衡点满足机械能守恒的动能为 E_0，而图中磁场区的动能为

$$E_k = E_0 + \Delta E_k$$

动能增量 ΔE_k 部分包括平动能与转动能，转动能变化产生磁场的变化 ΔB。

如果没有宇宙膨胀，行星将永远在时空平衡轨道运动，行星将没有磁场。

宇宙膨胀相当于外界在太阳系原有的引力平衡状态施加时空伸缩变化，破坏了原有的引力平衡态，由于物质时空的惯性引起行星磁场的周期振荡。

由此可知，早期的宇宙膨胀速度比今天大，行星的磁场反转周期不但比今天短，而且行星相对平衡点的动能增量 ΔE_k 以及磁场变化 ΔB 要比今天大得多。

如果宇宙初始有类似行星或恒星磁场反转区，并且磁场反转周期很短，地球人能在很短的时间段内得到正反磁场两个时区的光子频率，在两个时区发射的光子频率肯定不一样，会有频移，因此人们将得到图中两个正反磁场区的能态，人们将会发现正反磁场区的能态随着时间发生移动，并且翻转周期越来越长。

其实在微观世界也有类似现象，例如氢原子的 s 基级轨道，电子实体有高速自转，但有自转不等于有自旋磁场，当电子轨道满足机械能守恒，电子的能级就是轨道势场的能级。电子并不受原子核的磁矩影响，这与金星弱磁场几乎不受太阳的磁场影响一样。

逻辑上只要破坏电子轨道的机械能守恒运动，电子也应该有类似的自旋相反的双能态效应，当外界施加磁场或电场以及外力，这相当于在原子核势场的原有时空平衡状态施加一个外界时空伸缩的干扰，与太阳系的时空膨胀引起的行星的磁场交变反转一样。但由于原子尺度相对磁场空间尺度小得多，可以看成施加均匀磁场，实际上外界施加了具有均匀时钟场但又满足 $\boldsymbol{B} = c_0 \cdot \nabla \times \boldsymbol{A} \neq 0$ 的时空场。

电子原有轨道的机械能守恒的时空状态 $v_m = v_0$，当外界施加磁场破坏了原子原有时空状态，电子力图与外界新施加的时空状态保持平衡必须调整自身的时空状态，电子原来的轨道机械能守恒被打破 $v_m \neq v_0$。由于物质的时空惯性，电子力图维持原有的时空状态$v_m = v_0$，因此电子在原有的时空状态$v_m = v_0$ 或时空平衡点附近震荡，本质是式 $\Delta v = v_0 - v_m$，由于电子的均值体积 v_m 与外界场源的 v_0 不一致，电子处于受力状态，因此电子必须产生自旋磁场满足受力平衡。

电子相对轨道势能参考点的动能增量 $\Delta E_k = -M_0 \cdot c^2 \cdot \ln(k)$ 也发生变化，电子同样的自转有两个选择，即相对原来机械能守恒的轨道 $k<1$ 以及 $k>1$，代表时空不平衡度 Δv 的正负。电子相对机械能守恒的动能有两个动能，一个能态 $\Delta E_k > 0$ 略大一些，而另一个

能态 $\Delta E_k < 0$ 略小一些，这样同一个轨道能级就分裂成两个轨道能级，而且外加磁场越大，电子的时空不平衡越大，能级分裂越大。

电子这时必然产生磁矩变化，电子受到原子核磁矩的影响，这与有磁场的行星受到太阳的磁场影响一样。

逻辑上地磁反转的两个能态 $E_k = E_0 + \Delta E_k$ 与电子磁场中的两个能级分裂是同一原理，只不过实验定律不一样，解释不同罢了，区别仅在于地球的能态转换周期很长，并且连续变化。而电子的自旋不是连续变化的，自旋磁场只能在 $\pm 1/2$ 之间变化，形成自旋相反的两个自旋磁场量子数，电子能级跃迁跌落可以选这两个态之一。

外磁场实际只是电子原基级满足机械能守恒被打破的主因，非磁场作用同样可以引起能级分裂，例如机械作用或加热等。

同理电子在这两个能级发射的光子会有频移，也就是谱线的精细结构。

其实人类永远无法知道电子的能级分裂是否非要电子的实体自转相反，仅仅是电子的自旋磁场相反，而自旋磁场相反已经与电子自旋磁矩挂钩，与行星磁场反转一样，无须行星的实体自转相反。

以上分析证明行星磁场反转，行星的自转与公转方向无须发生变化，但磁场却可以发生反转，尽管力学解释很明确，也可以用星体的时延系数 $k = A \cdot \beta + [1 - \eta\beta^2]^{1/2}$ 解释，但本质是行星在公转运动方向与自转方向不变的情况下，行星的均值体积增量 ΔV_m 自发发生反转，ΔV_m 时正时负，逻辑上可以等效为实物质的正、负电荷性发生转换。

现在的地球物质具有电负性，将逐步向电中性发展，磁场越来越弱，当地球达到引力平衡的公转轨道，达到电中性，这时即便有自转，也不会产生磁场。然后向电正性转化，磁场反转，周而复始。

20　引力波与电磁辐射

由式(2.13)$\Delta E_m=\Delta E_k+\Delta\Phi_m$ 可知,当动系的质能增量为零 $\Delta E_m=0$,很明显动系满足 $\Delta E_k+\Delta\Phi_m=0$,所以动系只要满足 $\Delta E_m=0$ 或质能守恒 $E_m=M_0\cdot c^2=$常数,动系从外界获得的能量只能在动系的势能与动能之间相互转换,没有多余的能量可供向外界辐射。

只有动系的质能产生增量变化 $\Delta E_m\neq0$,动系才有可能吸收或辐射能量。

很显然机械能守恒 $\Delta E_k+\Delta\Phi=0$ 满足质能守恒,所以动系不满足机械能守恒是动系对外界辐射的必要条件。但动系不满足机械能守恒并不是对外界辐射能量的充分条件,例如,地表重力场的实物质不满足机械能守恒,但满足 $\Delta E_k+\Delta\Phi_m=0$,所以动系不满足机械能守恒仅仅是对外界辐射能量的条件之一。

由式(17.2)$F_m=(M_0\cdot c^2/V_m)\cdot \mathrm{d}V_m/\mathrm{d}r$ 可得物质的惯性就是物质密度

$$\rho_m=M_0\cdot c^2/V_m$$

只有在低速状态可以把静质量 M_0 近似看成惯性质量。

V_m 并不是实物质的实体积,而是实物质势场的体积均值,并最终显示在实物质实体积的质能密度,例如质量越大的星系密度越大。

粒了惯性大小反映在粒了在外界势场中运动满足机械能守恒的状态,惯性越小代表粒子保持原有时空状态的能力越弱,粒子的势能越容易跟随外界势场势能的变化,这是热二律的要求。

但惯性大的粒子保持原有时空状态的能力越强,在外界势场中运动跟随外界势场势能的能力相对更弱,粒子在外界势场运动往往不满足机械能守恒,当这种时空不平衡超出热二律所允许的界线,粒子必将会甩出部分物质,降低物质的质量可以降低质能密度,从而降低粒子的惯性,使粒子容易跟随外界势场势能的变化,这是热二律的要求。

短程力粒子的时空膨胀较弱,质能密度 $\rho_m=M_0\cdot c^2/V_m$ 相对较大,一般很难达到机械能守恒,例如电子的惯性远远大于实物质粒子。

例如在13.4节中分析正电子的质能密度比电子的质能密度大,而正、负电子的质能密度要比实物质的质能密度大得多,根本不是同一数量级。

电磁质量的惯性 $\rho_m=M_0\cdot c^2/V_m$ 相对比实物质的惯性大得多,电荷的惯性使得电荷与外界势场之间有时空不平衡,不满足机械能守恒。电荷的磁能(或动能)变化跟不上外界势能变化,为了满足热二律必然将部分质能辐射出来,从而降低质能密度或惯性,所以辐射电磁波的前提是粒子运动与场源之间必须有时空不平衡或机械能不守恒。

磁场的变化就是时空的变化，而时空的变化应该包括所有具有时空结构的物质，所以不仅电荷，引力质量同样有感应场。

比如太阳的磁场不是均匀场，行星围绕太阳圆周运动，在行星赤道平面面积内有外磁场的变化 dB/dt，磁场变化就会沿赤道圆周方向切向产生感应力 f。

在地壳赤道平面内沿圆周方向产生的感应力 f 相对质心产生力矩，带动地球的自转速度变化。

粒子的时空状态与粒子的运动状态有关，当粒子的运动方向交替变化，时空尺度将发生交替变化，时空真空能密度的交替变化产生变化的感生势能，感生势能的变化与粒子的存在与否无关，因为这是场源势场时空的变化。

真空能时空必须是连续且不可断裂的，当某一点时空势能密度变化时，惯性定律要求粒子力图保持原有时空状态或力图保持原有时间快慢，因此产生感生势反抗时空的变化，感生势的变化产生变化的力场（或势能梯度）。

所以当时空真空能密度连续变化时，必有交变真空能梯度或力场，并向远处传播。

但电磁定律是外在实验特性，外在特性并不反映内在本质，电荷发射电磁波的能量从何而来？

电磁质量没有实物质质量的动能的释放形式，电磁质量的时空尺度变化同样有释放或吸收外界势能引起的能量变化，这部分能量转换为电荷的磁能，电荷只要有加速运动，必有时空尺度的变化，就会有势能、磁能的转换。

虽然电磁质量没有惯性质量，没有动能与势能的转换，但电磁质量有磁能与势能之间的转换，如果粒子满足质能守恒，粒子速度的变化必然带来势能的变化 $\Delta\Phi_m$。由于电磁质量的惯性很大，由第 5 章惯性定律“物质保持原有势能状态的性质”发挥作用，粒子的势能变化 $\Delta\Phi_m$ 跟不上磁能或动能的变化，粒子为了满足势能的变化能跟上磁能或动能的变化，只有将一部分质能 ΔE_m 或真空能抛向外界，从而改变粒子的真空能密度或势能。

电荷加速运动破坏了质能守恒 $\Delta E_m \neq 0$，所以电磁波就是时空真空能密度震荡波，并由此产生电磁波。

实物质质量的惯性较小，使得实物质势能的变化 $\Delta\Phi_m$ 跟随动能的变化 ΔE_k。例如，对实物质施加外力改变实物质的速度，速度的变化引起势场时空尺度的变化，粒子体积 V 的变化必然使得粒子储存的外界势场的势能 Φ 释放或吸收，使得粒子的动能与粒子释放或吸收外界势能之间相互转换 $\Delta E_k + \Delta\Phi_m = 0$，即便不满足机械能守恒，但时空不平衡度相对较低，实物质没有多余的能量辐射。

在低速时实物质的加速运动与实物质的势能有对应关系，磁场的变化就是势场的势能变化，实物质粒子势场可以有微弱的磁场变化，所以这种变化偏离机械能守恒很微弱，或者说实物质粒子的势能与动能满足质能能守恒关系，很难打破质能守恒，所以实物质的加速运动不产生引力波。

星系运动基本都是满足质能守恒的运动，当然没有引力波。

另外电荷的时空结构与实物质的时空结构大相径庭，例如，电子是实物质势场外包势垒场，电子质心的实物质势场与外包势垒场逻辑上并不具有不可分割性，实物质以及势场原本就可以独立存在,正电子质心的虚粒子也可以独立存在。例如,正负电子的碰撞,最后只剩下正、负电子质心的 $2m$ 真空能质量,正负电荷各自外包的势场都被存在了。由式(2.13)$\Delta E_m = \Delta E_k + \Delta \Phi_m$ 可知当正负电荷运动 ΔE_k,注意 ΔE_k 代表磁能变化而非动能变化,电荷可以释放外包势垒场的质能 ΔE_m,释放的是没有实物质的"真空能",电子质心的实物质质能 $M_0 \cdot c^2$ 没有任何损失。

而实物质是质心的实质量加负能势场,实质量与负能势场是不可分割的统一体,实物质不可能辐射"纯时空"的真空能。如果实物质能辐射能量,必须辐射实质量 $\Delta M_0 \cdot c^2$ 以及属于 $\Delta M_0 \cdot c^2$ 的负能势场,实质量 $\Delta M_0 \cdot c^2$ 以及属于 $\Delta M_0 \cdot c^2$ 的负能势场通常情况下只能转化为虚粒子,如果虚粒子能膨胀为类似于电子势垒场,这个世界应该很容易发现引力波。所以实物质更可能的辐射形式是由虚粒子再转化为伽马光子,所以经典形式的引力波恐怕根本很难存在。

由实物质的质能形式,不排除黑洞碰撞唯一辐射的质能形式是伽马光子,经典意义下的引力波可能根本就不存在。

更重要的是引力波就是时空尺度的变化,我们在地球表面测量设备的时空尺度与时空场必须同时变化,这是时空连续性所要求的,与地球时空同比例变化的时空永远无法用引力质量物质制造的仪器测量时空的变化。

地球一切测量仪器都是引力质量物质制造的,当引力时空发生震荡时,高频时空震荡就是电磁破,由于引力质量的惯性而无法与电磁波同步运动,即便有低频的时空真空能密度震荡,由于引力惯性质量的时空同步伸缩性,实物质同样无法显示,你如何判断自己的手表的快慢呢?

因此测量低频时空震荡必须用与引力时空没有同步伸缩性的物质或材料制成的测量设备才能测到引力时空的低频震荡。

而这恰恰是电磁质量的功能所在,所以必须用电磁质量测量低频时空波。

所以尽管我们感觉不到重力的微小变化,甚至在地表根本无法测量。但如果用电荷测量还是能够测量到微小重力的变化,这就是地磁效应,地磁每 24 h 发生周期性的变化。

黑洞惯性相对很大,因此黑洞碰撞有可能产生引力波,但由于实物质的洛伦兹力很弱,也很难被发现,而且黑洞碰撞还有可能将部分实物质"蒸发"为虚粒子,一定会有伽马光子产生,所以很难判断黑洞碰撞的质量损失是引力波造成的还是实物质"蒸发"为虚粒子以及由此产生的伽马光子造成的,但黑洞碰撞应该是产生低频引力波与伽马光子的源之一。

宇宙初始产生的实物质粒子的质能密度 $\rho_m = M_0 \cdot c^2 / V_m$ 相对最大,而且时空膨胀速度相对最快,因此宇宙初始的引力波应该是最值得关注的引力波源,所以不排除宇宙背景噪声频谱含有大量的宇宙初始极低频引力波,并且不排除存在宇宙初始伽马光子。

所以宇宙背景不仅有能量高于宇宙背景噪声的初始背景辐射,还可能有混杂在宇宙背景噪声中的极低频引力波,引力波与电磁波本质都是时空震荡,所以在引力波与光波之间就是经典电磁波谱。宇宙初始在产生实物质粒子之后才产生正负电子,而后产生第一批宇宙初始电磁波,所以在宇宙背景噪声应该含有宇宙早期电磁波,只是这些频谱波长被大幅红移拉伸,被淹没在宇宙背景噪声中。

随着科技的进步,人们有可能从背景噪声中发现更多的宇宙初始信息,在这些信息中最具有价值的应该是初始伽马光子,它是寻找所谓“上帝粒子”最基本依据。因为宇宙初始为了抵御真空能密度快速变化,逻辑上会有大量的实物质粒子“蒸发”为纯能态的虚粒子,这些虚粒子除了再次转化为实物质粒子外,为了降低时空膨胀速度,会有一部分虚粒子转化为伽马光子,找到了这类伽马光子,就等于找到了宇宙初始产生实物质粒子的依据。

21 光力子与物质极限速度

现有理论经常用“力子”概念解释物理现象，例如“引力子”或“斥力子”等。

从本章的逻辑演绎中可以认为，真空能时空应该由真空能粒子组成，真空能密度就是真空能粒子密度。

如果这些真空能质能单元粒子的凝聚度较大，在人类的可视之内，人们就称为虚粒子或粒子，虚粒子再转换为其他粒子。然而真空能时空应该有更多的低于某一极限凝聚度的真空能粒子组成时空。

由于跟随场源观察不到时空尺度的变化，因此跟随场源同样观察不到粒子密度的变化，所以跟随场源观察同系的真空能密度不变。

真空能具有惯性，类似于物质密度以及物质弹性，所以真空能同样有波速。真空能波速肯定与真空能密度有关，这是最基本的经典物理概念。所以真空能密度越高，波速越大。

但由于实物质世界的尺子长度与时钟快慢的伸缩性自动跟随真空能密度满足式(14.2)以及式(14.3)，以至于人们跟随场源观察同系的真空能密度不变，当时空发生震荡时，跟随场源观察同系的真空能粒子密度波的波速不变，这就是同系光速不变的原因。

但人们可以通过不同系之间的光速进行比较，这就是视光速概念。

真空能波动以同系光速传播，物质间的作用力信息应该是这些粒子的传递，因此真空中最基本质能单元的真空能粒子称为光力子，光力子传递信息的作用。

形象一点就是互为反力的物质相互间通过光力子相互测试信息并传递反作用力，当互为反力的物质间的相对速度很低时，物质间通过光力子相互测试并传递反作用力可以看成即时力，当互为反力的物质间的相对速度很高时，反作用力的传递将会受到同系光速的影响。

原因是信息传递速度是同系光速，当物质达到光速时，互为反力的物质间的相对速度也是光速，而信息相对物质的传递速度是同系光速，这就好像两个同向运动的光子互相观察对方必须是光速一样。

只要物质间信息传递畅通，物质就根据受力信息改变运动状态，如果信息传递受阻，物质将保持原有运动状态等候信息的反馈，如果物质永远收不到信息，物质将永远保持原有运动状态的信息。

所以物质达到极限速度将不可能再受到外界信息干扰，物质的最大极限速度就是时空信息传递的同系光速。

由此可以得出,所谓的“引力子”或“斥力子”等各类“力子”都是“光力子”,本质都是真空能粒子,真空能粒子根据物质相对势场的时空状态而确定充当“引力子”或“斥力子”。

例如,实物质与外界势场时空不平衡,大部分情况下物质受引力跌落,问题是外界势场与物质之间是怎么感受到双方之间时空不平衡的?物质低速时,物质与外界之间有时空不平衡的信息传递,这种信息通知物质力图向满足时空平衡的方向跌落,跌落过程物质始终与外界势场进行信息交流,物质根据这种信息交流来修正本身的运动状态变化,一直到物质达到机械能守恒。

但是当物质达到光速,物质与外界势场不断向对方发出信息,但双方的信息传递被阻断,物质无法获得信息就无法确定本身的运动状态,物质只能保持原有运动状态,保持原有运动状态的极限速度只能是信息传递的最高速度。

在这个过程中,信息传递的始终是引力,以同系光速传递信息的真空能粒子被称作引力子。

但如果实物质与外界势场是另一种时空不平衡,信息传递的是斥力,真空能粒子将向物质传递斥力信息,这时的真空能粒子就是斥力子。

22 相对论时空奇点与引力红移

22.1 相对论施瓦西解

(1)相对论施瓦西解。

由式(2.3) $\Delta\Phi = M_0 \cdot c^2 \cdot \ln(k)$ 可得单位静质量的势能分布

$$\ln(k) = \Delta\Psi/c^2$$

将 $\tau/\Delta t = k$ 代入上式可得

$$\tau/\Delta t = \exp(\Delta\Psi/c^2) \tag{22.1}$$

取无穷远点为参考点 $\Psi(\infty) = 0$, $\exp(\Psi/c^2) = 1$, τ 就是势场不同半径的固有时,所以

$$\tau/\Delta t = k = \exp(\Psi/c^2)$$

或
$$\tau/\Delta t = k = e^x \qquad x = \Psi/c^2$$

这实际规定了在无穷远的时间 Δt 是世界时或坐标时。

由式(14.2) $L/L_0 = \tau/\Delta t = k$,所以

$$\mathrm{d}r/\mathrm{d}r_0 = k = \exp(\Psi/c^2) \tag{22.2}$$

当地实际测量的固有时空尺度应该是 τ 与 $\mathrm{d}r_0$,在相对论是以 $\tau = \mathrm{d}t_0$,带入相对论四维时空距离可得

$$\begin{aligned}(\mathrm{d}s)^2 &= -c^2(\mathrm{d}t_0)^2 + (\mathrm{d}r_0)^2 \\ &= -c^2(\mathrm{d}t)^2\exp(2\Psi/c^2) + (\mathrm{d}r)^2/\exp(2\Psi/c^2)\end{aligned}$$

或
$$(\mathrm{d}s)^2 = -c^2(\mathrm{d}t)^2 \cdot e^{2x} + (\mathrm{d}r)^2 \cdot e^{-2x}$$

由经典物理 $\Psi = -G \cdot M_0/r$,如果当 $2\Psi/c^2 \ll 1$

$$\exp(2\Psi/c^2) \approx 1 + 2\Psi/c^2$$

施瓦西解
$$\begin{aligned}(\mathrm{d}s)^2 &= -c^2(\mathrm{d}t)^2(1 + 2\Psi/c^2) + (\mathrm{d}r)^2/(1 + 2\Psi/c^2) \\ &= -c^2(\mathrm{d}t)^2(1 - 2G \cdot M/rc^2) + (\mathrm{d}r)^2/(1 - 2G \cdot M/rc^2)\end{aligned}$$

我们这里的 $\mathrm{d}t$、$\mathrm{d}r$ 物理意义比施瓦西解更明确,$\mathrm{d}t$、$\mathrm{d}r$ 是无穷远观察不同半径位置的时空坐标,$\mathrm{d}t_0$、$\mathrm{d}r_0$ 是 Ψ 处的时空坐标。即 $\mathrm{d}t > \mathrm{d}t_0$, $\mathrm{d}r_0 > \mathrm{d}r$。

由 $2\Psi/c^2 \ll 1$ 可知广义相对论并不广义,是宇宙近程、低速近似解。

(2)关于黑洞。

施瓦西解的时空奇点是 $r = 2GM_0/c^2$, r/M 是形成黑洞的单位质量理论半径。

相对论出现了大量的时空奇点概念,可以看出所有这些不同类型的时空奇点概念都

是近似理论,实际上不可能存在。

1)黑洞视界的引力势时钟相对无穷远正好达到极限状态 $k=1/e<1$,即便黑洞视界有物质达到光速也只能与引力势达到平衡,但不可能飞出黑洞。

2)黑洞世界不存在时空奇点,与引力物质相斥的粒子无须达到光速就可以逃离黑洞,例如纯能态虚粒子。

22.2　引力红移 γ

用引力红移 γ 对以上概念的总结,式(22.1) Δt、$\tau=\mathrm{d}t_0$ 是坐标时之间的关系。

如果以地球参考点的时间 Δt_0 为标准观察宇宙,式(22.1)可以表示为

$$\Delta t/\Delta t_0=k=\exp(\Delta\Psi/c^2)$$

代表不同势能 Ψ 之间的坐标时 Δt_0、Δt 关系。

令 $\gamma=(\Delta t-\Delta t_0)/\Delta t_0$,因 $\Delta t=\Delta t_0+(\Delta t-\Delta t_0)$

所以

$$\Delta t/\Delta t_0=1+(\Delta t-\Delta t_0)/\Delta t_0=1+\gamma$$

由 $\Delta t/\Delta t_0=k=\exp(\Delta\Psi/c^2)$ 可得

$$k=\Delta t/\Delta t_0=\exp(\Delta\Psi/c^2)=1+\gamma$$

$$\gamma=\exp(\Delta\Psi/c^2)-1$$

如果

$$|\Delta\Psi/c^2|\ll 1$$

$$\exp(\Delta\Psi/c^2)\approx 1+\Delta\Psi/c^2$$

所以

$$\gamma\approx\Delta\Psi/c^2 \tag{22.3}$$

所以引力红移 $|\gamma|\ll 1$

22.3　星系在引力势的时空畸变

当物质在引力势中运动,由式(17.1)引力 $F_0=\mathrm{d}\Phi/\mathrm{d}r=(M_0\cdot c^2/V_m)\cdot\mathrm{d}V_m/\mathrm{d}r$,$\mathrm{d}V_m/\mathrm{d}r$代表势场均值体积的变形,最终落实在物质实体积的变形,物质的实体积满足 $V-V_0\cdot k$,这说明引力势的时空畸变拉伸物质的时空变形,所以星系在引力势都有沿径向的拉伸变形。

如果行星各质点都满足机械能守恒,这种拉伸变形不会带来星体的破坏。但行星的体积较大,各质点很难满足机械能守恒,假如跌落过程行星势场势能均值满足机械能守恒,仅仅代表行星质心满足机械能守恒。

由于行星的体积较大,靠近恒星的质点的势能相对比外界势场的势能低就受到外界势场的重力,而距离恒星最远的质点的势能相对比外界势场的势能高而受到斥力,因此行

星不仅受到拉伸变形,实际还受到拉伸力。

如果星系跌落本身就不满足机械能守恒,受力就更大了。当这种拉力超过行星自身的引力以及分子间作用力,行星就会遭到破坏。所以星系向黑洞跌落一般都先从星系本身的拉伸破坏开始分裂。

23　超导体

粒子产生磁场的充要条件是:粒子相对场源必须有时空不平衡,同时粒子必须有定向运动。电子在原子轨道中运动,如果电子达到时空平衡态,电子运动的轨道电流就不会产生磁场,否则就会产生轨道磁场,电子轨道磁矩实际就是分子磁畴的基础。

一般情况下电子的轨道运动都不是时空平衡运动,电子都受到外力,所以电子运动的轨道电流会产生轨道磁矩。电子自发状态将向正电荷跌落,形成粒子碰撞,从而产生电阻,自由电子或离子的定向运动一般都产生电阻,因此无法维持无源定向运动。

电子受到组成物质的分子正电荷的引力,所以电子是靠运动达成引力平衡。由13.4.2节可知,自由“电子对”的势能相对比正电荷高,不受正电荷引力,逻辑上自由“电子对”可以“悬浮”在分子之间势能最高的位置而不跌落。

“电子对”产生的电场场强不能简单用电荷数量的大小计算,这与黑洞的场力不能简单用引力质量与引力常数来计算一样,因为引力常数会随着时空收缩而增大,同理介电常数也会随着电子时空的高度压缩集聚形成极大的场力。

这种堆积不能简单理解为积木堆积,而是电子势场时空的伸缩,代表介电常数的变化,这将造成由电子短程力积聚起来的“电子对”的电场场强要比通常电荷积木式集聚的场强大得多。由此产生运动电荷的磁场要比集聚等量电荷的磁场强得多。

当给超低温超导体物质施加外磁场,这将使得超低温物质的时空状态发生变化,由牛顿第一定律可知物质反对时空的变化,超低温物质抵抗时空的变化的本质就是力图维持超低温物质原有磁场为零的时空状态。

如果“悬浮”在分子之间势能最高的“电子对”不受力,“电子对”将会把自身的自旋磁场以相互抵消的方式组成自旋磁场为零的“电子对”,因此给超导体外加磁场会在超导体内部形成磁场为零的抗磁性。

超导体内部没有磁场,意味着“悬浮”在分子之间势能最高的“电子对”不受力。单电子就不具有这个特性,但单电子会利用运动产生的磁场抵消外加磁场,其惯性本质与自由“电子对”自旋磁场为零的概念是一样的。

当给超低温物质撤销外磁场时,这实际相当于改变超导体的外界时空状态,“电子对”会自发产生定向运动,产生定向运动的目的是粒子力图抵御时空的变化。这时“电子对”作为一个独立的整体电荷与场源之间将会偏离不受力的“悬浮”状态,“电子对”有时空不平衡,“电子对”将受到外力。

“电子对”的自旋磁场可以根据需要加强,叠加形成自旋为 1 的“电子对”,因此“电子对”的自旋磁场与原子核的自旋磁场形成外力平衡,这种外力类似于地球与太阳之间的磁场力。

地球总是在时空平衡点附近震荡,但绝不会向太阳跌落,同理“电子对”的自旋磁场受到物质晶格分子自旋磁场的作用,这就可以保证“电子对”组成的定向运动与分子正电荷达成受力平衡,逻辑上这与星系磁场之间的关系一样。

总结以上:“电子对”势能相对比超导体分子正电荷的势能高而“悬浮”不会跌落,当“电子对”定向运动就会产生偏离“悬浮”状态的时空不平衡,这是定向运动“电子对”产生磁场的先决条件,这种时空不平衡引起的受力主要靠自旋磁场作用平衡,所以电子在物质分子晶格节点之间势能最高的位置做定向运动,这种运动使得“电子对”与分子或原子之间不存在碰撞,从而失去电阻,这就可以有效的保证“电子对”的无源定向运动。

超导体产生的磁场很强,按照经典物理会误认为电流很大,实际“电子对”的场强要比两个独立自由电子的场强大得多,这在式 $B = -u_0 \times f_0'/(k'c^2)$ 表达的很明确,如果仅仅是两个独立自由电子的场强,不仅场强 f_0' 不变,$k' \approx 1$ 也不变,k' 是电场时间分布相对电子质心时间的快慢程度,势垒场是半径越大 k' 越小。当“电子对”相对比电子的收缩度大,“电子对”的 k' 值相对更小,磁场更强。此外还有场强 f' 的增大,因此“电子对”产生的磁场要比同样速度的两个电子产生的磁场强,所以实际电流并不大。

24 反物质探讨

由“物质非无限可分”以及粒子的“质能是最基本质能单元的整数倍”的观点出发，光子的质能未必是最小质能单元，所以最基本质能单元应该很小。

电荷的本质是电磁质量，以表示电荷与引力质量物质的区别，仅此而已。所以电荷只不过是“质能”的不同表现形式之一，逻辑上电荷与引力质能一样，也应该有最基本单位，这样必然带来一个问题，电子电荷量未必是最基本电荷量，可能还有分数电荷量。

但是带有分数电荷的粒子的时空收缩度与我们已知的宏观正、负电子的时空收缩度未必一样，我们观察的外力的本质就是时空不平衡度，所以带有分数电荷的粒子的受力特性未必与宏观正、负电子的受力一致，而人类是根据表观受力来判断粒子的存在性，但人类可以发现新的质能粒子，并重新定义这些粒子的概念，所以人类可能永远无法发现带有分数电荷的粒子。

因此电子、正电子未必是最基本质能单位或最基本电荷单位的粒子。正电子质心是虚粒子，从而形成极强的核子短程力，俗称正电荷，核子内的质子靠短程力结合在一起。如果对质子进行轰击，有可能将质子打破，或者说将正电核击碎，质子被击碎后应该能发现正电子中心的虚粒子，虚粒子就是引力物质的反粒子，无论我们给这类反粒子取什么名字，例如“所谓希格斯波色子的上帝粒子，不过是成千上万种自旋为零的质能形式的不同虚粒子之一”。

寻找夸克实际就是寻找核子短程力的原因，寻找正电子质心的虚粒子是否存在，所以夸克或西格玛波色子有可能存在。但这仅仅是四种不同时空结构的质能粒子之一，把众多自旋为零的质能形式的不同虚粒子之一种称为反物质的上帝粒子未免有点滑稽或夸大其词，实际上虚粒子就是引力质量的反粒子。

实验发现时空是膨胀的，从时空连续性来说，如果存在另一半反物质，反物质的时空形态与正物质的时空形态必然镜像对称相反，必然会有另一半反物质的时空是镜像对称收缩态，宇宙时空就不可能膨胀，这显然与实验不符。

从实验观察，真空能就是宇宙背景的势能，具有一定的透明度，因此虚粒子应该具有一定的透明度，考虑高密度质能虚粒子对光子的作用，虚粒子积聚应该更暗淡一些。

宇宙时空膨胀就是真空能的膨胀，引力势阱与引力物质同时产生，时空膨胀后引力物质成为引力势阱的核，证明引力物质的伸缩性很弱，具有一定的时空刚度，而真空能的伸缩性很大，说明真空能具有一定的柔性。

因此虚粒子应该是具有一定柔性的物质。虚粒子之间有极强的短程引力,因此虚粒子之间具有很大的黏性。大量的虚粒子压缩集聚在一起很像一种黏性很强的液态胶体物质。

虚粒子是没有"静质量"的纯能态粒子,所以能量是具有具体时空形态的有形物质,能量物质的时空具有相互镶嵌性以及时空可充填性。我们之所以感觉不到能量的具体形态,是因为能量物质的时空具有相互镶嵌性、透明性,致使真空能(暗能量)的相变与物质时空变化引起释放或吸收真空能的过程我们感觉不到,但我们能发现质能守恒、机械能守恒、热一律等,所有这些守恒律均因具有具体时空形态的物质守恒。

实验可以发现虚粒子,说明虚粒子尽管自旋为零,但未必是可以无限收缩为时空奇点的粒子。可以由此大致分析引力物质在宇宙初始的特性:引力物质在宇宙初始类似于迷你黑洞,具有很强的短程引力,对光子不具有反射性,因此宇宙初始物质的黏度很高,并且很暗淡,相对虚粒子有一定的刚度。如果让同类引力物质达到光速碰撞,必然具有以上虚粒子或宇宙初始引力物质的特性之一。

25　强、弱粒子之间的相互作用不对称

长程力粒子一般都是弱作用粒子，短程力粒子都是强作用粒子，所以弱作用粒子不感受强作用场，但强作用粒子感受弱作用场。强作用粒子可参与弱作用，而弱作用粒子不参与强作用。

从时空概念上分析，短程力粒子相对长程力粒子的时空收缩度更大，二者有一定的时空不平衡，当短程力粒子相对长程力粒子的时空不平衡度很大时，由热二律短程力粒子的时钟力图与外界场源的时钟保持一致，粒子就会发生衰变，表观就是短程力粒子很不稳定。

问题是短程力粒子与长程力粒子互为场源，到底哪种粒子作为源？

所谓相对动能增量实际是时空具有可压缩性才有可能，如果没有时空可压缩性，就不存在动能的变化，这也是牛顿第一定律的本质。

没有动能或速度变化，即没有时空的变化，这就是惯性达到极限的物理意义。因此粒子的时空收缩越大，惯性越大，所以质能密度与惯性直接相关。

在自发状态下物质间具有保持时空一致的特性，而时空可伸缩性较小或惯性较大的星体靠动能调整时空的能力相对较弱，而时空伸缩性较大或惯性较小的星体靠动能调整时空的能力相对较强，表观就是星体的速度沿星系半径变化的能力较强，因此总是尺缩时延较大或惯性较大的星体作为星系中心，而相对时空膨胀度较大的星体围绕尺缩时延较大或惯性较大的星体旋转，表观就是小质量星体围绕大质量星体旋转。

不仅星系，微观粒子也必须按照这一原则构成原子，围绕正电子质心虚粒子旋转构成质子的实物质以及电子必须具有一定的动能可变化能力，原子核与恒星、黑洞具有时空共性，原子核质心必须相对电子是高度尺缩的粒子。

所以源要具有的时空压缩性或惯性相对更大一些。

长程力粒子感觉不到短程力粒子的存在，所以长程力粒子不会向短程力粒子的方向衰变，也就是长程力粒子不会转化为短程力粒子。但短程力粒子受到长程力粒子的作用，所以短程力粒子会向长程力粒子的方向衰变。

所以弱作用粒子不会向强作用粒子衰变，而强作用粒子会向弱作用粒子方向的衰变，这就是微观粒子的作用定律。

例如当虚粒子在地表重力时空中，虚粒子相对重力时空有极大的时空不平衡度，虚粒子就会向时空膨胀度更大的方向衰变。

为什么弱作用粒子不可能向强作用粒子衰变?

宇宙是膨胀的,势场力程越来越大,而场力越来越弱,一切物质都朝着场力降低的方向发展。如果弱作用粒子向强作用粒子衰变,意味着宇宙将收缩回去。

弱作用的粒子不参与强作用,弱作用粒子将保存下来,所以宇宙暗物质的数量应该更多。

26　牛顿力与电磁场是同一种力

在以上所有讨论中，对动系同一受力状态，用经典物理推出的相对论时延系数式(6.5) $k = \boldsymbol{A} \cdot \boldsymbol{\beta} + [1 - \eta\beta^2]^{1/2}$ 与磁场分别给予解释，效果一样，仅仅是难易不同。

自然律被分成两大派系理论：

人们把施加外力推动物质的相对运动变化归结为牛顿力学，但是物质运动过程必有时钟快慢的变化，但绝对时空不承认相对时空。

电磁理论正好相反，把相对静止时钟的快慢变化推动物质的运动变化归结为电磁自然律，但绝对时空不承认相对时空，因此称作电磁学。

势能变化与电磁场变化的本质都是物质的时钟相对快慢变化，但观察者所在参照系不一样，各自得出的自然律不同。

静系观察者观察不到自身时空的变化，但静系自身的时空伸缩的力学效应具有可视性，可视性的力学效应就是电磁场。

27 宇宙的过去与未来

在较大时间跨度，实物质自发状态是时空膨胀，而虚粒子是时空收缩。

宇宙初始的实物质集中在宇宙初始不大的空间内，所以宇宙初始有可能是无数弥散的微型黑洞或收敛为一个巨大的黑洞，黑洞是实物质，实物质不具有时空镶嵌性，不可能收缩为时空奇点。

注意宇宙初始的实物质黑洞密度应该比通常所说的黑洞密度大得多，即便今天，这种密度奇大的黑洞可能仍存在。

如果让宇宙初始实物质密度极高的时空继续收缩，除非宇宙初始黑洞之前是自旋为零的波色子——虚粒子。

综合以上分析，本宇宙初始出现实物质粒子之前应该是一个虚粒子纯能态物质，由于虚粒子是时空收缩，宇宙初始时空很像一种黏性很强的胶体物质，因此宇宙初始不可能是气态的光子汤，是宇宙初始纯能态黑暗期。

虚粒子未必可以收缩为时空奇点，宇宙初始可能不是时空奇点。

宇宙初始点不过是一个质能极大的纯能态物质，纯能态物质与微观虚粒子没有任何区别，这个质量能极大的纯能态物质有可能是更大宇宙的一个虚粒子，因此无法确定宇宙是有限的，我们这个宇宙之外可能还有更大的宇宙。

这个质能巨大的纯能态物质由于时空收缩达到过饱和而发生相变，并由此产生各类粒子，所以宇宙初始是质能密度巨大的纯能态物质相变为引力质量的过程。

无论宇宙初始是巨大的黑洞或是巨大的纯能态物质，都是时空梯度极大，时空不平衡达到最大的高度有序的能量状态，熵值最低，具有熵增最大的条件。

只要有引力势存在，宇宙将永远膨胀。但由物质非无限可分，存在最小质能单元的引力物质，随着宇宙膨胀弱作用粒子逐步增多，最小质能的引力物质单元将会占据宇宙主角，宇宙最终将在最小质能的引力物质单元的粒子汤中。

由于这些最小引力物质单元不可能再分解为更小的引力物质，根据只要有引力势存在时空膨胀就不会停止的原则，最终将使这些引力物质的真空能密度达到最低，从而使最小引力物质单元达到真空能欠饱和，相变为虚粒子，从而使宇宙的所有物质都是虚粒子。

由式(16.26)$\rho_0'' < \rho_0$ 可知，在较大时间跨度，宇宙背景时空的势能是降低的，宇宙背景时空的时间将随着宇宙膨胀而减慢，势能密度降低。所以在实物质都转变虚粒子状态下的初期，宇宙的平均势能密度达到最低极限。

当宇宙平均势能密度达到最低极限,从此开始宇宙时空开始收缩,那时看到的是与现在正好相反的情景,虚粒子不断相聚,虚粒子高度集中可以称为白洞,白洞与白洞之间不断合并,实物质成少数粒子,宇宙不断收缩,最终再次收缩为宇宙初始状态。

如果把虚粒子定义为反物质,宇宙空间被实物质与反物质分时占有,实物质为主时,宇宙时空膨胀,虚粒子反物质为主时,宇宙时空收缩。

所以不可能出现正(有静质量)、反物质(无静质量)各占一半的宇宙时空。宇宙时空应该被正、反物质分时占有,宇宙时空在收缩与膨胀的循环中。

本宇宙时间越早,时空收缩度越大,星系引力常数越大,所以星系越早质量集聚度越大,行星形成速度比现在快得多。

随着时间的流逝,时空膨胀度越来越大,引力越来越小,所以星系集聚度越来越小,行星形成速度越来越慢。

本宇宙之外应该有更大的宇宙,所以宇宙是无限的,时空没有始终,不存在宇宙始点与终点。

28 总 结

仅以数学推理为标准。

(1)物质归结为三大类:

1)宇宙是以真空能(暗能量)背景为主,实物质仅占一少部分。

2)实物质世界以时空膨胀为主。

3)虚粒子是宇宙真空能背景的凝聚态,时空收缩是虚粒子的本性,所以虚粒子是短程力。

(2)微观作用力与宏观引力都是真空能梯度力,仅仅是梯度的大小与方向不同,形成了斥力与引力,物质势场势能的凝聚态不同形成了短程力与长程力。

(3)物质的时空不平衡度决定物质的运动状态,外力是时空不平衡度的度量。

(4)实、虚粒子(正、负电子)互为反粒子。

(5)时空的视光速是可变的。

(6)不可能出现正、反物质各占一半的宇宙时空,宇宙空间被正引力实物质与反物质分时占有。

(7)本宇宙的膨胀与收缩是震荡的,本宇宙之外还有更大的宇宙。